データドリブンの極意

Tableau ブートキャンプで学ぶ データを「読む」「語る」力

Master KT

技術評論社

■免責

本書に記載された内容は、情報の提供のみを目的としています。したがって、本書を用いた運用は、必ずお客様自身の責任と判断によって行ってください。これらの情報の運用の結果について、技術評論社および著者はいかなる責任も負いません。

本書記載の情報は、2021年6月現在のものを掲載していますので、ご利用時には、変更されている場合もあります。

また、ソフトウェアはバージョンアップされる場合があり、本書での説明とは機能内容や画面図などが異なってしまうこともあり得ます。本書ご購入の前に、必ずバージョン番号をご確認ください。

以上の注意事項をご承諾いただいた上で、本書をご利用願います。これらの注意事項をお読みいただかずに、お問い合わせいただいても、技術評論社および著者は対処しかねます。あらかじめ、ご承知おきください。

■商標、登録商標について

本文中に記載されている製品の名称は、一般に関係各社の商標または登録商標です。なお、本文中では、™、®などのマークは省略しています。

はじめに

本書はすべての人が持つべき基礎的なデータリテラシーについて記した本です。

データが重要と言われ、久しい世の中になりました。しかし、私たちはなぜデータを資源と呼ぶようになったのでしょうか。データの量が増えたから？　データの種類が増えたから？　それは結果に過ぎません。

現在を生きる私たちは、今テクノロジーの恩恵の中で生きています。言い換えると、テクノロジーに関わらずに生きることが不可能な世界に生きています。スマートフォンを使用して情報収集をする代わりにオンライン上での行動履歴が残り、街中を歩けば監視カメラに記録されます。生きているだけで自分自身が何らかのデータを残している状態なのです。

ビジネスにおいても、対面する顧客が目の前に物理的に存在しているケースは驚くほど少なくなりました。Web会議、Eコマースサイトの買い物客、IoTのデータなど、目の前にいるものを相手取ることは激減しています。さらに、今このコロナ禍という未曾有の事態により、自分と相手のいる場所が異なるケースはますます増えていくことも明確になりました。

データは触ることすらできないのに、石油に変わる資源として圧倒的な力を持とうとしています。なぜなら、それは世界中のすべての人の行動がデータ化され、データを理解できるということが世界で何が起こっているのかを理解することそのものに近づいてきたからなのです。

私たちは何かを判断し行動する、つまりリアクションするときは、目の前に起こっている事象に合わせた行動を取ります。書類を手渡されたら受け取るし、目の前にボールが飛んできたら避けるし、対面しているお客さんがニコニコしていたら契約の約束を取り付けるでしょう。何かを判断するならば、まったくの空想ではなく何が起こっているのかという事実から判断するほうが、合理的でより良い結果をもたらすはずです。

では、判断するべき対象が目の前からほとんど消え失せている今、私たちはいったい何をもとに判断を下すのか？　それがまさしくデータなのです。

データには、過去から現在のさまざまな履歴が記録されています。自分とは遠く離れた場所のことも記録されています。データを見ることで、時空間を超えて判断するべき対象の状態を、同時かつ即時に理解できるのです。

使えるのであれば使うというのが人の性でしょう。みなさんが意図しているかどうかに関わらず、みなさんと周囲の方々は生きているだけでデータを生成し、そのデータは数多の組織によって収集されています。そして、すでに世界はデータを通して理解され、次のアクションが導き出されています。

そう、すでに使える人はデータを使っているのです。

ただし、残念ながらそれはすべての人ではありません。このまま何もしなければ、ごく一部のデータを使いこなせる人たちにすべての意思決定を委ねる格差社会が到来するでしょう。しかし、それはあまりにも寂しい世界です。私は、すべての人がデータによる恩恵を受け、多様性があふれるコラボレーションによる発展的な世界へ向かうためにこの本を執筆しました。

人間は多くの知識を蓄えることができます。一方で、知らなければ自分の意思を持てず、知識がある人たちの言いなりとなり、否応なく押し流されることになります。データが世界の写しとなり始めた現在、みなさん一人一人がデータとの向き合い方を会得し、他人に翻弄されずに自分自身の意思と判断力を持てるだけの知識、すなわちデータリテラシーを身に付けることが必要なのです。

データリテラシーというと「SQLが書けるようになることかな？」「難しいシステムの話が出てくるかな？」と心配されるかもしれません。しかし、本書はいわゆる技術書とは異なります。技術的な話よりは、データ活用の本質から理解し、あくまでもすべての人がデータとどう向き合うのかという視点で、どんな背景を持つ方でも、どのような役割を担う方にとっても今必要なデータにまつわる知識をまとめました。

基礎的なデータリテラシーが標準的に備わった人々が作る世界とはどのような世界でしょうか？　それは誰もがデータを元に最適な意思決定を下す、いわゆる「データドリブン文化」です。

企業内のシステムに大量のデータが溜まってきて久しいですが、過去にはこうしたデータをどこに格納するか、どんなシステムで見えるようにするかなどに時間を取られていました。しかし、「せっかく蓄積したデータを結局どう使えばいいかわからない」「だれも使っていなくてシステム開発の投資が無駄になった」という話はいまだに後を断ちません。こうした中、「単にシステム導入だけしても意味がない」「データを使う文化を作らなければ意味がない」、すなわち「人が育たないといけない」という考えが広まっています。人の振る舞いを変えるには、思想や知識を伝えていく必要があります。システムを導入したからではなく、人がデータを使えるようになって初めて、データドリブン文化が訪れるのです。

ここ数年でテクノロジーが進化し、多くのシステムは導入や使用方法が容易になりました。そのおかげで私たちはそれらをどう使うかという点にようやく注力できるようになったのです。

本来なにかを自分自身が体得して学び取るのは、大変な時間がかかるものです。地球上に住む人類以外のすべての動物たちは、長きに渡って体得したものを遺伝子という形で伝えて命を存続させています。

しかし、人間は知識の継承という意味ではほかの動物と決定的に違う方法があります。自分自身が一度も体験したことがない事象でも、「言葉」の力によって想像上の体験から知識を得られるのです。人間は言葉の力を使って実際には出会ったことのない人の経験を自分のものとして吸収できます。誰かがすでに試し、作り上げた知識の上に自分自身の体験を積み重ねることができる唯一の存在なのです。だからこそ長い時間をかけて蓄積、進化していく遺伝子レベルよりはるかに高速に新たな技術を獲得できました。

本書で語るデータリテラシーというのは、リテラシー（読み書き能力）というまさに言葉の知識です。すなわち、データを通して世界を理解する新しい言葉の使い方です。

データを活用するためには新しく言葉を学ばなければなりません。外国の人と対話するために外国語を学ぶのと同じです。言葉を学ぶということは文化を学ぶことそのものです。英語を学んだ多くの人が、英語ではYesとNoがはっきりしていて、あいまいさを嫌う言葉だということを知り、その言葉を話す国に行く時、言葉が文化を体現していることを知るでしょう。だから文化を作りたいならば、それを体現する言葉を学ばねばならないのです。

今世界の多くは未だデータをあたりまえに使える環境の中にありません。それはすべての人にデータを活用するための新しい言葉が知られていないからです。すべての人がデータを通じて世界を理解する言葉を会得し、最適な判断を下すとき、データドリブン文化が到来したと言えるでしょう。データリテラシーを広めることは、データドリブン文化を醸成することそのものなのです。

私が本書で記すことは、これまで私が出会ったTableauやSnowflakeというデータを取り巻くプロダクト、そしてそれらを中心に集まったコミュニティで出会った人々から8年近くかかって会得したものです。私自身もだれかの経験を自分に蓄積することで8年以上の知識を継承してきた自覚があります。一方でデータの重要性が加速度的に増す中、これからデータについて勉強したいと思う人が8年かけて1から勉強するのでは、どう考えても間に合わないでしょう。そこで、この本は私の8年間のうち、すべての人が知っておくべきデータリテラシーの部分を圧縮してまとめました。

この本によって多くの人が遠回りせずにデータリテラシーを会得し、データがあふれるこの世界の中で、自分の意思を持ち歩み出せるようになることを期待しています。

この本は、かつて私が教わったたくさんの師との対話と、私自身が師として愛する弟子たちに伝えた対話が元になっています。そのため、これまでに出会ったすべての方々へ敬意を表し、「Apprentice（弟子）」と「Master（師）」の対話で進んでいきます。
この本の読むみなさんは、ぜひ自分も1人のApprenticeとなってデータリテラシーを学ぶ旅に出発してください。その旅は険しく、長いようでいて、同時に最高に楽しくあっという間に過ぎ去ってしまう日々になることでしょう。
　願わくは、この本がデータの海に溺れ、迷う人の道標となりますように。

データの海へ、長い航海の旅立ちに寄せて

Portrayer of the D♡TA Universe
KT

データドリブン文化のはじまり

データストーリーテリング

ビジュアル分析

分析プラットフォーム

DAY 4

データとはなにか

DAY 5 データドリブン文化をさらに広げるために

DAY

0

データドリブン文化のはじまり

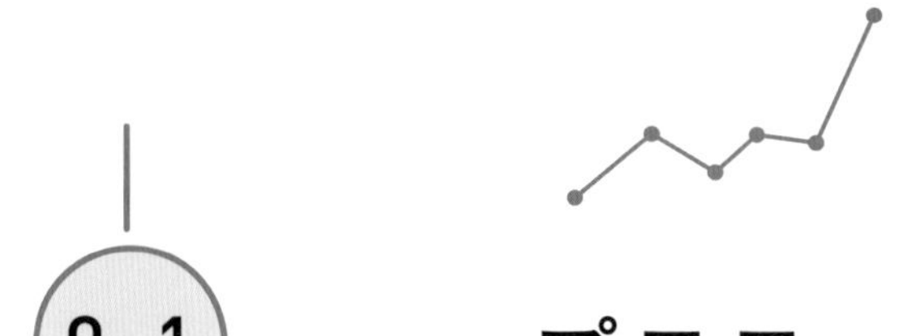

0-1 プロローグ

私が勤めている企業は、これまで社長の経験と勘ですべてを決定し、安定した業績をあげていたが、最近は年々経営状況が悪化している。社長は自身の経験とそれに裏打ちされた勘に自信を持っていたし、実際鋭い人ではあると思う。それでも、近年それだけでは業績が上がらなくなってきている理由は、社長の極度のデジタル嫌いだろう。もともと第六感的なセンスを信じる人であったが、過去に1度おこなった大きなデジタル投資が失敗したことで極度に毛嫌いするようになった。その結果、いまだに我が社ではシステム化が大きく遅れ、非効率な手作業に追われる日々である。

しかし、ついに社長も経営に新しいメンバーを参画させることにした。「CDO（Chief Data Officer：最高データ責任者）」である。社長は「デジタル」が嫌いだったので、「データ」という言葉で周囲の経営陣がなんとか誤魔化したのだ。

デジタルも何だかよくわかっていないのに、データなんてさらに謎である。しかし、先進事例を発表する多くの企業が軒並み「データ活用」を成功させている昨今、我が社もデータを活用すると現状を打破できるのではないかという流行りのキーワードに食いついたというところであろう。

私はというと、営業企画部で働く一社員だったはずなのだが、新任のCDOに声がけされ、CDO直下の「データドリブン文化推進」特設チームに兼務で配属されることになった。

私は、なぜ自分が抜擢されたのかまったく見当もつかなかった。CDOのチームはデータ活用を推進する部隊である。私はITの知識はまったくないし、データと言われてもピンと来ない。もっと相応しい人間がいるのではないかと思ったし、そもそもまったく気乗りしない。経営層直下の特設チームと言われれば聞こえはいいが、営業企画部との兼務である。営業企画部の仕事は楽じゃないうえに、それに加えてCDOから指示される新たな業務にどれだけ時間を割けるのか、想像するだけで頭が痛くなった。

データなんだからITだろうという私の安易な考えとは裏腹に、CDOが編成した特設チームには、IT部門のメンバーはたった1人しかいなかった。営業、マーケティング、IT、人事など主要な部署から一般社員が1名ずつ集まっていて、IT部門から来た1名以外はITにくわしくないメンバーばかりだ。こんなチームで、いったいどうやってデータ活用を支援しようとしているのか。

私は、むしろ社長の経験と勘は信頼できるところがあると思っていた。経営状況の悪化は気になるものの、多様な経験に裏打ちされた判断には納得感があったし、納得したうえで行動できるのであれば、失敗しても諦めがつく。

しかし、データは数字の羅列でそっけない。データを元に迫られても、実際に行動しようとは思えないように感じていた。私は営業現場の間近にいたので、人情や熱意のようなものが最終的には人の心を動かすのだとよく知っていた。

そんななか、CDOから私への最初の指示は、プロジェクトの立ち上げ計画の立案ではなかった。

「君さ、ちょっとマスターのところへ行って勉強してきてくれる？」

彼が「マスター」と呼ぶその人は、かつてたくさんのデータ人材を輩出し、各所で活躍する人たちの師と呼ぶべき人だという。

特設チームの最初の仕事が研修？　しかも「マスター」？

ますます謎が深まるばかりだが、ひとまず言われたとおりにするしかない。私はCDOに教わったマスターの居場所へ向かった。

データを扱うのにITの専門家である必要はない

Apprentice　あなたが『マスター』ですか？

Master　ええ、そうです。君のことは彼から聞いていますよ。彼の大切な仲間ともなれば、私にとっても仲間同様です。どうぞ、ここを自分の家だと思ってくつろいでください。
それで、君はなぜ私のもとへ来たのですか？

言われたとおりに来てはみたものの、データドリブン文化を推進するためには、データを取り扱えるようにならなくてはいけないだろう。自分が1からデータエンジニアと同じような知識を得るために、いったいどれほどの時間がかかるのだろうか。マスターと名乗る人に見つめられ、問いかけられた瞬間、漠然としていた不安が急に具体的になってきた。

言われるがままに来てしまったが、この人はCDOの師でもあったという。だとしたら、この人からお願いしてもらったら私をチームから外してもらえるかもしれない。

A　ええと、私をチームから外してもらえるようCDOに言ってもらえませんか？

M　ふむ。それは、私が彼から聞いていたリクエストとはずいぶん違う内容のようです。君はチームから抜けたいのですか？

A　はい。データドリブン文化を作るというのに、私ときたらITの知識は一切ないですし、足手まといとしか思えないのです。ほかにもっとチームとして相応しい人がいると思います。

M　彼から今回のチームの人選を聞いた時、私はこれ以上ないほどにすばらしい人選だと手を打って褒め称えました。

A　適当に選んだ有象無象のチームではないのですか？

M　まさか、とんでもない。企業内の文化をつくるために、この上ないほどすばらしいチーム編成です。

A　でも、私にはこれまでのキャリアを捨ててエンジニアへ転向するなんてできません。

M　何か誤解がありそうです。君がこれまでのキャリアを捨てることはありません。君は今どんな仕事をしているのですか？

A　私は営業企画部です。

M　営業の情報を元に新たな企画や戦略を練るすばらしい部署ですね。安心してください。君がこれまでのキャリアを捨て、エンジニアに転向する必要はまったくありません。むしろ、君のようにこれまでデータを意識したことがない人がデータを活用できるようになることこそ、真の「データドリブン文化の到来」と言えるでしょう。

データを使うのにデータを扱ったバックグラウンドは必要ない……。だんだんこんがらがってきた。この人はいったい何を知っているというのだろうか。

そもそも、私とはまったく関係ないはずの「データ」が突然やってきて、私の人生をかき回し始めたのだ。新たなチームで何を成し遂げられるのかもまったく自信がなく、明日どうなるのかもわからない私はいらだっていた。その原因は、「データドリブン文化」という流行りのバズワードのような空虚に聞こえる言葉である。

A　CDOから連絡が来たのだとすれば、おそらく我が社の状況についてもご存知だと思います。我が社は長らく危機に瀕しており、もう後がない状況です。そんな中「データドリブン」などという得体の知れないものに時間をかけることが、本当に我が社のためになるのでしょうか。

M　少なくとも私自身は、君の会社がデータドリブン文化にシフトすることによって、業績を立て直すことができると考えています。
君には選択肢があります。データドリブン文化について私の元で学ぶか、学ばないかです。
学んだ場合、データドリブン文化が君の会社にとって役に立つと感じたらそれを使えばいい。もし役立たないと思ったら違う方法を探す必要がありますが、少なくとも私が伝えた方法以外の何かを探せばいいという意味で、君の取りうるべき道は以前より明確になっていることでしょう。
学ばない場合、データについて学ぶ時間を使わなくて済みます。しかし、その空いた時間で君がいったいどのような手を打つのでしょうか。

A　データドリブンではない方法で、どう会社を立て直すか……。

M　もし、ほかの方法が明確にあれば、私の出る幕はありません。

　やりたくないことは明確にあったのに、ではその代わりに何をやるのかということを私はまったく考えてこなかった。いや、私は変わらないことを望んでいたのだ。何か大きな問題があることを知りつつも、変化を恐れ、今までと同じやり方を踏襲してきた。

しかし、会社の状況は日々悪化している。これは一過性のものではないことはわかっている。変化しなければ傾向が変わらないのは明らかだ。

データリテラシーを1か月で学ぶ

M　即答できる代替案がないならば、私に君の時間をまずは1か月だけもらえませんか？

私はかつて、データドリブン文化を醸成するために必要な知識、学んだ技術を実際の世界に適用する方法、その思想を周囲の人へ広める方法を学ぶ3か月間の特別な訓練をおこなっていました。それらを知るだけではなく、実際に体験して会得するために必要な期間が最低限3か月だったからです。

しかし、君はデータが本当に君の会社を助けられるのか懐疑的です。そこで3か月の時間を最初から約束してもらうのは、君にとっていささかリスクが高すぎると判断しました。今回は1か月で、データドリブン文化を醸成する鍵となる基礎的な「データリテラシー」を君が完全に会得することを目標としましょう。

A　本当に私のような人間が、データを活用できるようになるのでしょうか？

M　はい。約束します。これまでにエンジニアリングのバックグラウンドを持たない数多くの人が私の元で学び、活躍しています。

一方で、近年、データの重要性が加速度的に増している中、3か月という期間をコミットしなければ、データリテラシーを会得できないのであれば、すべての人がデータを活用できる世界は訪れないのではないかという考えもよぎっています。そこで、私自身にとっても、データ業界やコミュニティを引っ張る専門家でなくても、だれもが持つべき基礎的なデータリテラシーについてそろそろまとめ上げなければならないと思っていたところです。

1か月といっても、週1回のペースであと4回、私の元に来てください。講義と講義の間は、「HOMEWORK」として、ここで学んだことを君の中で実践したり、納得するための自己学習の時間を持ってもらいます。タイトなスケジュールですが、ただ聞いたり話したりするだけでは身に付かないので必要なプロセスだと思ってください。

A　宿題はあまり好きではありませんが……。週1回程度であれば、実業務ともなんとか折り合いをつけられるかもしれません。

M　私はこれまで長らくデータに触れ、技術を学び、文化を広めてきました。そして、君はデータと初めて触れ合う存在です。そんなまったく異なるバックグラウンドを持った君と私という存在の対話によって、すべての人のためのデータリテラシーを深く考えられることでしょう。協力していただけますか？

A　わかりました。私がいったい何をお手伝いできるのかわかりませんが、世界でこれほどまでに「データ活用だ」と騒がれている理由は知りたいです。私がエンジニアでなくともデータを活用できる方法というのは、純粋に興味が湧いてきました。

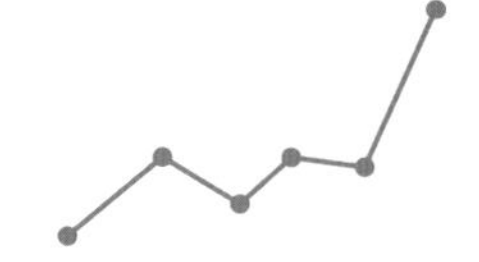

0-2 なぜデータドリブンを目指すのか

Master　では、何から始めましょうか？

Apprentice　教えてくれるのではないのですか？

M　人から聞くだけで身に付けられることはほんのわずかです。私との対話は、可能な限り君自身が考える時間を作りましょう。もちろん、考えるヒントはお渡しします。
まずは、君自身の考えを聞かせてください。会社からの指示とはいえ、君にも何か考えていることがあるでしょう？

A　そうですね。データを使わない経営を続けた結果、業績が悪くなってきたからだと思います。

M　それは、裏を返すと「データを使った経営ができれば業績が上がる」ということでしょうか。

A　そうです。世の中の成功している企業の多くはデータを活用していると聞いています。

M　では、なぜデータを活用する企業は成功するのですか？

A　それは、データを活用することにより、正しい意思決定ができるからではないでしょうか。

M　ふむ。まずは自分がデータドリブンを目指す理由についてじっくり考える必要がありそうですね。
「データドリブン文化をもたらす」というのは非常に安直に使われがちな言葉ですが、周囲の人の心を動かし、行動基準を変革するのは大変な仕事です。ここで、旗振り役である君自身にあいまいな理解や決意があれば、それは言葉の揺らぎとなって周りに伝わります。そうした言葉が人を動かすことはないでしょう。

まずは、自身の言葉を強く、明確にできるように修練していきましょう。自分も含めてだれでも理解できるようになるまで落とし込めれば、それが信念となって人々を動かすことになるでしょう。

A　私はデータドリブン文化についての学習をするのですよね？

M　そうです。君はこれから新しい「文化」を持ち込もうとしています。文化とは、その圏内で生きる人の判断・行動基準のよりどころになり、創造的な思考の根底にあるものです。新しい文化を持ち込むと、場合によっては人の考え方を根底から覆すような結果になることもあるでしょう。そのような変化を起こすため時には反発を食らうこともあります。だからこそ、君自身がしっかりと自分の足で立っていられる力を身に付けなければなりません。

A　私は何だか思っていた以上の大役を担っているのでしょうか。不安になってきました。

M　脅かすつもりはありませんが、大きな仕事に挑戦しようとしていることはまちがいありません。ただし、楽しんで学んでいきましょう。学びというのは楽しいものですし、楽しんでいる人のところに人は集まるものですから。

A　しかし、なぜ目指すのかという点を語るには、私は「データドリブン文化」というものがいったいどんな文化なのか、まったくわかっていません。

M　そうでしたね。ではまずは、データドリブンとはいったいどんな文化なのか、一緒に考えてみましょう。

データの本質を考える

M　まず、データとはそもそも何でしょうか？

A　そうですね……。スプレッドシートに入っている営業成績の数字です。

M　ほかには？

A　え、ほかに……。あ、顧客リストもデータですよね。

M　ほかには？

A　うーん……。Webサイトのアクセス数なんかもデータでしょうか。そもそもそういう意味の質問ではないですか？　0と1の集合体？　あなたの質問は抽象的すぎて難しいです。

M　どれも正解ですが、データドリブンの中核となる「データ」の意味を考えてみましょう。
では質問を変えます。データというのはいつから存在していると思いますか？

A　それはコンピューターができた時でしょう！

M　違います。データははるか昔から存在しています。
たとえば、江戸時代にもデータは存在していました。当時は木造家屋が多かったので、火災が多く発生していました。火災が起こると、商いを営んでいた町人たちは、小判ではなく燃えたら跡形もなくなってしまう帳簿を抱えて逃げたそうです。その帳簿には、取引の記録や顧客の情報が紙に手書きで記載されていました。これも立派なデータですよね。
そう考えると、人間が文字を使って記録を残し始めたその瞬間からデータは存在しているといえます。

A　なるほど。データはコンピューターと共に発生したものだと思い込んでいました。

M　もちろん、コンピューターが生まれたことで手書きと紙の限界を超えて、加速度的にデータの量と種類が増えたことはまちがいありません。
最初にデジタルデータ化されたのは、まさに取引情報のようなデータですね。スーパーやコンビニのレジのPOSデータが最もわかりやすい例でしょう。販売データとは、基本的に売るものが登録されており、かつ取引が成立した時に決まった内容を登録すればよいというものだったので、最もわかりやすく管理しやすいデータとしてコンピュータに登録、管理されるようになっていきました。
しかし、現在は取引・購買情報のようなデータ以外もテクノロジーの進化とともに保管されるようになってきました。たとえば次のようなものです。

- **Webサイトアクセスなど、購入という最後の取引を決定する前の動きを解釈できるような行動履歴**
- **人の想いを映す自由な文章や画像が絶えず投稿され続けるSNS**
- **センサーやカメラで取得されるような、生身の人が歩いた道筋や温度の情報　など**

A　いわゆるIoT（Internet of Things）も１つですね。

M　少なくとも、私たちが生活上で何らかの意思決定をする際に必要な人類のアクティビティを、やろうと思えばほぼすべてデータ化できるような世界が到来しています。すなわち「データ≒世界」に近づいてきているのです。

データを見ることが世界を知ることになる

M もちろん、データが常にすべてではありません。「記録されたデータがどの世界を写しとったのか」「欠けている部分は何か」など、データ活用の際に意識しなければならないことはいくつかあります。ただし、それに関する深掘りはDAY4でおこないます。まずは、そういう可能性を持つものだということを念頭に置いてみてください。

A 何だか思った以上に壮大になってきました。私が毎日見ている営業成績の数字だけ眺めていても、そこから世界を感じたことはありませんでした。ですが、世の中にさまざまな種類のデータがあることはまちがいなさそうです。

八百屋さんのデータ活用例

M では、続いてそのようなデータをどう活用するかということについて考えてみましょう。まずは、街の商店街にある小さな八百屋をイメージしてみてください。

A 八百屋ですか。

M 地域密着型の八百屋です。その商店街を通り過ぎていくのは、基本的に近所の住民です。八百屋は、通りすがりの人の顔を覚えています。

週1回水曜日の14:00に、女性Aさんが通り過ぎます。八百屋はAさんに声をかけます。「奥さん、今日もかわいいね！」「あら、本当？　あ、このお大根も一緒に買うわ」と販売に成功しました。

週3回16:00頃には、女性Bさんが幼稚園のお迎え帰りに子供連れでやってきます。今度は、女性Bさんの子供に声をかけます。「ぼく、今日はおいしいコーンがあるよ」「コーン食べたい！」「仕方ないわねえ」と、Bさんはコーンを買っていきました。

じつは、Bさんにかつて「奥さん、とってもかわいいね！」と言ったところ、「そんなお世辞聞きたくないわね」と言って帰ってしまったことがあるのです。それ以来、Bさんには子供へアプローチすることにしており、子供の好きな野菜についても熟知しています。

さて、これは立派な「データ分析」と「アクション」ですね。

A　これがですか？　何をどう分析したのでしょう。

M　八百屋さんは、自身の記憶にある顧客情報を使って、AさんとBさんそれぞれに合った言葉で販売を促進しました。つまり「パーソナライズドしたマーケティング」の実践ですね。顧客ごとに刺さる言葉が違うので、販売する際にはそれぞれに合わせたアプローチをしなければなりません。

データを使ってマスマーケティングから脱却する

M　八百屋さんの例を考えるとあたりまえに感じるでしょう。それは、目の前に対面した人として存在しているからです。かつてのビジネスはすべてそれで成立していました。顔の見えない相手とビジネスをするということはほぼなかったわけです。

しかし、テクノロジーの発展に伴い、顧客が近所の人からグローバルに散らばることになりました。人数が多く、住む場所も多様なため、とても一人ひとりの顔を見てビジネスをすることができなくなってしまいました。そこで、極限まで効率化することだけを追求した結果、「すべての人に同じアプローチを取る」という、冷静に考えればあり得ない事態が起こったのです。八百屋さんの例で言えば、誰が通っても「奥さん、今日もかわいいね」と言い続け、結局ほとんどの人に買ってもらえなかったり、怒られてしまうという結果です。
もう少しリアルな例で考えると、一度だけ商品を購入したECサイトから自分にまったく興味のない商品の広告メールが届き続け、うっとうしくて会員登録を解除した経験はありませんか？

A　あります。私個人は消費者として経験がありますし、うちの会社はそれをやってしまっているような気がします。

M　最初のうちは、目新しさという意味で効果があったのかもしれません。しかし、明らかに自分と関係のない、興味のない内容が大量に送り付けられてきたら迷惑です。このような顧客の離反を避けるためにはマスマーケティングから脱却しなければならない、とみんなが考えるようになりました。
脱却のヒントは、八百屋さんの行動です。八百屋さんは何を元にして一人ひとりの好みを分析していたのでしょうか？

A　八百屋さんの身体に記憶された顧客情報でしょうか。

M　そうです。八百屋さんの顧客リストは、せいぜい記憶できる範囲の量です。さらに対面で会える人たちに限られています。しかし、私たちがビジネスを拡大していこうと思ったら、直接会えないような遠いところに住んでいる人にも、自分たちの商品が魅力的だと感じて購入してもらいたいはずです。とはいえ、会ったこともない人の表情を想像することはできない。「まだ出会ったこともない人のことを想い、その人が望むものを創造する」という、矛盾しているかのように見えるアクションを、私たちは今求められています。相容れないように見える「たくさんのさまざまな人へ」の「パーソナライズドした対応」を実現するのが、データの力なのです。

データドリブンと共存する「経験と勘2.0」

A　ところで、八百屋さんの身体に記憶された顧客情報って、これはもしかして経験と勘ですか？

M　そうです。よく気づいてくださいました。

A　「経験と勘」はデータドリブンの対極にあると思っていたのですが。

M　「経験と勘から脱却してデータドリブンに」というのはよく言われますね。しかし、私はそうは思いません。「経験と勘」とデータドリブンは共存しなければならないものだと思っています。

人間は、思考のプロセスの中でさまざまな情報を取得し解釈しますが、何かを決断するときの最後の決め手は、結局「これでいこう」と思う勘です。勘は、その人の特性や直感に依存するものですが、その人がこれまで得てきた経験によって培われ、洗練され、進化していくものです。

ビジネスの失敗で「経験と勘で判断したからだ」としばしば槍玉に挙げられるケースは多いですが、重要なのは経験の範囲です。人間1人の持つ時間は極めて短く、世の中に起こるあらゆる事象を自分で経験することは到底不可能です。だから、自分がこれまで経験した範囲の狭い世界だけで判断した決断が良い方向に行かないのです。

なお、歴史を振り返ると、コンピュータができる以前からも成功している人たちは、多くの情報（データ）を持っている人たちでした。かつてはデータ化されているものや通信手段が少なかったので、今と比べればはるかに少量のデータでしたが、それでも、持っている人が数々の戦いに勝利していたのです。

土俵にあるものを可能な限り使い倒せる人間がさまざまなアイデアを生み出せる、というのはいつの時代も同様です。現代においては、データの生成、通信環境の整備、データの共有基盤の登場によって、使えるデータは増え続けています。使える人はすでにこれらを駆使しています。だから、使えない状態のままやみくもに突き進むことは格差も助長するでしょう。それは、避けなければならない事態です。

特に現在は、テクノロジーの加速度的な進化によって刻一刻と状況が変化する時代です。自分の目の前で起こっていないことも経験にしていかなければ、世の中の変化に追いつけないでしょう。

私たち人間には、ストーリーの力を使って、自分自身が経験していないことも自分が経験したことのように蓄積できる能力があります。つまり、自分の「経験の幅」を拡張していくことができます。読書や映画などはそのわかりやすい例ですが、じつはデータも、私たちの勘を養う経験の幅を大きく拡張してくれるのです。

A　まさか「経験と勘」とデータが結びつくなんて思いもしませんでした。そして、あなたが考えているデータドリブンというのは、私が思っていたイメージとまったく違うようです。データ活用といえば素っ気ない数字の羅列の世界だと思っていたのですが、ずいぶん人間的な側面を大事にされているのですね。

M　もちろんです。私は、人間が創造的（クリエイティブ）な生き物であると信じています。いつの時代も、どんなに文明が進化したとしても、人間の未来を決めるのは人間自身です。テクノロジーが意思決定をしてくれることはありません。

データも同様です。この先どんなにデータが増えたとしても、データから計算して自動的に答えを提示するAIが革新したとしても、決断とアクションをするのは常に人間なのです。しかし、高度なテクノロジーに圧倒されて、私たちは自分の意思を試されることがこれからたびたびあるでしょう。データドリブン文化とは、データがもたらす拡張経験を自分のものとし、自らの勘を研ぎ澄ませて意思決定を下す人々による極めて人間中心の文化であると、私は思っています。

データで経験を拡張する

M　データの力で経験の幅が広がっている例を1つ考えてみましょう。君はGoogle Mapを使ったことがありますか？

A　もちろんあります。ないとどこにも行けないくらいです。

M　Google Mapの交通情報のデータの鮮度には舌を巻いてしまいます。

ある時、出掛け先からの帰宅時に渋滞に引っかかりました。私たちはカーナビを使って帰宅していたのですが、渋滞している大通りを逸れる提案が友人からありました。カーナビには信号を超えたら渋滞は解消されると表示されていたので、私は「このまま直進しよう」と言ったのです。

しかし、実際にはその信号まで到達したら、その先も延々渋滞していました。カーナビのデータの更新が遅かったのです。私は誤ったデータにより判断をミスしました。

友人が「Google Mapで検索してくれないか」と言い、私は大慌てで検索しました。すると、Google Mapにはその先かなり先まで渋滞が続いていることを示す赤いラインが表示されていました。このまま待っていたら、何時間かかるかわからないような大渋滞です。

そこで、私たちはカーナビの使用を止め、目的地を設定して

Google Map に案内を頼みました。すぐに渋滞をかわしたルートが表示され、私たちはそのガイドに従って進むことにしました。
赤いラインが示す渋滞の道路はすべて避けて快適に進めましたが、ルートの中には青いラインと黄色いラインがありました。黄色いラインは少し車が詰まっているという表示です。
黄色くなっている道路に到達すると、そこには信号待ちで5台くらい車が並んでいました。ここで驚くべきことが起こったのです。信号が青になって車が走り出した途端、Google Map 上の道路がいっきに青くなったのでした。
つまり、Google Map は道路交通情報をほぼリアルタイムで検知し、「地図」という可視化されたデータで表現していたのです。そして、それを使って私たちは快適なドライブを実現できるということなのです。
さらに進んでいくと、今度は車1台がやっと通れる小路を案内されました。細心の注意を払いながら進む道すがら、運転する友人はつぶやくように、「こんなのタクシーの運ちゃんも知らない道だよね」と言いました。
何気ないひと言だったかと思いますが、私は雷が落ちたような衝撃を受けました。「タクシーの運ちゃん（運転手）」とは、その地域を長い間走り、道路事情を熟知し、裏道も知り尽くした人物のことです。一方、私たちはその地域のことをまったく知らない素人です。しかし、私たちは Google Map を使うことで、その「タクシーの運ちゃんも知らないような道」を通って、渋滞に引っかかることなく、快適に移動することができたのです。つまり、自分が経験していないことを、データの力で解決したのです。

A　自分の経験がデータによって広がったということですね。

M　個人の生活上で役立つだけではありません。経験の拡張が、世の中のサービスや仕事も変化させてしまうのです。
たとえば、タクシーの「Uber」を利用したことはありますか？

A　アメリカで利用しました。あちらでは普通のタクシーよりUberが主流ですね

M　Uberの運転手は、ほとんどの人が一般ドライバーです。家事の合間、仕事をリタイアした人などが隙間時間を有効に使って仕事をしています。彼らが乗客の乗車位置から目的地までガイドするのは、Google Mapです。タクシードライバーとして道路の知識を得るために長年培ってきた経験が不要になった例でしょう。
また、Uberはドライバーに専用の教育を施したりするわけでもないため、アメリカの場合通常のタクシーより安くなっています。ドライバーの信頼性は「乗客の評価」というデータによって担保されているため、サービスが悪いドライバーも少ないのです。
データを使って経験を拡張し、コストを下げて良いサービスが提供されているのです。安くて良いサービスがあれば、消費者は必ずそちらを選びます。それはだれにも止められません。
実際、多くのタクシー会社がUberに反発しました。しかし、こうした世界が実現してしまった姿を見てしまった以上、もうだれにも止められません。いずれデータを有効に活用したドライバーの時代になるでしょう。さらに、自動運転が標準になれば、タクシードライバーという職業そのものがどうなるかわかりません。
もちろん、タクシードライバーに限った話ではありません。

お店のレジの完全無人化が遠い未来の話ではなくなっています。このままいくと、世の中の多くの人が携わっている仕事が1つなくなるのです。
新しいテクノロジーによって世界は急速に変化しています。これまでの自分が体験した経験だけを頼りにする時間は限られています。常に好奇心を持ち、新しく登場したものを積極的に取り入れていくマインドと、それを活用して何をするか、だれしもが常に想像力を持つことが求められる世界が到来しています。

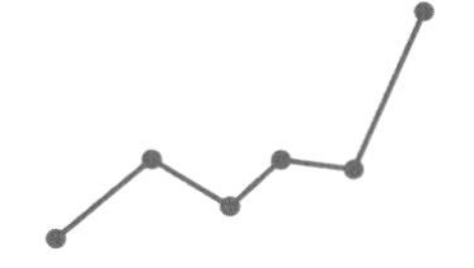

0-3 すべての人が持つべき「データリテラシー」

Apprentice　データドリブンを学ぶ中でこれほどまでに想像力が重要であるとは思っていませんでした。しかし、具体的にどうすればデータを見て想像力を膨らませることができるのでしょうか？私が毎日見ていたあのスプレッドシートの営業業績表をどれだけ眺めても、何か創造的なことが起こるとは思えません。

Master　まず、データドリブン文化をもたらそうとするなら、それを体現するための「言葉」を覚えなければなりません。ただそこにデータだけあっても意味がありません。データを見る人たちが「データリテラシー」を持っていることが鍵になります。

リテラシーと文化のつながり

A　データリテラシー、ですか。

M　「リテラシー」という言葉は知っていますか？

A　はい。識字という意味です。

M　そうです。文字を読み書きできる能力のことです。現代の日本では、文字が読み書きできない人がいることを想定した社会になっていませんよね。私たちの身の回りでは、さまざまなことが文字で示され、情報を交換しています。

A　もちろん、そうです。

M　当然のように思えるかもしれませんが、これは歴史的に見ると特別なことであると認識しておく必要があります。
中世ヨーロッパでは、ほとんどの人は文字の読み書きができませんでした。したがって、庶民の代わりに書かれた文書を「読める」人の存在が必要でした。当時はラテン語で書かれた聖書を読める聖職者がその役割を担っていました。読み書きができる人間というのは、高い教養を持つ有識者に限られていたのです。庶民たちは、聖書の内容や自分たちの行動規範を、すべて聖職者の話す音声で理解していました。この時代では、世の中の多くの人がごく一部の人間の解釈に頼って生きていたのです。もちろん、一部の人が志を持って周囲の人に自身の解釈を伝えることは悪いことではありません。しかし、物事にはさまざまな側面があり、多様な視点と思考から検討しなければなりません。だからこそ現代の私たちは、お互いに思考したうえでディスカッションなどで自分と相手の考えと照らし合わせ、補強したり軌道修正します。

しかし、そもそも読み書きできる能力がごく一部の人に限られていたのは技術的な理由があります。

A　文字を印刷できなかったからですね。

M　そのとおりです。本は基本的に手書きで写すしかなかったので、そもそも本や文字に触れる人が少なかったのです。そのため、時折登場する文章を読むことをだれかに委託したとしても、生きるためにはそれほど大きな問題にならなかったのです。

A　文字が読めない状態で生きていくことに不安がない状態というのは、なんだか信じられません。

M　現代社会でも同じようなことがあります。たとえば、何かトラブルで裁判をすることになったとき、弁護士の先生に相談して法律のことを聞いた後、自分でわざわざ法律書を読んで解釈しようとするでしょうか。

A　する人もいるかもしれませんが、私はしません。

M　裁判など日常でほとんど起こらない専門的な事柄に対して専門家へ委託することは、まったく問題ないでしょう。中世ヨーロッパの人も、そういう状態であったのだろうと思います。

しかし、その後活版印刷の技術が登場して、本がかんたんに複製できるようになり、多くの人が文字に触れる機会が増えました。ここで、文字の読み書き能力が、専門性の高い分野から一般教養にシフトしたのです。

書ける人が増えるということは、同時に本を書く人が増えるということです。多くの人が、自分の考えや結果を記録して残すようになったのです。記録のバリエーションが増えることで人間のアイデアは広がり、文化も大きく発展しました。

現代社会では、SNSの発展によってあらゆる人が自分の意見をパブリックに記録として残せる時代になりました。文化はさらに多様性を増し、豊かになっていると言えるでしょう。

データを「読む」「書く」力が必要になる

M　リテラシーと文化が密接に関わっていることがわかっていただけたでしょうか。

A　はい。ですがデータドリブン文化にリテラシーがどう関わってくるのでしょうか。

M　「かつては文字を読める人が限られていて、その人の解釈を聞くしかなかった。そもそも文字に出会うことが少なかった」というのは、何かに似ていませんか？

A　データを使えるのはごく限られた人であったが、かつてはそもそもデータが少なかった、ということですね。

M　はい。長らくデータはデータベース管理者やデータサイエンティストが扱うものだと考えられてきました。なぜなら、そもそもデータがごく一部の事象を表すものにすぎず、少ししかなかったからです。多くの人は、データだけを見ても最終的な判断を下すことができず、データから得られた洞察を提示するデータサイエンティストと、経験と勘を提示するその他のメンバーで議論し、意思決定を下していたのです。データに関しての解釈や意味はデータサイエンティストに任せ、自分たちはデータになっていない部分を経験値から解釈するようなやり方ですね。
しかし、かつて活版印刷が登場したのと同様に、直感的に使えるツールやクラウドコンピューティングなどの登場でだれでも、どこでもデータに触れる機会ができました。そうなれば、だれもが私たちの周囲を飛び交うデータを「読みたい」と思うのはもはや必然です。「データを他人の解釈なしに自分で読み解きたい」と思う人が多くなり、データリテラシーが専門性の高いものから一般教養へシフトしようとしています。
これまで議論の場では、データを引っ提げたデータサイエンティストと経験値を積み重ねた人々が話し合ってきました。しかし、データの種類も量も格段に増え、データの解釈を専門家から聞いてから理解するのではもう遅いのです。今は、ある程度データの基礎集計は自分で読んだうえで、そのデータに対してそれぞれのビジネスドメインの知識を掛け合わせた視点での解釈を付け加え、議論していかないと、深い洞察に到達するのは困難です。
計算結果としてのデータ単体に意味はありません。

- **現場部門：**過去データのパターンを見て、実際の現場で起こったシーンを想起する
- **データサイエンティスト：**モデルが示す法則性や今後の予測についての解釈を提示する
- **経営層：**今後起こる可能性の高い未来のシチュエーションをイメージする

M　このように、お互いに解釈の齟齬や穴がないかを対等に議論できるようなデータリテラシーがないと、データドリブンな意思決定は到底できません。

データリテラシーの4つの必須要件

A　議論に参加するすべての人がデータを理解して、より深い洞察に到達できるというのは、ぜひ到達してみたい目標です。しかし、現場部門や経営層にデータエンジニアリングについて学習してもらう時間を取るのは、現実的ではないような気もします。データリテラシーが私たちのデータドリブン文化を広める重要なスキルであることはわかりましたが、具体的にはどのようなスキルでしょうか。

M　データリテラシーとは「データを読み書きできる能力」です。もう少し噛み砕くと、「データが何を言っているかわかる」ということです。

A　データが何かを言う？　データが話し出すということですか？

M　そうです。データリテラシーが身につくと、データと対話しているような気持ちになる瞬間があります。実際には、データのその向こう側にいる人や事象と対話することです。

A　データは0と1の集合体だと思うのですが、それを人間が読んだり書いたりできるのですか。

M　0と1の集合体というのは、コンピューターに登録しておくための便宜的なものですね。もちろん、私たちにコンピューターの恩恵を届けてくれるエンジニアにとっては、その視点は重要かもしれません。
しかし、私たちはあくまでデータドリブンを推進する者としてそのデータが持つ意味、つまりそのデータが生成されたシーンをどれだけ正確に理解できるかに焦点を当てていきましょう。データの読み書きの力をそれぞれ以下のようにします。

- **読む力**：データが描くシーンを読み解き理解する能力
- **書く力**：読み解けるようにアウトプットできる力

A あ、わかりました。もしかしてSQLのことですね。データの問い合わせ言語だって聞いたことがあります。今からSQLマスターにならないといけないのか、大変そうだな。

M SQLがデータを管理するうえで非常にすばらしい言語であることは認めます。しかし、私の言っているデータリテラシーには、必ずしもSQLが読み書きできることは入っていません。私が考えているすべての人が最低限持つべきデータリテラシーの必須要件は次の4つです。

- **データストーリーテリング**：データの背景にあるストーリーを導く力
- **データビジュアライゼーション**：データの内容を視覚的な表現からスムーズに理解し、かつその表現を選び取る力
- **データの基礎プロファイル**：データがどんな行動の結果であるか、粒度などを把握できる力
- **分析プラットフォーム**：データを共有基盤に置き、最新の安全なデータ・分析結果・意見がシェアされることで文化が醸成されると知っていること

M 必ずしもエンジニアリングにくわしくなる必要はなく、これらを概念的に把握していれば問題ありません。もちろん、それぞれのしくみの詳細を深く理解するのもすばらしいことですが、まずは「すべての人がここまでは持っていれば対等に

会話できる」という最低限のラインを押さえていきます。
これからの1か月で4つのポイントを一つひとつひも解き、君がこれを周囲の人に自信を持って伝えられるようになることを目指しましょう。

A　データドリブン文化について、まだ完全に腑に落ちたわけではありません。ただ、あなたがこの知識が世界を変え、それを伝えることに対して誇りと信念を持っていることはわかりました。その信念の根底にあるものにこの間に触れられるのではないかと期待しています。

M　すばらしい。文化というものは一朝一夕で成り立つものではありません。この期間はおそらく、文化を体感するには少し短いくらいの時間だと思いますが、全速力で駆け抜ければ、その片鱗を見られるでしょう。世界はもうデータドリブンに向けて大きく動き出しており、待ったなしです。準備期間はできるだけ短いほうが良いでしょう。

データリテラシーを学んで、広げる

M　さて、これからご一緒してくれる君に2つのお願いがあります。

A　なんでしょう。

M　私の講義は今回を含め、全部で6回です。講義の間に宿題を渡すので、必ずこなしてから次の講義へ来てください。文化を体得するにはあまりにも短い、限界ギリギリの時間なので、宿題にかけた時間も含めないと会得できません。宿題が未提出の場合は講義は続けません。

A　結構厳しいですね。

M　お互いに無駄な時間にならないためにも、守ってもらいたい約束です。

A　わかりました。宿題は苦手ですが努力しましょう。もうひとつは何でしょうか。

M　君は会社の人に言われてデータドリブンを推進することになったと言っていました。これから会社内でのデータドリブン文化推進に尽くすことになろうかと思います。
それはとても重要なのですが、同時に会社の外へも目を向け、世界にデータドリブン文化が広まるような活動をして欲しいのです。つまり、外のコミュニティにも目を向け、参加してください。

A　外のコミュニティですか？

M　はい。自分の会社だけでも文化を変革することは大変なことですが、結局のところ自分の会社だけがデータドリブンになっても意味がありません。取引先、顧客、パートナーなど、すべての組織がデータドリブンでないと、データが循環せず、意見も食い違い、結局自分たちも行き詰まってしまいます。だから、すべての人が、すべての組織がデータドリブンになるような活動を目指してください。
その活動は決して与えるだけにならないでしょう。外のコミュニティには君より少し前からこの道を歩み始めた人、何年も前から歩み続けたくさんの人の手を引いてきた人、それから君と一緒に歩み始めた人も、君より後から歩み始める人もいるでしょう。そういった人たちから教わり、伝え、切磋琢磨することで、君の力も磨かれていくことでしょう。
私たちの目の前には、今大きなＹ字の分岐路があります。行先はデータをすべての人が活用し社会を前進させていく世界。そしてもう片方は、データの力がごく限られた人に占有され、搾取される人がいる格差社会へ向かう世界です。
当然、私たちが目指すのはすべての人が生き生きと輝き社会を前進させていく世界です。私はデータドリブンを「文化」

として広くスタンダードな意識に持っていく意義というものは、すべての人が高度なテクノロジーを土台に、人それぞれ自身の創造性を活かして羽ばたくことだと思っています。君がこれから授かる力を、社会を前進させる原動力として使って欲しいのです。

- **データが何を言っているのかわかる**
- **その意義を確信し広く社会に広める**

M　この2つの力を兼ね備えた人物のことを私は「DATA Saber」と名付け、送り出しました。すべての人が活躍できる世界に向けて手を差し伸べるミッションを持った人々です。
君が自分自身で真剣に考え行動しても現状を打破できず迷うことがあれば、彼らを頼ってみてください。

A　わかりました。何だか厳しい試練なので緊張していますが、仲間がいるということはこんなにも心強いものなのですね。ほかにも頑張っている人がいると聞いてほっとしました。私自身が今のところ何かに貢献できるような気はまったくしませんが、外のコミュニティにも可能な限り参加していきます。

M　ありがとうございます。コミュニティに対する貢献というのは必ずしも自分が知識を提供するだけではありません。新しいメンバーの視点で疑問や問題提起をすることにも大きな意義があり、先輩たちはそうした人の課題を一緒に悩んだり解決するヒントを提供することを喜びだと感じています。参加してくれるだけでありがたい存在なのです。君がそこに飛び込む決意をしてくれたことをうれしく思っています。
結局私たちは1人で生きていくことはできません。この時間を通して、ぜひたくさんの想いを共にする仲間と出会ってください。それこそがこの試練の本質だと言っても過言ではありません。

では、今日はこちらで終了です。次の講義に備え宿題を出します。忘れないようにきちんとこなしてきてください。

HOMEWORK

- 「データドリブン文化とはどのような文化か」自分の言葉でまとめる
- 「なぜデータドリブンになりたいのか」自分の言葉でまとめる
- オープンデータを使用して、データビジュアライゼーション（グラフなど）を作成する。データを読み解いた意味を添える

- 自分が所属する組織において実現するデータ分析課題を設定する

【分析課題設定のポイント】

❶分析課題

a. どの業務に対する、どのような課題を解決するための分析か

b. この分析をおこなうことで起こると想定される新しいアクションや業務のあり方

c. 自社の事業課題との関連（必要に応じて中期経営計画の資料なども引用）

d. メリットを享受する関係者

❷課題のオーナー・分析の依頼主

❸分析対象のデータ

a. データの種類（売上、サイトアクセス、など意味的なもの）

b. データの場所、形（SQL Server、Excelファイル、などシステ

ムや形式的なもの)
c. 想定される件数
❹分析をおこなううえで直面した問題点・とった対応策
❺導き出されたインサイト
❻分析結果の活用方法や起こったアクション
❼役に立ったデータビジュアライゼーション(データ可視化)技術

A　多いですね!

M　それはそうです。私たちは時間圧縮をしようとしています。ある人が紆余曲折しながら8年くらいかけて培った知識を6回の講義に収めようとしているのですから、濃度が高いのは当然でしょう。
ちなみに、データ分析課題については❸までで問題ありません。1か月の間に進めていきましょう。

A　オープンデータを使用したデータビジュアライゼーションはどうやって作成すれば良いでしょうか?

M　データは何でも構いません。「オープンデータ」で検索すればさまざまなデータが見つかるでしょう。自分の興味のあるデータを選んでください。
データビジュアライゼーションの作成については、君が使い慣れた道具を使ってくれれば構いません。もし思い当たるものがなければ「Tableau Public」を使ってみてください。

- **Tableau Public**:https://public.tableau.com/s/

A　わかりました。まずは初回から落第しないように頑張ります。

M　はい。それでは次の講義でまた会いましょう。

DAY 1

データ
ストーリーテリング

1-1 なぜストーリーが必要なのか

Master　こんにちは。いよいよ今日からDAY1ですね。まずは宿題、お疲れさまでした。拝見しましたがとても良いですね。何より、君の言葉になっているのが良い。

Apprentice　マスターからいろいろ聞きましたが、自分が理解したことをまとめるにはマスターの言葉をそのまま引用するのではなく、あらためて自分のシチュエーションに置き換えて再構成する必要があるなと思いました。

M　そのとおりです。自分のものになっていない言葉で人の心は動きません。だからまずは、あたりまえと思えるようなことでも、受け売りでなく自分のものにしていく必要があります。そして同時に、自分の言葉にすることにはもう1つの意味があります。私の伝える言葉で心が動かない人たちでも、君の言葉でなら動いてくれる人がいることです。逆も然りです。特に企業などの組織の中では、同じ組織に所属している人が伝えたほうが、組織内のコンテキストがそろうので、外部の人間の話より身近な自分ごととして受け入れられる可能性が高いでしょう。君の組織にいる人がみんなデータドリブンを目指そうと意識しているかと言えば、必ずしもそうではありません。そうした時に、君の話す言葉は、筋を通しながらも君の組織の実情により合った言葉に変化します。それが重要なのです。つまり、みんなが異なる言葉で本質的には同じことを言うようになることでその考えが広まり、文化が形成されていきます。

データドリブン推進者のための言葉をうまく自分の組織にあった形に翻訳して、伝えることができる技を磨いていく。この訓練にはそういったトランスレーター、架け橋役となるスキルを得る側面も含まれているでしょう。

A 言葉を置き換えたくらいに考えていましたが、それが文化の始まりになるとは思っていませんでした。

M 文化はだれかが適用すると宣言して広まるものではありません。人々が話す言葉や起こす行動の端々ににじみ出るものが文化なのです。

ストーリーで理解を深める

M さあ、それではいよいよ今日からデータリテラシーの最初の1歩を学んでいきます。

A データストーリーテリングですね。しかし、じつはデータとストーリーがどう結びつくのかピンときていないのです。

M データはコンピューターで処理という観点から長らく理系の仕事として認知されていました。

A ストーリーを語るのはどちらかというと文系のスキルですよね。

M そうです。データドリブン推進に当然理系の力は必要ですが、一方でこれまでデータ活用という意味では注目されてこなかった人文科学の力もまた必要であると認知されてきています。すなわち、データから背後に潜む事象を論理的に見つけ出し、そこからストーリーを紡いで周囲の人に伝えていく力です。

私たちは、DAY0でさまざまなストーリーを通じてデータドリブン文化の意義を考えてきました。ストーリーは、過去や遠く離れた場所の出来事など、目の前にないもの、自分自身が体験していないことを理解させる力を持っています。私たちは自分が理解したことを元に、今何をするか決断し、アクションします。ストーリーの力を使うと自分が経験した以上の事柄から判断を下すことができる。つまり、たくさんの可能性を考慮したうえで、良い結果をもたらす可能性が高い未来を選びとる力を得ることができるのです。

ストーリーの力を体感する

A　なんとなくわかるような気がするのですが、いまひとつ腑に落ちません。なぜストーリーを使わないと理解できないのでしょうか？

M　目に見えるものではないので、精緻に言語化することは大変重要です。よろしい。では、かんたんなゲームをしながら体感していきましょう。制限時間があるのでストップウォッチを用意してください。次の数字を覚えてください（制限時間：10秒間）。

9853 9458 0239 5029
5049 6235 9461 2452
3645 2328 7653 2215
4646 5646 343

■ この数字を覚えてください（制限時間：10秒間）

M　31番目の数字は何でしたか？

A　えーと。いや、まったく覚えてません。というか、正直にいうと覚えようという気が起こりませんでした。

M　では、これはどうでしょうか。次の文章を覚えてください（制限時間：10秒間）。

私は先日の休日にキャンプに行く予定を立てていました。しかしあいにくの天気で、予定を変更し、ショッピングに出かけました。

■ この文章を覚えてください（制限時間：10秒間）

M　「私」はなぜショッピングをしたのでしょうか？

A　これは覚えられますよ！　あいにくの天気だったからです。

M　数字の羅列とかんたんなストーリーを記した文、双方ともにじつは全体の文字量はまったく同じ59文字です。そして「あいにくの天気」という文字は、大体31文字目あたりに記載されています。

同じ分量の情報を提示された時、意味のない数字の羅列は記憶できないのに、ストーリーだったらかんたんに記憶できましたね。人の脳は物語を記憶する能力に長けているのです。歴史の年号を覚えられなくて語呂合わせで覚えようとする人たちがたくさんいるのもその証明です。私たちは意味を持たない数字の羅列を大量に記憶することが難しいのです。

さて、私たちは人がデータを見て理解できるようにしたいと考えています。したがって、無理に人が理解しづらい形態でデータを提示することに意味があるでしょうか。人が最も理解しやすい形でデータを提示していくことが重要になるのです。

ストーリーを使う2つの意義

M　先ほどの例からわかるストーリーを使う意義は次の２つです。

- **記憶に残る：**短時間で伝えたい内容を正確に伝えられる
- **人の心を動かす：**相手の考えを引き出し、思考のフローを起こす

M　あの文章を読んで、君はどう思いましたか？

A　行きたかったキャンプに行けなくて、かわいそうだなあと思いました。

M　数字の羅列では指定された文字を記憶することすらできないのに、ストーリーであれば、情報を正確に記憶したうえに、自分の考えまで引き出せるということですね。

A　確かにそうですね。しかし、それはもう意識してというより、ストーリーを読んだときに自然に続きとして浮かんだような感じです。

M　そうです。人の思考は、ぶちぶちと途切れていてはまとまりません。繋がった状態の時に初めて「思考」と呼べるものになります。繋がってさまざまな考えがまとまったり進んだりするような状態を「思考のフロー」と呼ぶことにしましょう。私たちは、外界から得た刺激をトリガーにして考えます。刺激とは、五感（視覚、聴覚、嗅覚、触覚、味覚）を刺激するもの。自然物か人工物、意図的か偶発的に関わらず生きているうえで常にさらされているものです。何のきっかけもなしに、純粋に脳内から思考を開始することはかなり難しいです。刺激をきっかけにしてフォーカスが当たると、それを元に思考を開始します。

さらにいうと、世界にはあまりにも刺激が多いため、人間がある1つの思考に長い間集中することも大変難しいです。私たちの周囲には、反応のトリガーとなる外界の刺激（例：SNSの通知、人の呼び止め、空腹など）にあふれています。たいていの場合は、こうしたトリガーによって気が散るわけです。しかし、思考の最初の導入がストーリーによって流れに導かれていれば、ぐっと思考のフローに入りやすくなるのです。

思考のフローのきっかけを生み出す

M　先ほど数字の羅列を見たときに、君は「覚えようと思わなかった」と言いましたね。これもまた重要な視点です。
人間は楽をしたがる生き物なので、明らかに「できない」「わからない」と思ったり、自分には関係ないと直感的に判断したものに対して興味を失います。つまり、最初から気が散った状態であり、思考のフローも何も、そもそも思考の焦点さえ当たらない状態になってしまうということです。
君は「営業成績表を見ても何も想像できない」とも言っていましたね。それは、その表が先ほどの数字の羅列のように、ストーリーもなく、ただ並んでいたからではないですか。

A　確かに、あの営業成績表からストーリーや、そこに連なる思考のフローの体験をしたことはありません。言われてみれば、とにかく数字が多すぎて、まずは会議でプレゼンターが話している対象部署の数字を探すことに注意していて、数字を探し当てて満足していました。成績表の値は覚えていませんし、売り上げが高い低いとか、ましてやそれがなぜかという議論をしていた記憶も残っていません。

M　その成績表を会議以外で君自身が開いたことはありますか？

A　ありません。

M　それはなぜですか？

A　正直にいうと、読んで役に立つと思えなかったからです。単に報告用の資料と位置づけていました。

M　人から見たいと思われる姿でなければ、データは永久にその価値を発揮できないでしょう。データを見たいと思われる姿に変えるためには、いくつかの方法を学ぶ必要があります。まずは、人の思考のフローを導くストーリーの力で、データをどう理解していくのか見ていきましょう。

1-2 インプットとアウトプットの連鎖で思考する

Master　ストーリーを通じて人の記憶に残り、思考のフローの滑り出しを円滑にすることがわかりました。ただ一方で、人は外からの刺激に弱く、追加情報もなしにずっと自分の頭の中だけで延々考え続けることは苦手です。しかし、思考のフローに乗るためにはある程度の時間をかけて同じテーマについて考え、思考をまとめる必要があります。

インプットとアウトプットを同時におこなう

M　一見相反するこの長時間にわたる思考と外部からの刺激をうまく融合し、フローを作り出す方法が1つだけあります。

Apprentice　そんな矛盾したことを実現する方法があるでしょうか、

M　たとえば、君がもしこれから複数人のメンバーとブレインストーミングをするとなったら、何があったらいいと思いますか？

A　ホワイトボードでしょうか。

M　なぜですか？

A　ブレインストーミングとなると参加者からいろいろな意見が出ると思います。それらをすべて記憶しておくのが難しいし、並べてみることで、似たような意見や掛け合わせた発展的なアイデアも浮かびやすくなるからです。

M　ホワイトボードに書かれたものは、外部から飛び込んでくる視覚的な刺激ですね。人は刺激に応じた思考に引っ張られますが、思考は繋がっているほうが紡ぎやすい。ここで、もしその刺激が今の思考を補足したり、後押ししたりすることの

できる刺激だったらどうでしょうか

A　思考のフローが途切れることがない？

M　それどころか、加速するでしょう。私たちが目指すべきは、今現在深く入り込みたい思考のフローに合わせた刺激を絶え間なく取り入れ、自らの想像力、あるいはチームの想像力を拡張することなのです。そしてその刺激は自らの手で作り出すことができるものです。ホワイトボードに書かれた文字や図のように。つまり、アウトプットです。そして自らが発したアウトプットが瞬時にインプットになり、深い思考のフローへ没入します。

アウトプットをかんたんにする

M　ただ、ここで1つ考えるべきポイントがあります。人からもらった意見をホワイトボードへ文字で書き写す時、どうやって書くか悩みますか？

A　言われたことをただそのまま書き写すだけであれば悩みません。

M　悩まずにできることが重要です。私たちは、言葉を文字にし、それを書く能力を幼い頃から訓練されていて、文字を書くことに迷いがありません。もしも文字を書くことが困難だったら、「書く」という新たなタスクに頭を悩ませて、途端に私たちの思考のフローは途切れてしまいます。フローとはそれくらい繊細なものなのです。

データを見て理解するプロセスも、思考のフローの作り方はまったく同じです。データの結果のアウトプットを見て、それをインプットとして思考した結果を再びデータに問い合わせ、その結果がまたアウトプットとなって返ってくる。その連鎖の中でデータを深掘りできます。

データを扱う道具

A しかし、私たちはホワイトボードにデータの集計結果を描くことはできません。

M 白い板とペンだけあっても無理でしょう。高度な計算をおこなって緻密に計測しながら描くことはできるかもしれませんが、それでは絵を描くための思考になってしまい、データそのものの意味を思考するフローのためのインプットとアウトプットの連鎖にはなりません。

A では、どうしたら良いのでしょうか？

M データの姿をペンで描くことができないのであれば、別の道具を使えば良いのです。データを見るのに最も適した道具です。

A BI ツールでしょうか。

M Business Intelligence（ビジネスインテリジェンス）と呼ばれるカテゴリのソフトウェア製品ですね。おもに分析のために溜められたデータを人に見せる際に使われる製品です。君は BI ツールを扱えるのですか？

A スプレッドシートは BI ツールに当てはまりますか？

M データドリブンを目指すために必要な道具は、データドリブン文化醸成のために必要な要件がわかった時、自然と君の手になじむものがそばにあるでしょう。BI に分類される製品でもそうでなくても、先ほどの思考のフローを繋ぐためのインプットとアウトプットの連鎖が最もスムーズにできる道具であれば、私は歓迎します。

良い道具は「身体の一部」となる

M　ところで、数ある道具と呼ばれるものに共通することは何でしょうか？

A　使うと便利になるということですか？

M　人間の身体だけではできないこと、あるいは時間がかかることをこなせるようになるものです。
では、優れた道具の条件とは何だと思いますか？

A　かんたんに使えることではないでしょうか。

M　良い答えです。ですが、もう1歩踏み込みたいと思います。優れた道具とは、あたかも自分の身体が拡張したかのように感じることができるものです。道具の先端までが身体の一部のように感じられるもののことです。

A　道具が身体の一部ですか。

M　たとえば、走り高跳びと走り棒高跳びを例に考えてみましょう。走り棒高跳びのほうが、走り高跳びよりもバーが高く設定されていますね。これは「棒」という道具を使ったときに、人間が自分の脚だけで跳躍するよりも高い位置に到達できることを示しています。

- **走り高跳び：**自分だけで跳ぶ
- **走り棒高跳び：**自分＋棒でより高く跳ぶ

一方で、訓練していない人間が棒を使ってジャンプしても、高いバーを超えることはできないでしょう。それどころか、生身でジャンプするより低いか、飛べずに転倒するかもしれません。

- **走り棒高跳び選手**：人間だけではできない跳躍を実現できる
- **一般人**：そもそも棒で跳躍することすら難しい

棒高跳びでは、棒を持って跳び方を何度も訓練した者だけが、その高みを見ることができます。そして、跳躍の瞬間、棒高跳びの選手は棒を操作することを意識しておらず、ただ高く跳躍することだけをイメージしているはずです。操作に惑わされているうちは、自分の肉体の限界を超えることができないからです。

私たちは自分の手を動かす時、手を動かそうとは思っていますが、どの筋肉を使ってどうやって動かそうとは考えません。良い道具は、極限までなじむと、自分の手と同じになります。こうやって動かそうとは考えるが、どうやって動かそうとは考えない状態、つまり人間と道具が一体化した状態になることで、私たちは身体が持つ限界を超えた状態に突入することができます。

かんたんに使える道具は、人間が直感的に操作できるので、優れた道具である可能性が高いでしょう。

A　しかし、ITツールは往々にして複雑な操作が必要とされるものではありませんか？　棒高跳びの棒のようにシンプルな構造ではないでしょう。

M　いいえ、違います。私が意図的に「ツール」という言葉を使わないのもそれが理由です。道具は英語で「Tool」ですが、日本語の「ツール」は本来の道具とは異なるニュアンスが含まれています。日本語でツールと言う時、その対象はどこか自分ごとではなく軽い印象があります。

道具は、人間の文明を進化させ社会を作り出してきた私たちの身体の一部です。それがITで構成されていようと、なんら変わりません。裏で動いているしくみがどのようなものでも、私たちは道具の使い手として「使い方」にフォーカスすべきです。高度なテクノロジーを扱っていようと関係なく、これから私たちのデータドリブン文化の思考を支える中核となる自分の一部になれるものを考えて、道具を選定してください。

A 自分の身体の一部と考えると、道具を選ぶだけで一生が終わってしまいそうです。

M 道具は、実際に身体の一部になってから本領を発揮するものなので、迷う時間はできれば短くしておきたいものです。
それに、1度選んだ道具をずっと使う必要は一切ありません。自分にとってより良い道具が登場すれば、いつでも乗り換えれば良いのです。理想を言えば、その道具に依存した知識しか得られないような製品は避けたほうが良いでしょう。特にITの製品の場合、変化が目まぐるしいので、同じデータ分析に使う道具でも乗り換える可能性が高くなります。これらをふまえて、もし君が今、心に決めた道具があるのならばそれを使ってください。
特定の道具が思い浮かばなければ、DAY0で私が紹介した「Tableau」を使ってみてください。これは、データを見て理解するための道具です。私にとっては、身体の一部と言えるすばらしい道具です。

1-3 ストーリーでデータを分析する

Master　さあ、ストーリーの重要性について考え、データによるストーリーを紡ぎ出すための道具を手に入れたところで、ここからはいよいよデータによるアウトプットとインプットを途切れなく起こし、思考のフローを生み出す流れを確認していきましょう。

デモンストレーションで思考のフローを学ぶ

Apprentice　いよいよですね。まずは何をしましょう。

M　まずは、私がデータを分析していくデモンストレーションを見て、データ分析を通した思考のフローを体感してください。デモンストレーションは、自分自身が思考のフローを体感できると同時に、君自身が組織内やコミュニティで「データドリブンとは何か」を伝える必要が出てきたときにも役に立つスキルになるでしょう。

A　デモンストレーションとは、製品ベンダーやシステム開発のビジネスパートナーが製品選定の時にやってきて見せてくれるような製品デモのことでしょうか？

M　まさにそれです。

A　ちょっと待ってください。私は現場の人間です。見せてもらうのはともかく、私がデモをできるようになる必要があるのでしょうか？

M　デモを見せるという仕事は、製品ベンダーやシステムを開発する人の仕事と思われがちです。しかし、私自身がそうした立場でこのデモを何度もくり返した結果、現場のデータも即座に理解できるようになりました。
多くの人が「デモを人に見せる」という方法で学習しようとしません。しかし、どんな立場の人でもデモを練習し、人に見せるという経験は、自らのスキルを高める良い方法だと考えています。
デモには、以下のような特徴があります。

- **同じシナリオ、操作を何度もくり返す**
- **自分の操作の意図や意義を声に出す**

M　何度もくり返すことはもちろん、声に出すことは何かを記憶する時に非常に有効な手段です。デモには効率良く学べる特徴が備わっているのです。
君が現場の人間であったとしても、だれかに教えるときやデータ分析の重要性を証明するときに、デモを見せられる能力は活きてくるでしょう。もし、君がだれにもデモを見せないとしても、君自身が自分のデータと向き合うときの思考のフローを確立する助けになるのは保証します。

A　そこまでおっしゃるのなら、わかりました。まずはマスターのデモを見せてください。

Eコマースの売上データ分析デモ

M　ではデモを始めます。
私は「スーパーストア」というＥコマースの会社の営業企画を担当しています。明日の会議に備えて、今後の営業戦略を練る必要があります。しかし、今回の企画方針の基準になる過去４年ぶんの売り上げデータが到着したのがなんと前日で、これから急いで分析結果をまとめなければなりません。まずは、届いたデータのファイルを読み込みます。

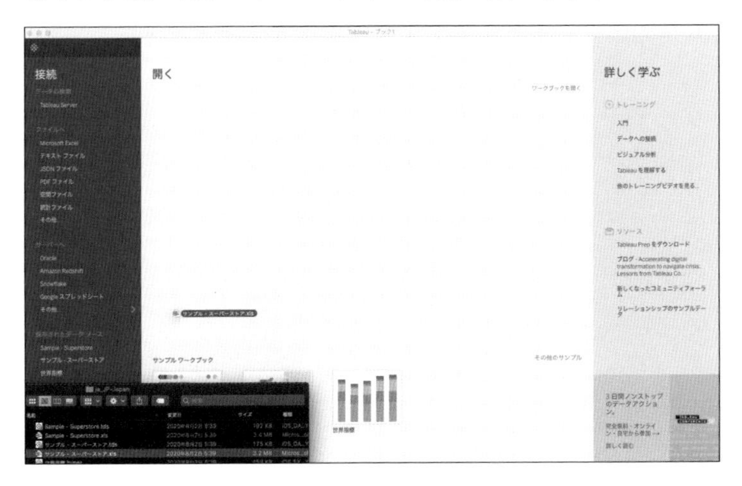

■ データファイルを読み込む

M　読み込むと、Excelの中にあるシートが1枚ずつ表示されています。今回分析する対象は売上データなので、注文のシートをドラッグします。するとオレンジの枠が行き先をガイドしてくれます。操作に迷わぬよう、オレンジの光が道標となって行き先を照らしています。

■ シートをドラッグ

M　注文データを選択できたので、オレンジの光に従ってシートに移動します。

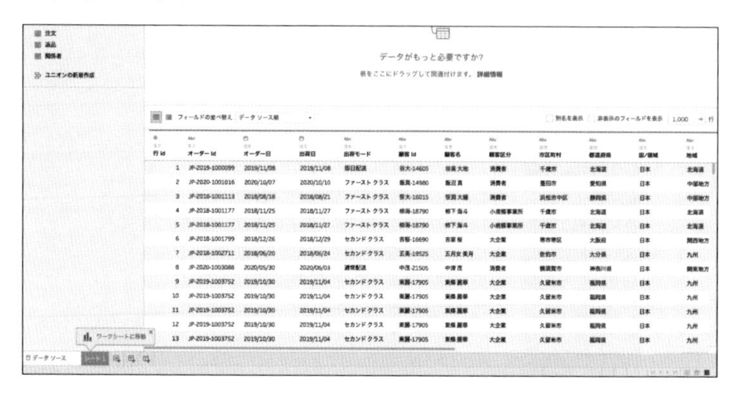

■シートを移動

M　左側には、読み込んだ注文データにどのような項目が入っているのかを示す項目の一覧が表示されています。右側は真っ白です。この白いシートをキャンバスに見立て、データで絵を描いていくように視覚化していきます。

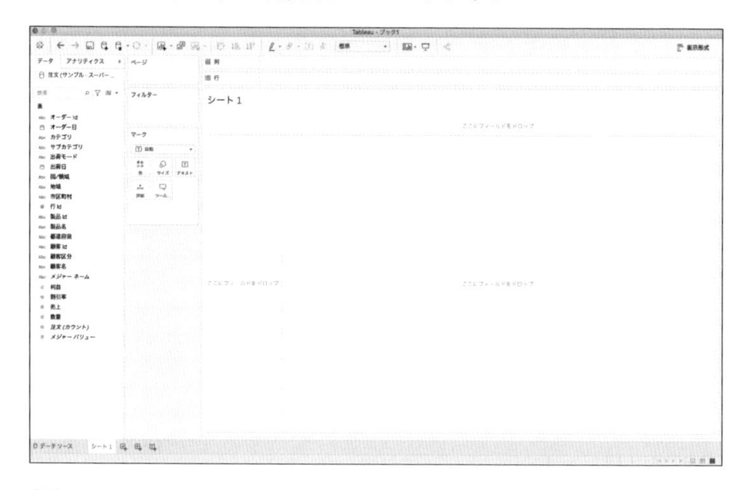

■白いシート

M　まずは、営業として最も重要な指標である売上を見てみましょう。過去4年間のスーパーストアの総売上が2億円超であることがわかりました。

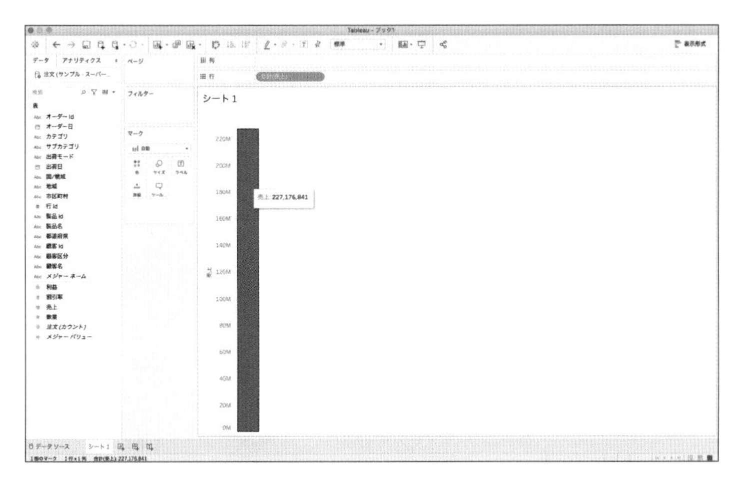

■ 総売上

M　2億円の売上を商品のカテゴリ単位で分けてみたらどうでしょうか。
1位が「家電」、2位が「家具」、3位が「事務用品」です。上位2つは僅差で、「事務用品」の売上も「家電」の半分は大きく超えています。どのカテゴリも主力製品であることが見て取れます。

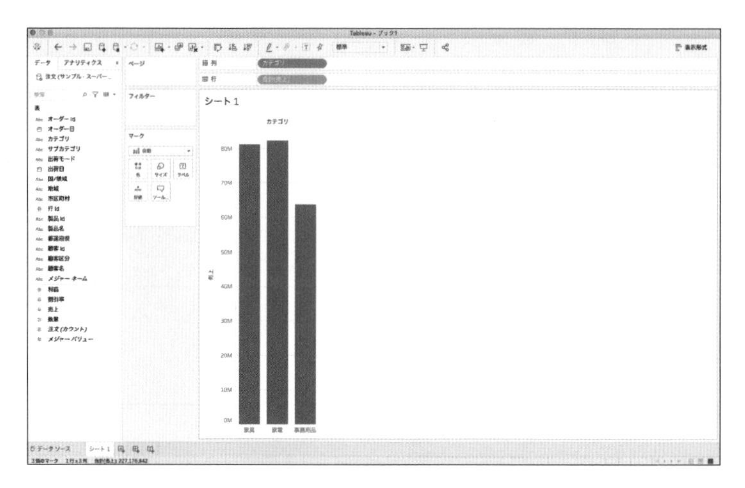

■ 商品のカテゴリで分ける

M　カテゴリをもう１段階細かい粒度で見てみましょう。サブカテゴリごとの売上です。「事務用品」は売上が最も少ないカテゴリでしたが、ほかのカテゴリより多くのサブカテゴリを持っており、細分化しているようです。

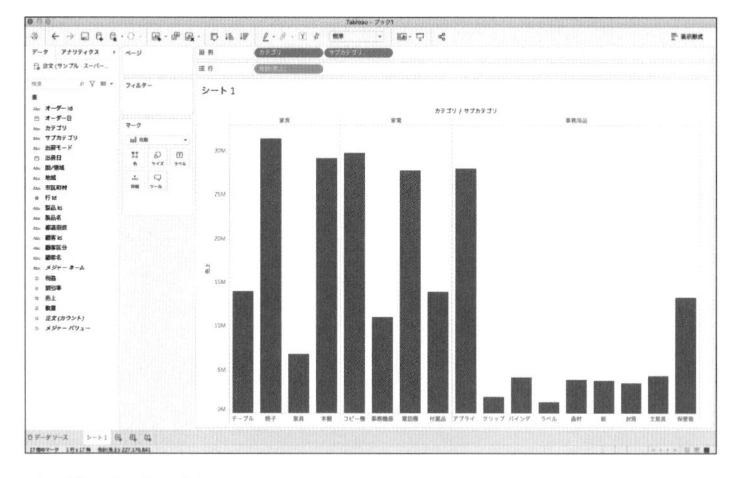

■ サブカテゴリごとの売上

M　「バインダー」と「文房具」の売上はどちらが高いでしょうか？　差がわかりづらいですが、これは2つのサブカテゴリの間隔が開きすぎていることが原因です。

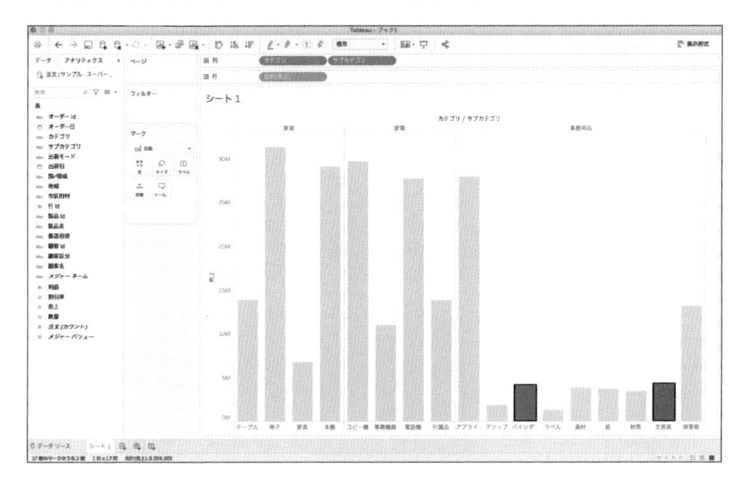

■「バインダー」と「文房具」

M　降順にソートすることで位置が近くなり、はっきりと「文房具のほうがバインダーより売上が高い」ことがわかりました。ソートには、僅差の数値も順序立てて並べることよって理解しやすくする効果があります。

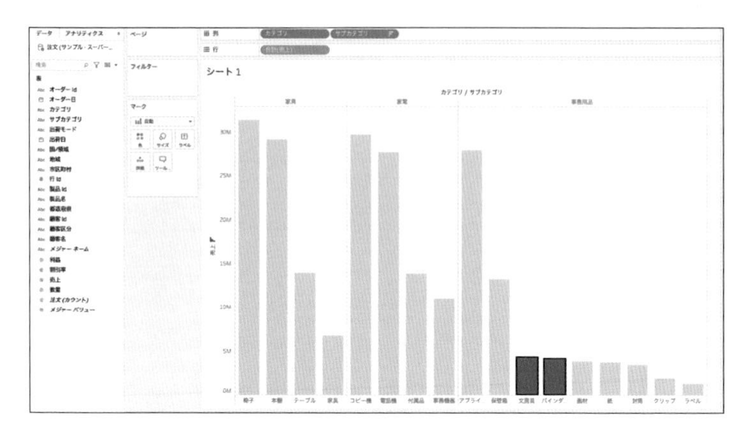

■ 降順ソート

M さて、「事務用品」のサブカテゴリは売上が少ない項目が多いようです。これらをまとめて１つのサブカテゴリとして取り扱った場合、売上はどうなるでしょうか。つまり、これらを積み上げた時にどうなるでしょうか。まとめた場合にほかのサブカテゴリの金額より大きくなりすぎてしまったら、サブカテゴリの意味がなくなってしまいます。

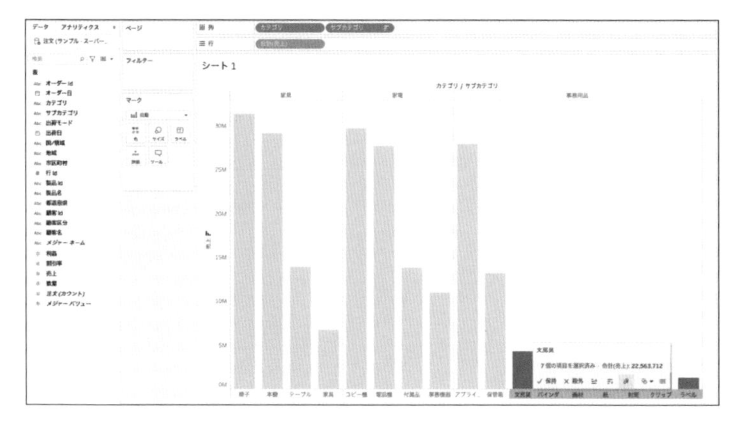

■ 少ない項目

M　試しにこれらをまとめてグループにしてみました。ほかのサブカテゴリの売上と比べても大きすぎず、小さすぎず、ちょうどよく収まりました。

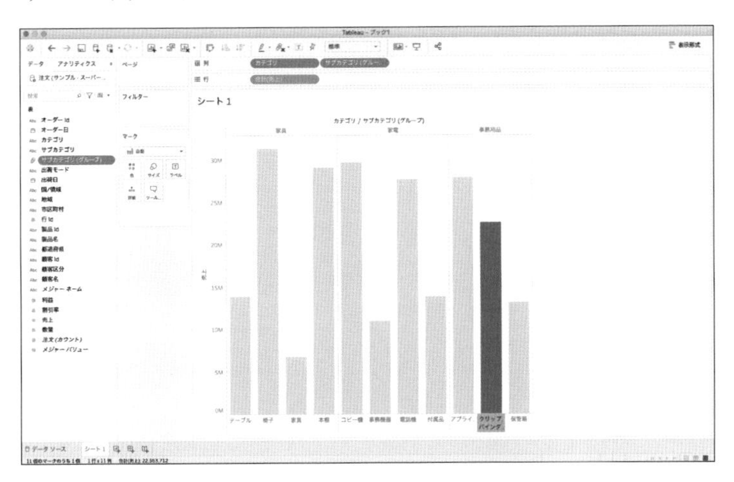

■ サブカテゴリとしてまとめた

M　この新しい区分けでサブカテゴリ単位の分析をおこなったほうが都合が良さそうです。別名を「事務雑貨」としておきます。データはバックでいろいろなシステムと連携していることが多く、データを上書きしてしまうとシステムの不具合を起こす可能性があります。この別名は、参照元のデータには一切影響を与えず、あくまで表示上だけ使われるので安心です。

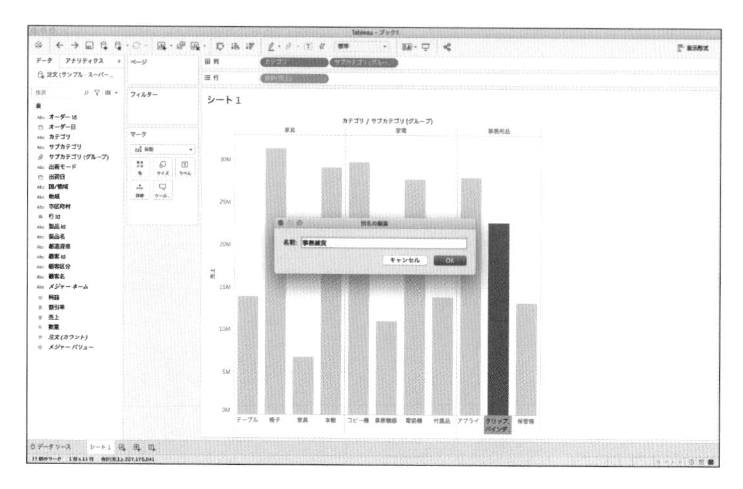

■「事務雑貨」サブカテゴリを命名

M　商品ごとの売上の傾向が見えてきましたが、これらの利益はどうでしょうか。操作できるオレンジの箇所が多くて迷ってしまうこともあるでしょう。そんな時は「表示形式」でおすすめの表現方法を聞いてみます。利益をオレンジに光っているところではなく、グラフの真ん中に投げ込んでみます。

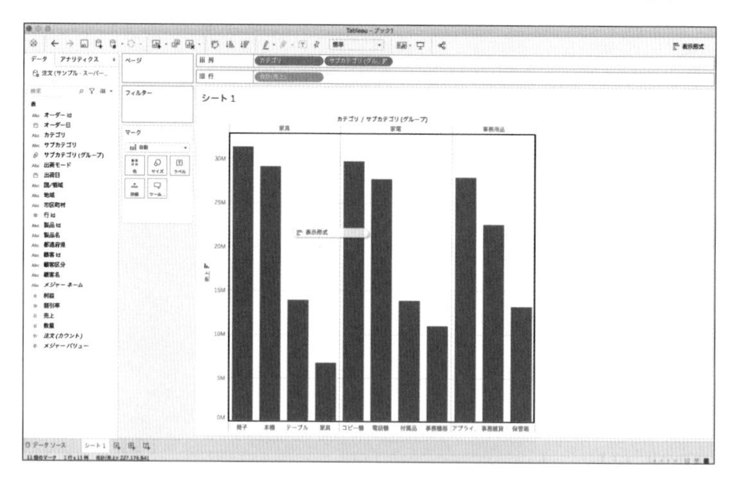

■表示形式のおすすめを聞く

M　1色だった棒グラフが、青とオレンジのグラデーションで色づきました。ひときわ目立っているのはオレンジ色の「テーブル」です。これはどういうことでしょうか。
凡例を見るとオレンジはマイナス値を表しています。「テーブル」は中堅規模の売上を持っているサブカテゴリだと思っていましたが、利益を一緒に見てみると、1つだけ大きく赤字を出してしまっている問題のあるサブカテゴリであることがわかりました。この問題を放置しておくことはできません。

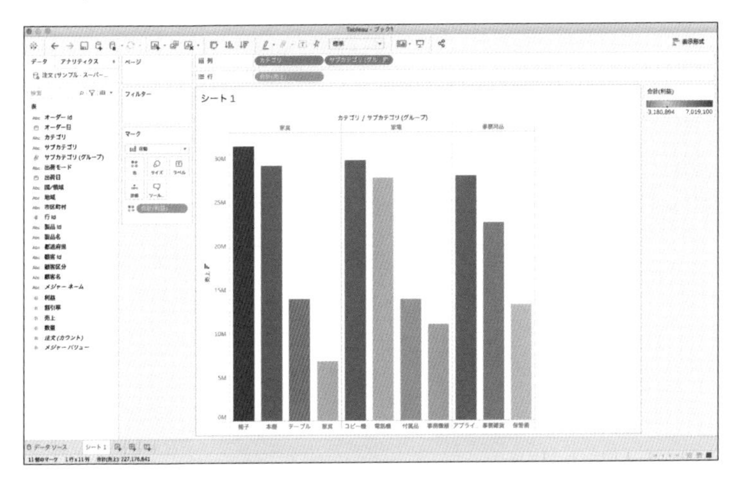

■ グラフが2色のグラデーションに

M　「テーブル」の利益はどこで赤字になっているのでしょうか。
地域ごとに確認してみます。しかし、スクロールバーが出てしまいました。これでは全体像がわかりませんね。

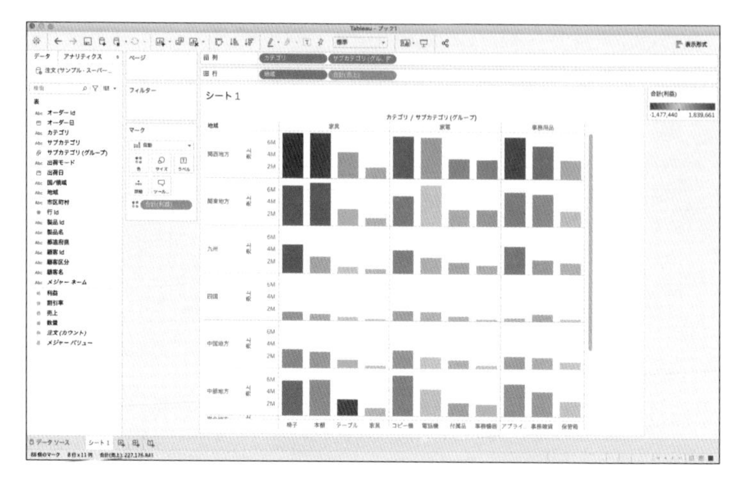

■「地域」で表示した

M　棒を横向きにしてみたらどうでしょうか。縦方向で見るよりはフィットしているように見えます。もう少し調整して、隠れるところがなくなるようにしてみましょう。

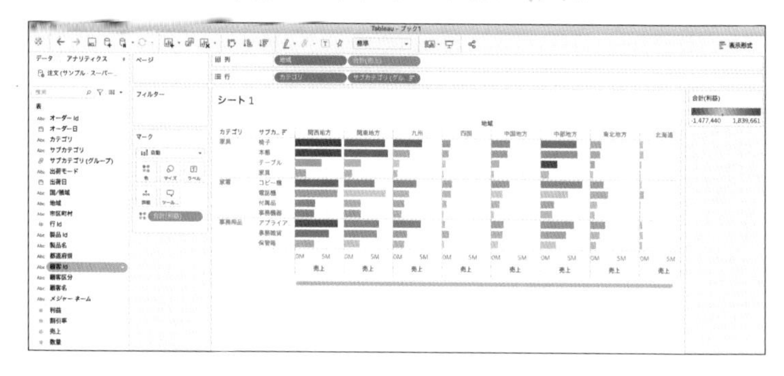

■棒を横向きにした

M　右のスペースを有効に使えるように凡例を動かして、下のスペースを有効に使えるようにしました。これで全体を確認できますね。こうして見ると、地域ごとで売上の差が大きいようです。

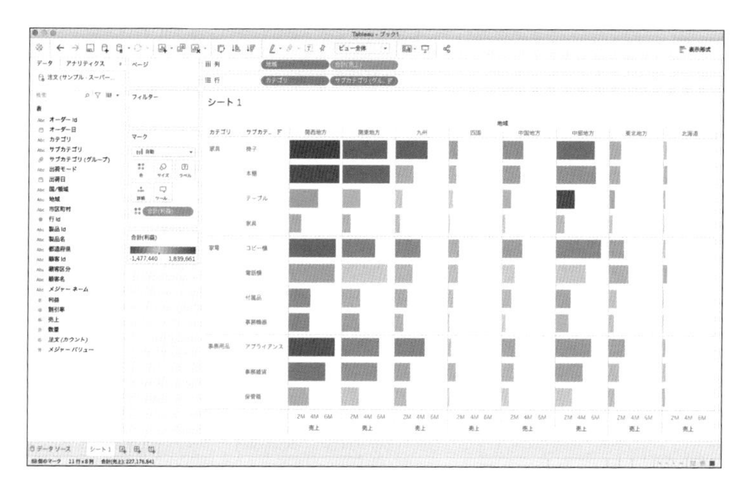

■表示を調整

M　売上が比較的小さく、近い距離にある地域同士をまとめたうえで、地域間を比較してみます。北海道と東北、九州と四国と中国をまとめました。残念ながら「テーブル」はすべての地域で赤字のようですが、何か地理的な特性はないのでしょうか。

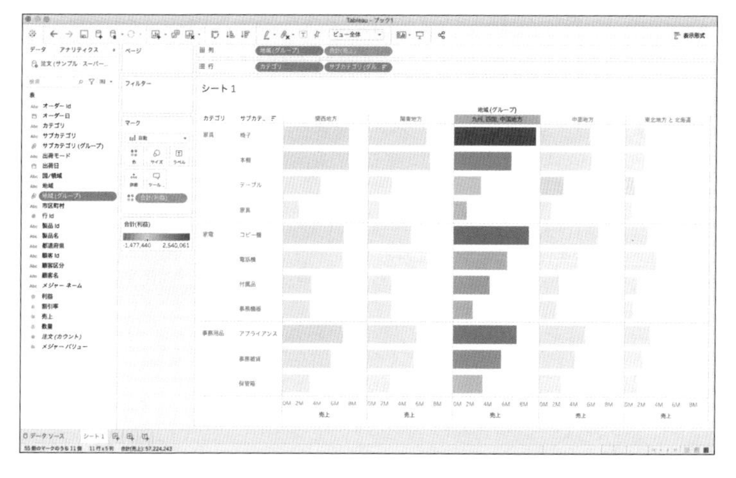

■「地域」をグループでまとめた

M　地理的な特性を理解するため、地域の地図上の場所を想起できるよう、順序を西から東になるように入れ替えました。

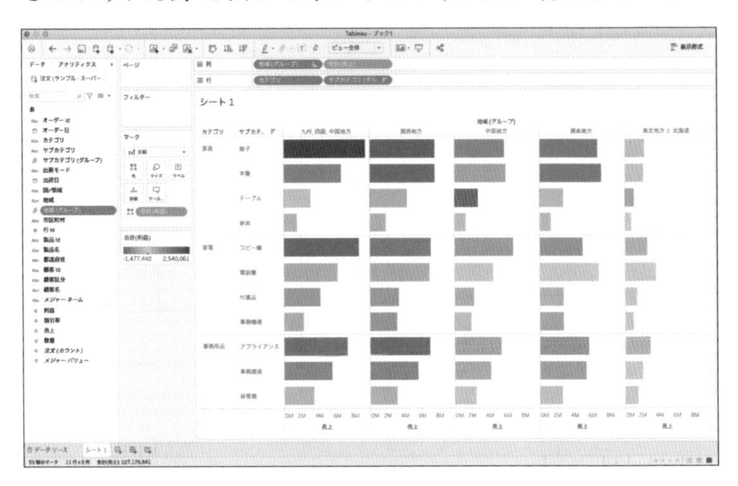

■ 地図に合わせて順序を入れ替えた

M　中心が最も濃いオレンジのグラデーションになっているのが見て取れます。中心にある中部地方が最も利益が悪く、外側に行くにつれて改善されているようです。中部地方で「テーブル」の利益を下げるような問題が何かあり、それが全国的に波及している可能性があります。すぐに「テーブル」の利益改善の対策を講じる施策を明日の議題にあげることにしました。タイトルを設定し、明日に備えます。

必要なこと以外をあえて削ぎ落とす

M　前の操作でできたアウトプットをインプットした結果の解釈で次の操作を決める、その連鎖でストーリーを作り上げていくプロセスを見てもらいました。

A　ありがとうございます。非常におもしろいデモでしたし、データ分析のプロセスがストーリーで成立していることもなんとなくわかりました。
ですが、気になったところもあります。このデモがだれかに「データ活用とは何か」を説明する側面もあるのだとすると、なぜ冒頭のデータソースの接続の画面を紹介しなかったのですか？　データを見るための道具として多くのデータに接続できることは重要であると思いました。

M　君の言うとおり、数多くのデータに接続できることは重要です。しかし、だからこそわざわざ時間をかけて説明するべきところではありません。

A　なぜですか？　自分たちが持つデータと接続できるかどうかを必ず質問されますよね。

M　それが理由です。自分のデータに問題なく接続できるかどうかは、だれもが気になる箇所です。もしわからなければ、相手から質問されるはずです。だからこそ、わざわざ時間を割いてこちらから説明しなくても良いのです。
これは、何を見せるためのデモでしたでしょうか。

A　データを用いた思考のフローを見せるデモ、でしたね。

M　そのとおりです。思考のフローは脳内でおこなわれ、普段は言語化されません。このデモでは、理想形を言葉によってアウトプットすることで、データストーリーテリングが紡ぐ思考のフローを再現しています。自分がデータと向き合う時に必要な言葉以外は、極限まで削ぎ落とすことが大切です。
自分が向き合うデータがどのファイル、データベースにあるかは決まっているので、わざわざデータソース一覧を眺め回すより、一刻も早くデータの中身と向き合うほうが、よりリアルな思考のフローをイメージできるはずです。
ストーリーは、記憶に残すために非常に強力です。一方で、自分のストーリーを集中して相手に聞いてもらえる時間は限られています。ストーリー構成を工夫することで、集中して聞いてもらう時間を長くすることは可能ですが、短くできるものならば短くしたほうが良いです。そのぶん、余った時間で相手のニーズを引き出すこともできるでしょう。
限られた時間の中で伝えるべきことは、次の２つです。

- **データ分析を通じた思考のフローを見せる**
- **相手もそれをやってみたいと思ってもらう**

多くの人がデータ分析を「単なる数字の集計や計算だ」と勘違いしていますが、本来データ分析とは「データを媒介にしたストーリーテリング」だと気づいてもらわなければなりません。
だれかに何かを提案するのであれば、相手が自分自身では考えついていない問題やヒントを提供するべきです。相手がもうすでに頭の中に持っている疑問について、わざわざ貴重な時間を割いてこちらから持っていく必要はありません。もし相手が私たちが表現したデータドリブンの在り方に共感してくれたのならば、自分が確認したい事項については必ず問いかけがあるはずです。私たちが最初におこなうべきなのは、まず私たち自身のストーリーを相手に知ってもらい、自分もそうなりたいと思ってもらうことなのです。

A　なるほど。相手の土俵ではなく、自分の土俵に引きずりこめということですね。

M　そういう表現をする人もいますね。私は、お互いのために最初に自分たちの考える世界観を伝えておくべきだと考えています。もしこの時点で合わないのであれば、どんなに相手の問いかけに答えたとしても、最終的には目指すところが合わず、無駄な時間を過ごすことになります。最初に私たちが考えていることを伝えておくことは、相手に対する礼儀だと考えています。

デモでは操作説明をしない

A　もうひとつ気になったのは操作説明です。マスターのデモでは、どう操作したかの説明がほとんどありませんでした。

M　君だったらどう説明しますか？

A　もし私だったら、「カテゴリを列に入れて、列ごとにカテゴリを分け、売上を棒グラフで確認していきます」でしょうか。

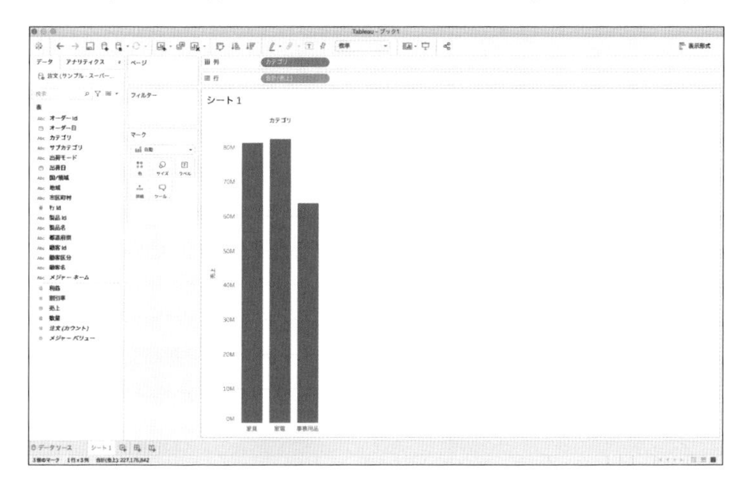

■ 操作も説明する？

M　もし、私がソフトウェアの研修講師として立っていたらそう説明したかもしれません。

A　なるほど、これはデモだから必要ないと。

M　このデモンストレーションは、2つの目的で君に見せると言いました。

- **データ分析を通した思考のフローの実例を体感してもらう**
- **組織内やコミュニティでデータドリブンがどういうものか説明するため**

どちらの目的でも操作説明は不要です。だから省きました。
ストーリーを伝える際は、相手に残したいもの以外のすべてを削ぎ落とすべきです。そこまで落とし切っても、本当に伝えたいことがすべて伝わるとは限りません。余計な言葉を挟む余裕などないのです。
そうしてなんとか伝わった魅力に相手が心動かされたならば、操作方法はその段階になってあらためて伝えたり、自分で調べたりできるでしょう。相手の考えを変化させながら、同時に使い方の研修まで済ませてしまおうだなんて、とんでもなくおこがましいと思います。
このデモで見せたいのは、あくまで思考のフローそのものです。それを体現する言葉でありビジュアルであるべきなのです。

デモで意識するべき4つのポイント

M　私も君に質問があります。私のデモでは操作説明がありませんでしたが、その代わりに私は何を言葉にしていましたか？

A　……。

M　私がもし質問をしたら、君が何かの答えを返してくれるまで何時間でも待ちます。もし自分の問いかけに対して自分で答えてしまったら、君は二度と答えてくれなくなってしまうでしょうから。

A　えっと、出てきたグラフの意味、でしたでしょうか？

M　はい。そのとおりです。よく聞いてくれていました。

デモの時に発声する言葉として意識しておくと良いポイントは以下の4つです。

- **実行結果の意味：**（例）売上は家電が1位、家具が2位、事務用品が3位
- **解釈：**（例）家電と家具の売上は僅差、事務用品は少ないけど他カテゴリの半分以下ということはなくすべて主力製品と言える
- **次のステップへの導入：**（例）主力製品のサブカテゴリの内訳はなんだろうか？
- **見てわかることは言わない：**（悪い例）カテゴリ別の売上の棒グラフです

「実行結果の意味→解釈→次のステップの導入」という流れが、まさにデータの示した傾向を視覚的な刺激としてインプットされた脳が次のステップへ指示を下す一連の流れなのです。これは事前に用意されたデモですが、実際のデータ分析もこれに近いレベルに到達する必要があります。
すなわち、操作について一切意識せず、純粋に「意味→解釈→次のステップ」という流れだけを意識した完全な思考のフロー状態です。この境地を目指す訓練として、デモの練習は非常に高い効果があります。
じつは、デモンストレーションの練習をする人は少ないのが現状です。「現場で使えればいい」という人はこういう極限まで無駄を削ぎ落とした操作方法を習得しませんし、ましてや思考のフローを言語化したりもしません。しかし、この訓練を積み重ねることによって操作の無駄が減り、即座に表示されたチャートを解釈する力が増してくるため、結果的に現

場での分析の効率は上がります。深い洞察を得やすくなるでしょう。だからこそ、私は君の訓練の最初のステップとして、このデモを選びました。今日は短い最低限の形式のものを見せましたが、もう少し表現力のバリエーションを増やしたければ以下の動画を見てもいいでしょう。

- **初めてのTableau：Bronze Demo 〜 Data Storytellingの第一歩：** https://youtu.be/53caWWJxeGk

見る人を飽きさせない3つの工夫

A　わかりました。まずはデモで訓練してみます。

M　良い意気込みです。
では、デモをおこなう際に気にかけておくと良い3つのポイントを押さえておきましょう。

- **できるだけ映えない画面をデモ中からは排除すること**
- **画面の動きと言葉を完全一致させること**
- **視覚と聴覚を最大限使ってストーリーに没入させること**

視覚効果については、DAY2でくわしく説明します。文字の羅列よりビジュアル化されたグラフ、静止したグラフよりは目の前でクルクル変化していく動きのあるもののほうが、見る人の目を惹きます。デモ中はできるだけ動きがある画面を見せて、相手を飽きさせないことが重要です。私がデータに接続する画面の滞在時間を極限まで落としているのはそのためでもあります。視覚効果を最大限使うため、映える場面（グラフが出てくるところ）まで可能な限り早く到達するのです。

ただし、動きがあるものを追いかけ続けるのは、集中力が必要になります。そのため、マウスの操作に無駄をなくし、余計な動きはつけません。さらに、瞬時の解釈を言葉で補足し、相手の興味を即座に理解に変換していきます。
視覚と聴覚の情報がずれていると、途端にわかりづらくなります。操作と同時に適切なタイミングで音声を発することができる訓練が必要になりますが、極められればかなりの精度でデータを読み解くスキルを手に入れられるでしょう。

A　初日なのにハードルが高いですね。

M　やりがいがあって良い、という意味だと解釈しました。
ではデモのポイント、言い換えればデータを使って思考のフローを作り出す方法をまとめましょう。

【データで思考のフローを作り出すデモのポイント】

- **操作の一つひとつに意味を持たせ、1本のストーリーを紡ぐ**
- **「実行結果の意味〜解釈〜次のステップ」のことだけを説明する**
- **見てわかることと操作手順を説明しない**
- **操作中に通りすがった機能をすべて紹介しようとしない**
- **画面と言葉を完全一致させ、視覚と聴覚を最大限使ってストーリーに集中させる**
- **視覚効果を最大限使うため、映える場面まで可能な限り早く到達する**

1-4 ストーリーテリングの枠組みを理解する

Apprentice　デモでデータストーリーテリングの例について学習できましたが、実際の現場で出会うデータからストーリーを読み解く場合はどのようにしていくべきでしょうか。当然ですが、すべてがスーパーマーケットの売上データというわけではありません。

Master　先ほど学んだデモは「型」となるものです。型をきちんと押さえるには、何度もくり返し実践して昇華する必要があります。ここでは、私が長年デモをする中で抽出した具体的な枠組を紹介しましょう。

構造化データとスプレッドシート

M　私たちが分析して活用しようとするデータの多くは、構造化されたデータであることが多いでしょう。データの形式などについてはDAY4でくわしく扱いますが、構造化されたデータとは「列と行で構成されたテーブル（表）に格納されたデータ」のことです。

行 ID	オーダー ID	オーダー日	出荷日	出荷モー	顧客 ID	顧客名	顧客区分	市区町村	都道府県	国/地域	地域	製品 ID	カテゴリ	サブカテ	製品名	売上	数量	割引率	利益
1	JP-2019-1000099	2019/11/8	2019/11/8	即日配送	谷大-1466	谷奥 大	消費者	千歳市	北海道	日本	北海道	家具-本棚	家具	本棚	Dania キ	16974	3	0.4	-1986
2	JP-2020-1001016	2020/10/7	2020/10/10	ファース	飯真-1490	飯田 真	消費者	豊田市	愛知県	日本	中部地方	事務用-ア	事務用品	アプライ	フーバー	52224	8	0	25584
3	JP-2018-1001113	2018/8/18	2018/8/21	ファース	笹大-1601	笹島 大輔	消費者	浜松市中区	静岡県	日本	中部地方	事務用-バ	事務用品	バインダ	カーディ	3319.2	6	0.4	211.2
4	JP-2018-1001177	2018/11/25	2018/11/27	ファース	柿尚-1875	柿下 尚斗	小規模事	千歳市	北海道	日本	北海道	家具-椅子	家具	椅子	Novimex	16446	5	0.4	2466
5	JP-2018-1001177	2018/11/25	2018/11/27	ファース	柿尚-1875	柿下 尚斗	小規模事	千歳市	北海道	日本	北海道	家具-家具	家具	家具	Eldon フ	18600	4	0.4	-3720
6	JP-2018-1001799	2018/12/26	2018/12/29	セカンド	吉桜-1666	吉家 桜	大企業	堺市堺区	大阪府	日本	関西地方	家具-椅子	家具	椅子	Harbour C	85218	7	0	1694
7	JP-2018-1002711	2018/6/20	2018/6/24	セカンド	五美-1952	五月女 美	大企業	佐伯市	大分県	日本	九州	事務用-紙	事務用品	紙	サンディ	35508	11	0	10296
8	JP-2020-1003088	2020/5/30	2020/6/3	通常配送	中茂-2150	中津 茂	消費者	横須賀市	神奈川県	日本	関東地方	家具-家具	家具	家具	Advantus	3420	3	0	1056
9	JP-2019-1003752	2019/10/30	2019/11/4	セカンド	東麗-1790	東條 麗華	大企業	久留米市	福岡県	日本	九州	事務用-画	事務用品	画材	Binney &	4032	4	0	40
10	JP-2019-1003752	2019/10/30	2019/11/4	セカンド	東麗-1790	東條 麗華	大企業	久留米市	福岡県	日本	九州	事務用-画	事務用品	画材	Stanley キ	9948	3	0	3180
11	JP-2019-1003752	2019/10/30	2019/11/4	セカンド	東麗-1790	東條 麗華	大企業	久留米市	福岡県	日本	九州	事務用-保	事務用品	保管箱	Rogers フ	18944	2	0	3788
12	JP-2019-1003752	2019/10/30	2019/11/4	セカンド	東麗-1790	東條 麗華	大企業	久留米市	福岡県	日本	九州	事務用-バ	事務用品	バインダ	カーディ	4672	8	0	1536
13	JP-2019-1003752	2019/10/30	2019/11/4	セカンド	東麗-1790	東條 麗華	大企業	久留米市	福岡県	日本	九州	事務用-ラ	事務用品	ラベル	Novimex	3660	5	0	1280
14	JP-2020-1006716	2020/5/26	2020/6/2	通常配送	樹慶-1420	樹殿 慶子	小規模事	坂戸市	埼玉県	日本	関東地方	事務用-ア	事務用品	アプライ	ブレビル	112308	3	0	28074
15	JP-2020-1006716	2020/5/26	2020/6/2	通常配送	樹慶-1420	樹殿 慶子	小規模事	坂戸市	埼玉県	日本	関東地方	事務用-封	事務用品	封筒	Cameo ク	7146	9	0	2628
16	JP-2020-1006716	2020/5/26	2020/6/2	通常配送	樹慶-1420	樹殿 慶子	小規模事	坂戸市	埼玉県	日本	関東地方	事務用-ク	事務用品	クリップ	Stockwell	2082	3	0	78
17	JP-2020-1006716	2020/5/26	2020/6/2	通常配送	樹慶-1420	樹殿 慶子	小規模事	坂戸市	埼玉県	日本	関東地方	事務用-封	事務用品	封筒	Cameo 各	22240	8	0	7104
18	JP-2020-1006716	2020/5/26	2020/6/2	通常配送	樹慶-1420	樹殿 慶子	小規模事	坂戸市	埼玉県	日本	関東地方	家電-事務	家電	事務機器	OKI デー	46128	4	0	9224
19	JP-2020-1008702	2020/9/30	2020/10/4	通常配送	岸学-1040	岸川 学	消費者	旭川市	北海道	日本	北海道	事務用-封	事務用品	封筒	Kraft 社内	5630.4	3	0.4	-657.6
20	JP-2018-1009485	2018/6/6	2018/6/8	ファース	日拓-1150	日野 拓也	消費者	豊田市	愛知県	日本	中部地方	家具-椅子	家具	椅子	Office Sta	155810	5	0	32720
21	JP-2018-1009485	2018/6/6	2018/6/8	ファース	日拓-1150	日野 拓也	消費者	豊田市	愛知県	日本	中部地方	事務用-ラ	事務用品	ラベル	Hon ファ	2304	4	0	136
22	JP-2018-1009485	2018/6/6	2018/6/8	ファース	日拓-1150	日野 拓也	消費者	豊田市	愛知県	日本	中部地方	家具-テー	家具	テーブル	Lesro 木製	111600	6	0.4	-11160
23	JP-2018-1009485	2018/6/6	2018/6/8	ファース	日拓-1150	日野 拓也	消費者	豊田市	愛知県	日本	中部地方	家具-椅子	家具	椅子	Hon 折り	50202	9	0	24588
24	JP-2018-1012065	2018/9/27	2018/9/30	ファース	植丈-1035	植草 丈夫	消費者	芦屋市	兵庫県	日本	関西地方	家具-椅子	家具	椅子	Office Sta	23076	6	0	2760
25	JP-2018-1012065	2018/9/27	2018/9/30	ファース	植丈-1035	植草 丈夫	消費者	芦屋市	兵庫県	日本	関西地方	家具-家具	家具	家具	Advantus	8730	3	0	258
26	JP-2020-1012835	2020/12/29	2021/1/1	ファース	浜亜-1965	浜砂 亜子	消費者	箕面市	大阪府	日本	関西地方	家電-コピ	家電	コピー機	キヤノン	104136	6	0	41652
27	JP-2020-1012835	2020/12/29	2021/1/1	ファース	浜亜-1965	浜砂 亜子	消費者	箕面市	大阪府	日本	関西地方	家電-事務	家電	事務機器	StarTech	7422	3	0	366
28	JP-2019-1013498	2019/7/19	2019/7/24	通常配送	幕千-2180	幕田 千代	消費者	北上市	岩手県	日本	東北地方	家電-付属	家電	付属品	ベルキン	20716.8	2	0.4	-3.2
29	JP-2017-1013528	2017/11/27	2017/11/29	ファース	大由-1145	大郷 由美	小規模事	東広島市	広島県	日本	中国地方	事務用-画	事務用品	画材	BIC 鉛筆	4237.8	3	0.3	-1276.2
30	JP-2017-1014041	2017/8/13	2017/8/18	通常配送	加翼-1342	加川 翼	大企業	蒲生郡日野町	滋賀県	日本	関西地方	家電-付属	家電	付属品	サンディ	33888	2	0	9824
31	JP-2017-1014041	2017/8/13	2017/8/18	通常配送	加翼-1342	加川 翼	大企業	蒲生郡日野町	滋賀県	日本	関西地方	家電-付属	家電	付属品	サンディ	5472	2	0	1532
32	JP-2020-1014625	2020/10/15	2020/10/20	通常配送	小太-1958	小堺 太陽	消費者	新宿区	東京都	日本	関東地方	事務用-紙	事務用品	紙	Green Bar	5125.5	5	0.15	1745.5
33	JP-2020-1014625	2020/10/15	2020/10/20	通常配送	小太-1958	小堺 太陽	消費者	新宿区	東京都	日本	関東地方	事務用-ア	事務用品	アプライ	クイジナ	28111.2	1	0.15	1983.2
34	JP-2020-1014625	2020/10/15	2020/10/20	通常配送	小太-1958	小堺 太陽	消費者	新宿区	東京都	日本	関東地方	事務用-画	事務用品	画材	Boston ス	8307.9	3	0.15	1755.9
35	JP-2019-1015132	2019/8/13	2019/8/17	通常配送	伊正-1865	伊志嶺 正	大企業	東村山郡中山町	山形県	日本	東北地方	家具-家具	家具	家具	Tenex フ	13032	4	0	4952
36	JP-2020-1015449	2020/11/7	2020/11/11	通常配送	西颯-1171	西見 颯太	消費者	市原市	千葉県	日本	関東地方	家具-椅子	家具	椅子	Novimex	20005.2	3	0.4	-11008.8
37	JP-2019-1015946	2019/11/24	2019/11/29	通常配送	川一-1196	川崎 一義	消費者	宇佐市	大分県	日本	九州	事務用-画	事務用品	画材	Stanley キ	6596	2	0	1780
38	JP-2019-1016000	2019/5/27	2019/6/1	通常配送	阿真-1112	阿藤 真	小規模事	三田市	兵庫県	日本	関西地方	事務用-画	事務用品	画材	Boston 鉛	2516	2	0	500
39	JP-2020-1016798	2020/6/14	2020/6/18	通常配送	二翔-1337	二川 翔太	消費者	長岡市	新潟県	日本	中部地方	家電-付属	家電	付属品	サンディ	19152	7	0	5362
40	JP-2020-1016798	2020/6/14	2020/6/18	通常配送	二翔-1337	二川 翔太	消費者	長岡市	新潟県	日本	中部地方	家具-本棚	家具	本棚	イケア キ	37840	4	0	18536
41	JP-2018-1017704	2018/11/27	2018/11/28	ファース	稲静-1467	稲木 静香	大企業	宇部市	山口県	日本	中国地方	事務用-封	事務用品	封筒	Cameo 業	1548	2	0.4	-208
42	JP-2019-1017940	2019/4/20	2019/4/26	通常配送	西大-1082	西坂 大和	大企業	国分寺市	東京都	日本	関東地方	事務用-ラ	事務用品	ラベル	Novimex	1897.2	4	0.15	-22.8
43	JP-2019-1017940	2019/4/20	2019/4/26	通常配送	西大-1082	西坂 大和	大企業	国分寺市	東京都	日本	関東地方	家電-コピ	家電	コピー機	ブラザー	85863.6	4	0.15	7063.6
44	JP-2019-1018543	2019/3/20	2019/3/25	通常配送	石明-1988	石脇 明美	大企業	倉敷市	岡山県	日本	中国地方	家具-本棚	家具	本棚	Dania 書	169750	7	0	47530
45	JP-2019-1018543	2019/3/20	2019/3/25	通常配送	石明-1988	石脇 明美	大企業	倉敷市	岡山県	日本	中国地方	事務用-バ	事務用品	バインダ	アコ タブ	2680	5	0	480
46	JP-2019-1018543	2019/3/20	2019/3/25	通常配送	石明-1988	石脇 明美	大企業	倉敷市	岡山県	日本	中国地方	事務用-封	事務用品	封筒	Kraft 茶封	5778	3	0	2712
47	JP-2019-1018543	2019/3/20	2019/3/25	通常配送	石明-1988	石脇 明美	大企業	倉敷市	岡山県	日本	中国地方	事務用-バ	事務用品	バインダ	Avery と	13120	4	0	4720
48	JP-2019-1018543	2019/3/20	2019/3/25	通常配送	石明-1988	石脇 明美	大企業	倉敷市	岡山県	日本	中国地方	事務用-ア	事務用品	アプライ	ブレビル	69244	2	0	33928

■構造化されたデータ例

A　スプレッドシートのデータですね。

M　見た目が似ているのでまぎらわしいですが、スプレッドシートのデータは、構造化されたデータであることもあれば、そうでないこともあります。
構造化されたデータは、以下の２つの特徴を備えたものです。

> - **列と行の交差する１つのセルには、値が１つだけ入っている**
> - **同じ列内には、型と意味が同じものが入っている（年代の列に文字型で「10代」「20代」と入力されている、など）**

A　スプレッドシートも同様ではないですか。

M　この条件が完璧にそろっているスプレッドシートであれば、構造化されたデータです。
しかし、スプレッドシートの１つのセルの中に売上と成長率を２行で表現したり、セルの一部を結合して情報が入力されていたり、そもそもセルを無視して方眼紙のように使われているスプレッドシートを見たことはありませんか？

A　我が社に山のようにあるスプレッドシートですね……。

M　スプレッドシートは、良くも悪くも自由に好きな値を入れられてしまいます。この点が、構造化データの枠組みを外れてしまう原因となっています。
さて、構造化されたデータの特徴をくわしく見てみましょう。基本的に、1つのセルに入っている値は1つのほうが使いやすいです。参照する位置が明快だからです。スプレッドシートの場合、「C7」などというように指定することでセルを指定し、別のセルで計算する時にその中に入っている値を参照することが可能です。

	A	B	C	D	E	F
1	行 ID	オーダー ID	オーダー日	出荷日	出荷モー	顧客 ID
2	1	JP-2019-1000099	2019/11/8	2019/11/8	即日配送	谷大-1460
3	2	JP-2020-1001016	2020/10/7	2020/10/10	ファース	飯真-1498
4	3	JP-2018-1001113	2018/8/18	2018/8/21	ファース	憧大-1601
5	4	JP-2018-1001177	2018/11/25	2018/11/27	ファース	柿海-1879
6	5	JP-2018-1001177	2018/11/25	2018/11/27	ファース	柿海-1879
7	6	JP-2018-1001799	2018/12/26	2018/12/29	セカンド	吉桜-1669
8	7	JP-2018-1002711	2018/6/20	2018/6/24	セカンド	五美-1952
9	8	JP-2020-1003088	2020/5/30	2020/6/3	通常配送	中茂-2150
10	9	JP-2019-1003752	2019/10/30	2019/11/4	セカンド	東麗-1790
11	10	JP-2019-1003752	2019/10/30	2019/11/4	セカンド	東麗-1790
12	11	JP-2019-1003752	2019/10/30	2019/11/4	セカンド	東麗-1790
13	12	JP-2019-1003752	2019/10/30	2019/11/4	セカンド	東麗-1790

■1つのセルに1つの値

M　もうひとつの特徴「同じ列内に型と意味が同じものが入っている」とは、どういうことでしょうか。
スプレッドシートでは、いつでもセルを移動して自由に書き込みができ、入力に制約がありません。そのため、この条件が満たされないケースが多くあります。
たとえば、以下の図は同じ内容の値が複数の列に渡って入力されてしまっている状態です。

	A	B	C	D
1	地域	地域マネージャー		
2	中国地方	雨宮 武		
3	中部地方	辻岡 美羽	松田 建	兼務
4	九州	矢幡 翔太		
5	北海道	宮前 誠		
6	四国	川渡 結菜		
7	東北地方	駒田 静香		
8	関東地方	中吉 孝		
9	関西地方	金児 阜		

■同じ内容の値が複数列にわたっている

M　小さなスプレッドシートの画面内だけで見るなら、この形式がわかりやすいのかもしれません。しかし、「松田建」さんを地域マネージャーとして加えようと思うと、途端に不便になります。なぜなら、Tableauなどのデータを見るための道具は、テーブルの中に入っている「列」を指定して、情報を取り出すからなのです。

データ分析する場合、基本的には過去の蓄積されたデータが対象になります。データ件数は多くなる可能性が高く、データを1行ずつ細かく見ていくことは困難です。

そもそも、ある瞬間を表した1粒のデータだけを見ても、知りたいことがわからないケースもあります。たとえば、地球は温暖化しているのかという問いに対して、過去50年の日々の気温データを参照し、気温が上がっていることがわかれば、温暖化が進行していると判断できるでしょう。

そのため、私たちはデータをまとめなければなりません。つまり集計です。集計は、以下のように列を指定しておこないます。

- **この列の中に入っている値を全部合計したらどうなるか**
- **この列の中で最も小さい値はどれか**
- **この列の中にはどのような名前が入っているか**

これらの集計は、「その列の中にすべての関係する値が入っている」という前提に立っています。
上の例のように、「地域マネージャー」がランダムに複数の列に入っていたら、列を指定して集計できなくなってしまいます。そのため「1つの列に同じ種類のデータがすべてそろっている」ことが必要なのです。

列の値を2つに分類する――メジャーとディメンション

M 先ほどのデモンストレーションでは「カテゴリ（商品）」と「地域」という軸で区切った「売上」と「利益」からストーリーを紡ぎました。これらの項目は、まさに列として定義されていたものです。私は道具の力を使って列を選択し、集計と視覚化を同時におこないながら分析を進めていきました。
実際のデータ分析では、入れた瞬間のデータがきれいに構造化されたデータではなかったり、足りないデータがあったり、中に入っている値がきれいにそろっていないこともあります。しかし、まずはいったんデータストーリーテリングのプロセスを考えるために、データの前処理については済んでいる前提で進めていきましょう。
どんなデータに出会ったとしても、データストーリーテリングをおこなう際に、「データの列に入った値がどういった類いのものか」を判断できることが必要になります。
まず「カテゴリ（商品）」「地域」「売上」「利益」という項目は、大きく2種類に分けられます。

- **ディメンション：**「カテゴリ（商品）」「地域」
- **メジャー：**「売上」「利益」

メジャーは言葉の意味から想像しやすいかもしれません。メジャー（Measure）＝測るもの、ということで、数値、指標、KPIなどといった量を表現する項目のことです。
ディメンション（Dimension）は「側面」や「次元」という意味を持つ言葉です。蓄積されたひとかたまりのデータの意味を読み解くために、その内にある複数の次元を選び、対象の数値をスライスしたりダイス（転が）したりして、その側面を見ていきます。これがデータ分析の基本だと長らく言われてきました。

A　データの中に次元？スライスとダイスですか？

M　データ分析業界にあふれる日常では使わない専門用語が、データドリブンを阻んでいることは私も懸念しています。この講義では君がこれから外に出る時に調べたりするとき困らないように、専門的な言葉に関しても学んでいきます。ですが、それと同時に、いかにそれを一般的な言葉に変換できるかについても挑戦していきましょう。
ディメンションとは、その数字を区切っていく「軸」とも呼ばれます。集計単位と言い換えてもいいでしょう。
その軸でフィルターする、つまりカテゴリ「家具」だけに絞ってデータを参照することをデータを切り出すという意味で「スライスした」と言います。さらに、カテゴリでスライスした値を地域の軸で見るすることを「ダイス（転が）した」と言います。スライス&ダイスです。
こうした呼ばれ方は、データをキューブ（立方体）にたとえていたためです。キューブをあちこち転がし（ダイス）ながら切り（スライス）、切られた側面（ディメンション）のデータがどのような結果になっているかを見るイメージです。

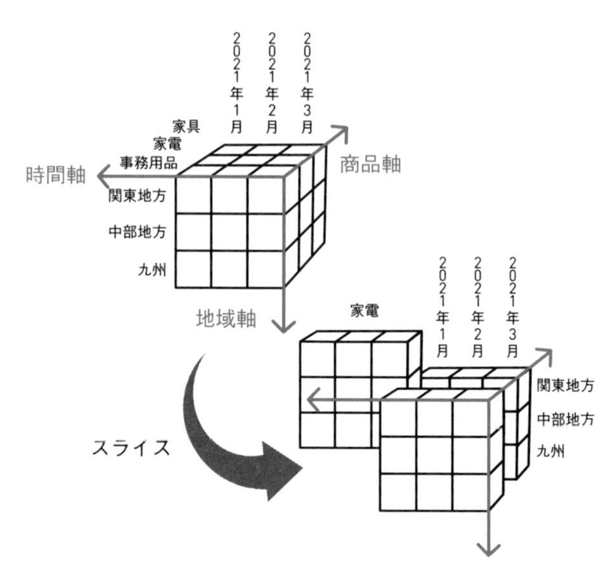

■スライスのイメージ図

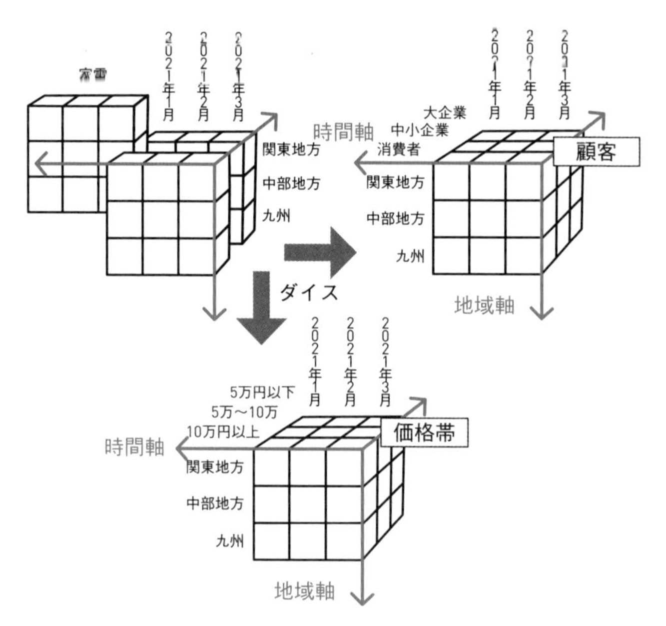

■ダイスのイメージ図

M ディメンションは、メジャーとなる数値を区切る単位・分析軸です。キューブの例だと3つの次元しかないように思えますが、もちろんディメンションの数は3つに限りません。数多くの次元から多面的に見ていくことで、データからより多くの洞察を得られるでしょう。
ディメンションは、メジャーに比べて概念を理解しづらいと思います。最初のうちは、迷ったらまずはわかりやすいメジャーとなる列を選び、それ以外の列は全部ディメンションという荒っぽい分類でも構いません。列は選ぶ瞬間まで使われないので、まちがっていたと思ったならばその時に直せば問題ありません。
データにディメンションとメジャーがどれくらいあるか、最初にざっくりと把握しておくことで、このあとどんな分析ができるかある程度想定できるようになります。

ディメンションの4種の属性

M ディメンションは分析軸なので、この種類が多ければ多いほど分析のバリエーションを増やせるでしょう。一方で、どのディメンションで分析するべきか、最初に見るべき項目をどれにするべきか迷ってしまうこともあります。
データ項目はその内容に応じ、多種多様無限にあるように見えますが、じつはディメンションは4種類の属性に分類できます。

- When(時間)
- Where(場所)
- Who(人)
- What(物)

先ほどのデモでは、「What 何を（カテゴリ）」と「Where どこで（地域）」を使いました。
スーパーストアのデータ項目を見ていくと、デモで使った情報のほかに、「オーダー日」という When（時間）、「顧客名」という Who（人）の情報もありました。つまり、今回は場所と物で分析をおこないましたが、やろうと思えば時間と人の軸で分析することもできるのです。さらに、「物（カテゴリ）」と「場所（地域）」で見ているデータにもう 1 次元追加して、時間的な経過を見ることも可能なわけです。
自分の手持ちのメジャー（指標）を時間で区切るのか、場所で区切るのか、人で区切るのか、物で区切るのか。その時知りたいことに合わせて選択していきます。

ディメンションの階層を確認する

M　属性のほかにもうひとつ意識しておくべきことが階層です。親子関係と言ってもいいでしょう。先ほどの例で言うと、カテゴリとサブカテゴリの関係です。「家具」の中に「テーブル」や「椅子」が含まれていて、「テーブル」が「家電」カテゴリの中に登場するようなことがないケースが当てはまります。
時間属性の階層はよりわかりやすいですね。「2021 年＞ 2021 年 5 月＞ 2021 年 5 月 15 日」というように、上にある階層の値が下の階層を包み込んでいるような状態です。
階層はそれぞれの属性ごとに分けられます。たとえば、デモのデータ例だと以下のようになり、これらの粒度を自由に選べます。

- **時間**：年＞四半期＞月＞日
- **物**：カテゴリ＞サブカテゴリ＞製品名

- **場所**：地域＞都道府県＞市区町村
- **人**：顧客区分＞顧客名

データ分析の2つの方向性

M データ分析では、属性と階層を使った２つの方向性があります。

- **ドリルダウン**：同一属性のディメンションの階層を大きな粒度から小さな粒度へ深ぼっていく（奥へ掘っていくイメージ）
- **ドリルスルー**：時間で見ながらさらに別の視点（属性）をかけ合わせる（横へ掘っていくイメージ）

データに接続した最初の時点で、４つの属性（時間、場所、人、物）それぞれの視点で、どんな粒度のもの（階層）があるか確認してみてください。データが何を言っているかは、実際にデータを見てみるまでわかりませんが、選択したデータでどんな分析ができそうかは、じつは項目名を見ただけで推定できるのです。
サンプルで登場したデータは、時間、場所、人、物のすべての属性を兼ね備え、それぞれの属性が大きな粒度もあれば小さな粒度もあり、非常に情報が潤沢なデータであることがわかります。分析がディメンションを選択する組み合わせぶんだけあると考えると、かなり多様な分析ができる可能性を持ったデータであることがわかります。
つまり、データの項目名を眺めたとき、分析できるパターンは、以下のかんたんな式で表せると言って良いでしょう。

分析パターン数＝（時間軸×階層数
＋場所軸×階層数
＋人軸×階層数
＋物軸×階層数）×メジャー数

さらに、デモのデータの場合は、メジャーも複数そろっていました。そのため、メジャーの数だけ分析数を増やすことができるし、メジャーとメジャー同士の相関を見ることもできます。つまり、かなりの種類の分析をおこなうことができそうだということになります。
分析パターン数がどれくらいあるかわかれば、データを実際に見る前に分析の方向性をある程度決められます。

ディメンションが不十分なデータの問題点

M　サンプルのデータは属性と階層がすべてそろったデータでしたが、君がこれから対面するデータのほとんどは、分析パターンをそろえていないことが多いです。
そのデータで知ることができる可能性の幅は、単なる件数の多さや項目数の多さでは測れません。以下の2点を複合的に判断する必要があります。

- **4種類のディメンションのうちいくつそろっているか**
- **どの粒度（階層）のデータが存在しているか**

ディメンションが偏っているデータとは、たとえば以下のようなものが挙げられるでしょう。

- **ゲームのログイン履歴など：**
  人と時間のディメンションのみ
- **月次レポート用の集計値など：**
  4種（時間、場所、人、物）のディメンションがあるが、細かい粒度のデータがなく上位階層だけのデータ
- **製品別売上、顧客名簿など：**
  製品名や顧客名など粒度の細かいディメンションのみ

A　足りていないことでどうして深い分析ができないのか、いまいちピンときていません。

M　先ほどのデモを例に、もし4属性のディメンションが存在していなかった場合の問題点について考えていきましょう。
先ほどのデモでは、「テーブル」に赤字があるとわかり、それがなぜなのかを突き止めるために、新たな属性のディメンション（場所軸）である「地域」を追加してテーブルに関する問題を突き止めようとしました。

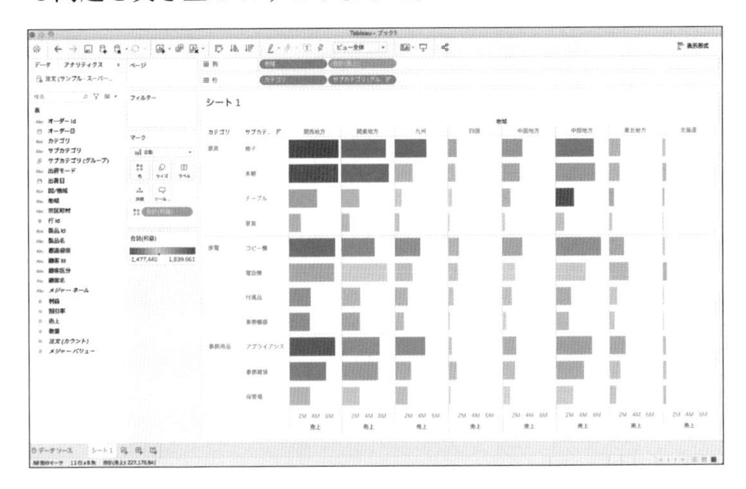

■ 物軸で赤字だった「テーブル」を場所軸の「地域」ごとに表示

もし、「地域（場所）」がなければ、「顧客区分（人）」か「オーダー日（時間）」を追加することになるでしょう。いずれもなければ、「製品別（物）」の軸で階層を深掘りするしかなくなります。製品ごとの詳細に降りていくことはできますが、「どこで赤字が起こったか？」「だれが起こしている？」という質問に答えられなくなります。
階層が大きいデータしかないことで起こる問題は、「大きな粒度で分析をしてみたが、深掘り（ドリルダウン）できない」という点です。
先ほどのステップから少し分岐してみましょう。「テーブル」に所属する個別の製品の状況を確認します。

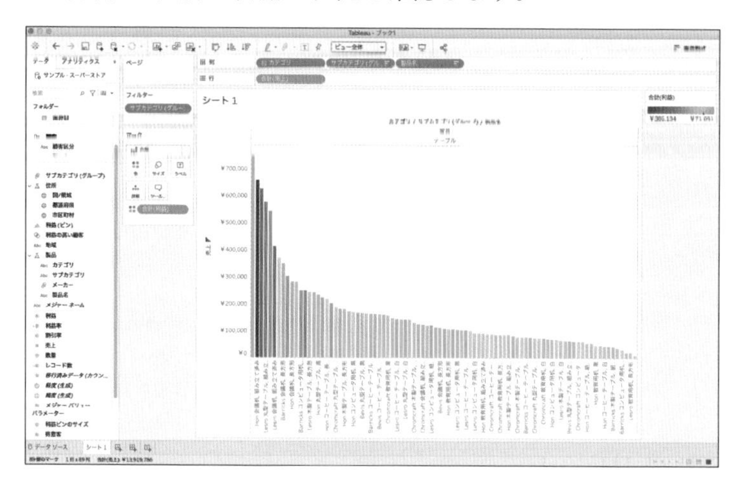

■「テーブル」内の製品別の状況

こうして見ると、一部利益の出ている製品もあるものの、ほとんどすべての製品で赤字が出ていることがわかります。また、特によく売れている製品で大きな赤字が出ています。こうして小さい粒度（階層の奥）に進んでいくことにより、特定の製品に問題があるのか、すべての製品に問題があるのか理解することができます。
しかし、そもそも「製品名」という物軸の末端の階層がなければ、この洞察にはたどり着けません。

A　確かに、多様な角度で分析していくには、4種類のディメンションや深い階層の項目が必要ですね。しかし、粒度の細かいデータがあれば、大きな階層のデータがなかったとしても詳細に分析できるのではないですか？

M　大きな粒度の項目は小さな粒度の項目の集計値ですから、そのように感じるのも無理はありません。しかし、もし先ほどのデモで「カテゴリ」「サブカテゴリ」「地域」が無く、物軸と場所軸の最末端の粒度である「製品名」と「市区町村」のデータしかなかった場合、どんな結果になるかをお見せしましょう。

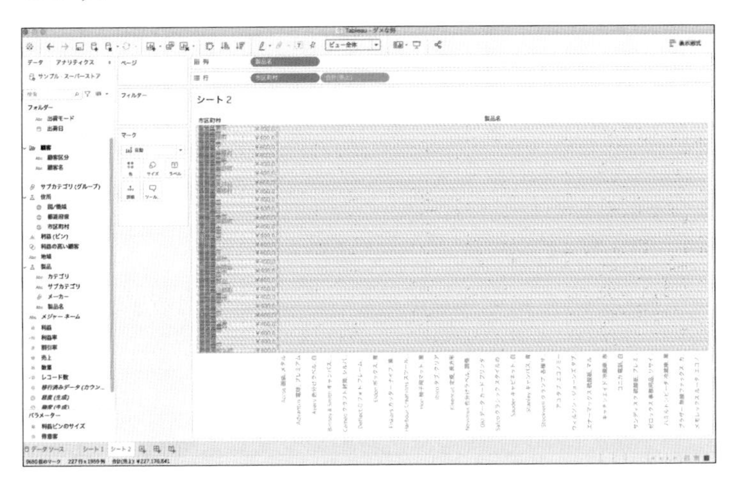

■「製品名」と「市区町村」のデータ

A　これは、何でしょうか？　何も見えません。

M　粒度が細かすぎて、全体を俯瞰して見られない状態です。少し極端な例だったので、こちらも見てみましょう。これは、カテゴリを加えていないサブカテゴリの売上を見た形です。

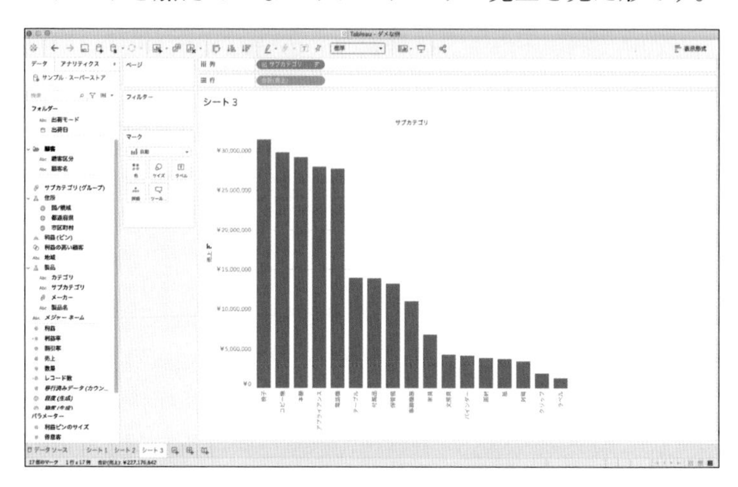

■ カテゴリを加えていないサブカテゴリの売上

M　デモの中では、まずカテゴリを見て、それからサブカテゴリにいきましたね。そして、カテゴリごとに区切られたサブカテゴリを見ることによって、以下のような洞察と次のステップを考え出しました。

「最も合計売上の小さい事務用品のサブカテゴリ数が多い。しかもそれぞれの売上も小さい。これらをまとめてみたらどうなるだろうか？」

しかし、この図でそれがわかるでしょうか？

A　どれが「事務用品」の項目だかわかりませんね。

分析するデータの信頼性

A 項目が無い場合、先ほど見せてもらった「グループ」を使ってみてはいかがでしょうか？

M もちろん、表示したいデータがなく、必要であればグループを作って代替していくことはすばらしい試みです。しかし、データに向き合うたびに、毎回手でグループ化するとなったらいかがですか？

A それは少々手間ですね。

M データを使う頻度が上がれば、少しの手間が大きな問題になるでしょう。データを使うすべての人たちが手動で項目をグルーピングしている世界はあまり想像したくないものですね。しかも、手作業には致命的な欠陥があります。

A まちがえることでしょうか？

M おおむね正解です。より誤解のないように言うと「何度も同じことをさせる単調な反復作業をまちがえること」です。データのグルーピングは緻密な作業です。毎回、同じ項目を同じカテゴリに所属させ続けなけばなりません。
最初に「この製品はこのカテゴリに所属させる」と考えながら決めて設定することは、人間が得意な分野です。「このカテゴリに所属させて管轄させたり分析したら良い洞察が得られるだろう」と考えながら設定していくことは、クリエイティブな作業です。コンピューターにそれをやらせようと思うと、名称に何らかの法則性があるか、画像データを用いて機械学習をさせるかなどの方法を取る必要があるでしょう。
ただし、2回目からは別です。最初に設定したものと同じように登録する作業、そこに思考が伴わない作業は、人間は得意ではありません。登録ミスが起こらないように何度も確認しながら時間をかけて設定することになります。ミスを無くすために複数人でチェックしようとすれば、作業工数が膨れ上がっていきます。しかし、コンピューターにとっては、決まったことを設定どおりに完璧にこなすことは非常にかんたんです。

データを分析するからには、そのデータは信頼できるものでなければいけません。分析した結果、「『テーブル』が赤字だった。しかしこの集計値の元になっている製品は本当に『テーブル』なのだろうか？」と疑問が常に浮かぶようなデータでは、まともな思考のフローを生み出すことはできないでしょう。

データは、作られる過程でしっかり設計を考えておかないと大きな階層でまとめることは本来的には難しいです。なんとなくまとまっているように見えても、抜け漏れがあったり、誤ったカテゴリに所属してしまうこともあるでしょう。

かつては、データが新しく増えたり仕様が変更されたりするニーズが少なかったので、基本的に事前に定義された項目で登録してもらっていました。しかし、近年はデータの量も種類も使い方も常に増え続け、データを生成する時点で事前に定義しておくための工数が追いつかない、あるいはデータそのものが抜けてしまう（定義したデータに無理矢理入れようとすると定義できないイレギュラーなデータを捨ててしまう）などの問題も出てきました。こうしたことを防ぐため、現在では、まず生まれたままのデータをそのまま格納しておいて、使いたい時にデータを整えるようなことに挑戦している人もいます。

データの所属を明らかにする作業は、データの歴史の中では古くからあり、マスターデータマネジメント（MDM）などと呼ばれる独立した分野があるほどです。

A　そのような人たちがずっとがんばってきている分野があったなんて、つゆほども知りませんでした。

M　1人の人間が知れることなど限られているので、気にすることはありません。ただ、自分の受けているものがだれかの恩恵により成り立っているということを知っておくのは良いことでしょう。

存在していないデータに思考をめぐらせる

M　4属性のディメンションと階層がどれだけあるかによって、分析のバリエーションが変わってくることを確認しました。しかし、分析パターンが少ないからといって分析をやめてほしいわけではありません。重要なのは、「今向き合っているデータでどこまで分析できるのか」を想定することです。そうすれば、今できることがおのずと決まるので、その中で今できる全力を尽くしてください。
そして、足りないはずのデータを頭の片隅に留めておいてください。ディメンションの属性と階層を理解することで、「このデータはあるはず」「このデータはそもそもないだろう」といったことが自然に考えつきます。
もし、君が今持っているデータでの分析でこれ以上先に進めないと行き詰まった時、その先が本当に必要であれば要求することができます。
たとえば、デモで使ったデータで日単位の集計値を使い、曜日のトレンドを見ると、水曜日が最も売れています。じつは、毎週水曜には以下の2つのキャンペーンがあります。

- **昼の12時にクーポンメールの配信**
- **夜の21時に1時間限定ポイントアップ**

2つのうち、どちらがより効果が高いのかを調べたくても、このデータには「時間（Hour）」のデータがないのでわかりません。その分析のために「時間」までの粒度が必要であれば、時間帯のデータを要求することにも妥当性があります。データを要求される側は、突然「このデータください」と言われても、渡せるものは渡しているし、困惑します。今はないデータを渡すことには、ケースバイケースですがかなりの時間がかかることもあります。したがって、なぜ必要なのかを明示することは、相手への礼儀と言えるでしょう。

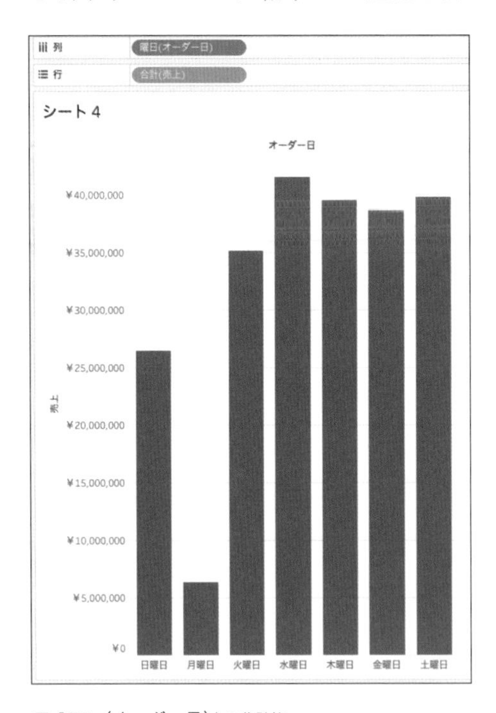

■「曜日（オーダー日）」の集計値

5W1Hの「4W」でストーリーを紡ぐ

M　ここまでの内容で、データの項目は以下のように分けられることがわかりました。サンプルのスーパーストアのデータ項目の場合です。

- **メジャー**：売上、利益
- **ディメンション**：以下の表のとおり

■サンプルデータのデータ項目のディメンション

属性	階層1	階層2	階層3	階層4
時間	オーダー日（年）	オーダー日（四半期）	オーダー日（月）	オーダー日（日）
場所	地域	都道府県	市区町村	
人	顧客区分	顧客名		
物	カテゴリ	サブカテゴリ	製品名	

M　データと向き合った時、最初にすることは以下の3つでしたね。

- **メジャーとディメンションを分ける**
- **ディメンションには4つの属性のうちどの属性があるのか判断する**
- **その属性がそれぞれどの粒度（階層）で入っているのか確認する**

これをわかって進めていくことで、ストーリーをぐっと構成しやすくなっていきます。

さて、君は「いつどこでだれが何をした」ゲームをやったことがありますか？

A　懐かしいですね。子どものころはよくやりました。みんなでそれぞれ書いた「いつ」「どこで」「だれが」「何をした」の紙をシャッフルして読み上げるゲームですよね。とんでもない文章になって大笑いしたものです。

M　どんなにとんでもない組み合わせになったとしても、4つがそろえば不思議と文章になるものです。

相手にわかりやすく伝える文章の書き方のコツとして、「5W1H」があります。

A　Who（だれが）、When（いつ）、Where（どこで）、What（何を）、Why（なぜ）、How（どのように）ですね。

M　「いつどこでだれが何をした」ゲームは、そのうちの4つのWを強制的に作り上げています。残りのWhy（なぜ）、How（どのように）が意味不明だったり、奇跡的にわかりやすいからおもしろいのです。さあ、もうここまできたら私が君に何を伝えたいか、わかりますね？

じつは、ディメンションの4つの属性は5W1Hの中の「4W」なのです。

文章を書くことは、すなわちストーリーを作ることです。私たちは論理的につながりを持った関連性のあるひとかたまりを記憶するのが得意な生き物でした。つまり、論理的にわかりやすい文章は記憶されやすい、すなわちストーリーがあります。文章構成力は、そのままストーリーを作り上げる技に直結します。

データの中から、「いつどこでだれが何を」という4Wを見極められたら、文章を作っていく要領でそれを使ってストーリーを構成していけばよいのです。

「いつどこでだれが何をした」ゲームのように、4W が明確であれば、Why（なぜそうなったのか）、How（どうやってそうなったのか）について考えられます。もし想像できなければ、疑問となってデータのさらなる深掘りをおこなうことになります。つまり、4W の残りの「1W1H」はインサイトそのものです。私たちは、ディメンションの 4W が照らし出すインサイトを探し続けていくのです。

見慣れない専門用語を学ぶ意義

A　データストーリーテリングといっても、文章を作っていくのと同様なのですね。専門用語が山のように出てきたときは脱落しかけましたが、何とか持ち堪えられそうです。

M　専門用語を使うかどうかについては難しい問題です。しかし、ある用語を聞いたときに想起されるコンテキストが周囲の人とそろうとき、会話は格段に効率化します。君にとっての周囲の人とは、すでにデータドリブン文化に染まった外のコミュニティだったり、自分が文化を変えようとしている組織の場合もあります。相手のレベルに合わせて言葉を使い分けましょう。
自分が話す言葉として使わなかったとしても、単語を知っていることで有用なリソースを探すときに役立ちます。
平易な言葉で言い換えられるスキルは非常に重要で、特に君のように今は広まっていない文化を広めようとする人には必須のスキルと言えます。しかし、毎回平易な言葉から徐々に思考を進めていくのは時間がかかります。前提が揃っている人同士での会話においては、その単語の持つコンテキストを使って一気に深層の理解に到達し、次の瞬間にはお互いの会話の中で深い思索をおこなうことができるのが、専門用語を使う意義です。

君が自分の組織で専門用語だらけのプレゼンテーションをして聴衆に引かれることを私は望みませんが、その単語を知っていて使わないのと、知らないでいるのとでは雲泥の差です。これからも新しい単語は数多く登場するでしょう。

A 単語帳でも作りましょうか。受験生時代を思い出します。

M 私はかつて作ろうとして諦めました。もし君が作ってくれたらきっと多くの人に役立つことでしょう。

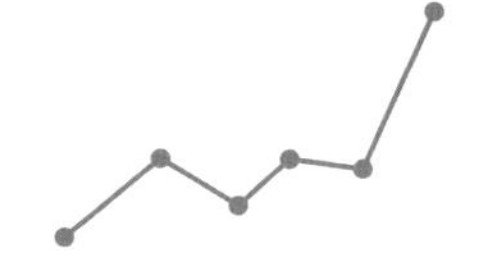

1-5 他人のアクションを導く強いストーリーを作る

Master　さて、ここまではストーリーを作る基本的な方法について学んできました。文章を構成するのと同様に、5W1Hを意識することでデータからストーリーを作れます。これだけでも初歩のデータストーリーテリングはできますが、足りないものがあります。
ストーリーがもたらす2つのもののうち、1つは「記憶に残ること」でした。もうひとつは何でしたか？

Apprentice　「人の心を動かすこと」でした。

M　そうです。「5W1H」で何が起こっているのか伝わりやすい文章を作れますが、必ずしもその文章が人の心を動かすでしょうか？

A　そうなることもあるし、そうならないこともあると思います。

M　単に論理的に筋の通った文章があるだけでは不十分ですね。5W1Hで構成したデータの文章を人の心を動かすストーリーにするには、「起承転結」を意識していきます。
起承転結は、人の心に残る物語を紡ぐ基本的な方法としてさまざまな小説、映画などで活用されている一般的な手法ですね。言うまでもなく、物語に触れて感動し、その後の人生に影響を与えることすらあるというのはよくある話でしょう。

A　ちょっと待ってください。つまらないストーリーを読まされることは確かに嫌ですが、データを見ることは、少なくとも私にとっては仕事の一環です。5W1Hで最低限の情報が伝わっていれば良いのではないですか？

データストーリーテリングのゴール

M　最低限の情報だけわかってもらえばいいかというと、答えはNOです。より正確に言うと、最低限の情報だけ伝えても人の心が動かず、その先にあるはずの「人のアクション」が起こらないのです。

私たちは、データをどう理解するかということについて学んでいます。しかし、データ分析のゴールは「データを理解すること」ではありません。データの理解を通して「人のアクションを導くこと」です。たとえば、売上を向上させるための分析のゴールは、「売上が向上する動きを営業部がする」ということです。

どんなに高度な計算を用いて、どんなに美しいデータビジュアライゼーション（データの可視化）を駆使しても、人が見て「へえ」で終わってしまってはいけません。私たちは、データを使って人のアクションを導こうとしているのです。データ分析のプロセスは膨大で、自分で美しく仕上げたレポートを見たときにこれがゴールであったと錯覚してしまいがちです。しかし、美しくても「へえ、きれいだね」と言われて終わる分析結果ではなく、見た目がそれほど美しくなかったとしても、人が心を動かしてアクションする分析結果こそが成功と言えます。

美しいグラフだけではアクションを呼び起こせない

A　DAY2の講義ではデータビジュアライゼーションに関するものもあったと思いますが、見た目が美しい必要はないのですか？

M　見た目が美しいことも重要ですが、それは伝えるべきストーリーが美しさの中に表現されている場合にのみ、効果を発揮します。
芸術の分野に言及するつもりはありませんが、少なくとも万人に共通してデータドリブン文化をもたらすという視点においては、意味が伝わらないが見た目が美しいデータビジュアライゼーションは、データドリブン文化を推進する原動力にはなりません。私自身がそのことを痛感した体験を紹介しましょう。
私が預かったデータでビジュアライゼーションを作成したとき、それを見た依頼人たちは、ビジュアル表現とテクニックについての質問をしただけでした。ビジュアルの美しさやその技術しか注目されていなかったのです。
しかし、現場の別の人が、自分の困りごとに真摯に向き合って作り上げたビジュアライゼーションが紹介されたときには、ビジネスでこう使える、あれにも使えると、活発な議論を呼び起こしていました。
別の現場のチームでは、話が通じるメンバー同士ではあえてデザインを推敲しないで議論している例もあります。美しいデザインを検討することは時間がかかるためです。
私が、このデータリテラシー講義の最初にデータストーリーテリングを扱うのは、それが理由です。データストーリーテリングさえできていれば、人からアクションを導き出すことはできます。DAY2 以降で学ぶすべてのことは、ストーリーテリングを強化したり、かんたんにできるようにしたりする技なのです。

A　データを使って人の心を動かす……。

M　人の心というのはそうかんたんには動きません。単に感情的でもだめですし、論理的に押し通すだけでもだめです。直感を強烈に突き動かす情感と、理性を強固に説得できる論理が必要です。理性を説得してくれるのは実際の事象を表現しているデータですが、データの論理をストーリーにまとめ、相手の直感にも刺しこんでいかねばなりません。そこで、ストーリーに情感を込め、相手を引き込むために、起承転結を使うのです。

起承転結でストーリーを強くする

M　起承転結を使ったデータストーリーテリングの例を見ていきましょう。先ほどの「テーブル」の分析をさらに進めた分析結果です。

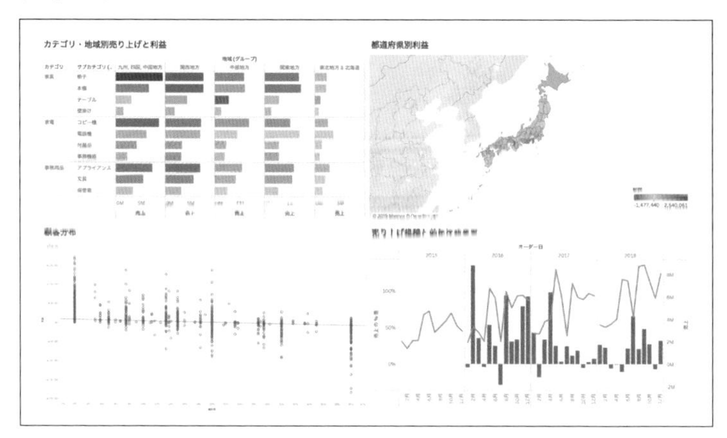

■「テーブル」が赤字の分析

M　これを4Wで考えると以下のようになります。1つのストーリーになっていますね。

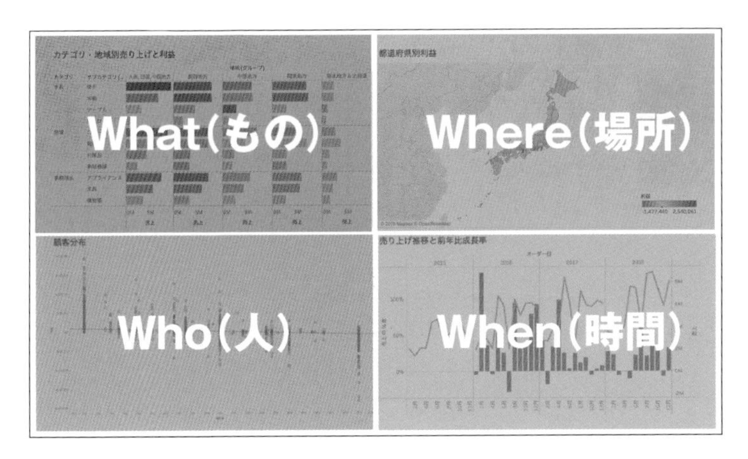

■ 4W での分析

- **What(左上)**：テーブルが赤字であることがわかる
- **Where(右上)**：中部の特に静岡県の利益が悪いことがわかる
- **Who(左下)**：テーブルを購入している人はほぼすべてが赤字で、割引率が40%を超えているケースが大量にあった
- **When(右下)**：売上は好調で、前年比成長率が高い。売上を上げようとするあまり、利益を省みない割引率を設定していたのではないか？　営業部長に現実味のある予算設定と割引率改善についての指導をしてもらいたい

M　では、起承転結で見てみましょう。

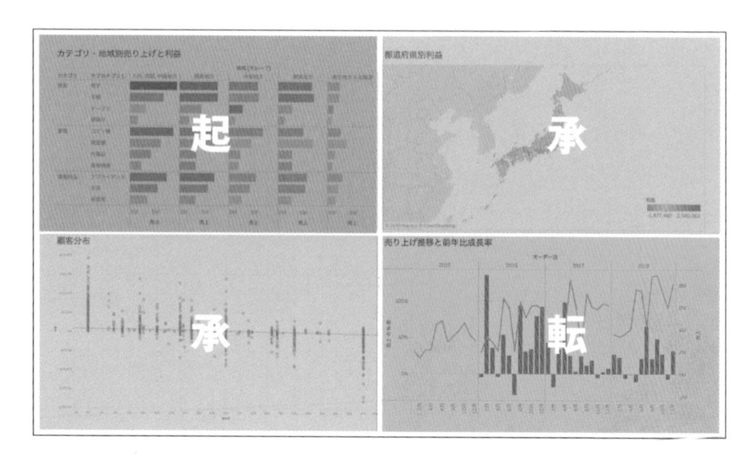

■ 起承転

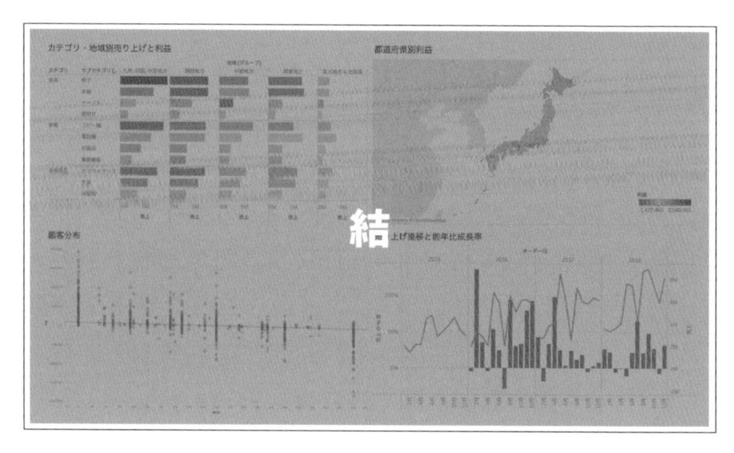

■ 結

- **起**：テーブルが赤字であることがわかる
- **承**：中部の特に静岡県の利益が悪いことがわかる。テーブルを購入している人はほぼすべてが赤字で、割引率が40%を超えているケースが大量にあった
- **転**：売上は好調で、前年比成長率が高い。売上を上げようとするあまり利益を省みない割引率を設定してい

たのではないか？

- **結**：営業部長に現実味のある予算設定と割引率改善についての指導をしてもらいたい。

M　このように、5W1Hで作られた文章が起承転結に沿って展開されることで、営業部長に対してのアクションを迫るストーリーにしていくのです。

身に着けるということ

A　長い1日でした。私が思っていたデータの講義とはずいぶん違うようです。こんなに普段意識していないことを意識し直したり、昔のことを思い出したりしたのは初めてです。

M　それが重要です。自然発生的でなく、意図的に周辺の文化を変革しようとしているので、すべての意味を言語化し、何となくで済ませないようにする必要があります。無意識的に使っていることは意識されていないため、「なぜこれが必要なの？」と質問されて明確な言葉を持っていなかったときに、かんたんに切り捨てられてしまいます。自分が直感では信じていて、周りの人も明らかにそれを使っていてもです。
言語化することは「意識化する」ということです。それまで無意識にやっていたことを意識することによって力を向上する具体的な例としては、筋トレがまさにそれに当てはまるでしょう。

A　マスターは筋トレもやっているのですか。

M　日常生活で自分の筋肉を意識することはほぼありませんが、筋トレをするとき「この部分の筋肉を動かす」と言語化して意識することで、普段無意識に使っている筋肉を意識できます。そうすることでピンポイントで鍛えたい部分を鍛えていきます。

そうやって日常的に意識するようになると、意識から切り離したときの無意識状態でも、以前より筋肉を正しく使えている状態になっています。姿勢が良くなり、腰痛や肩こりが改善したりしますね。

無意識を意識化した後の無意識は、以前の無意識より質が上がっています。だからこそ、この1か月間は、自分があたりまえだと思っていたことも含めて何度も同じことを違う側面から言語化し、最終的には無意識の質を上げることを目標にしていきましょう。

A 「データドリブン筋トレ」ということですね。昔流行っていたブートキャンプのビデオを思い出しました。

M ブートキャンプ……、懐かしいですね。私がこのようなことを人に伝えようと決意したのも、ブートキャンプがきっかけでした。

私たちはデータドリブン文化をもたらすために、データリテラシーを学んでいくとお話ししました。リテラシー、つまり字を使えるようになるために、私たちは幼い頃から文字を習い、何度も練習してきました。はじめは先生に見てもらいながら、書き順すら知らず、手本の通りに何度もなぞり、その後は目安となる枠に収め、最終的にはガイドがなくてもそらで書けるようになりました。しかし、その後もその文字を使って自分の考えを伝えられるように何度も何度も練習し、さらにその後も忘れないないように毎日毎日文字を書き続けています。そうすることによって、私たちはほぼ無意識に文字を扱い、その先の思考のフローに入れるようになりました。

データリテラシーを鍛える方法もまったく同様です。まずは習い、覚え、毎日使い続け、完全に自分の身体の一部にします。そこには近道はなく、日々修練するしかないのです。

HOMEWORK

❶自分が分析しているデータの項目を4つのWに分けて整理する

❷5W1Hと起承転結を組み合わせてデータストーリーテリングのデモストレーションを作る

❸だれかにデモンストレーションを聞いてもらいフィードバックをもらう

なお、DAY1登場した「サンプル　スーパーストア」は、Tableau PublicまたはTableau Desktopをインストールした際に付属するサンプルデータを使用しています。実際にデータを見てみたい方は参考にしてください。

DAY 2

ビジュアル分析

2-1 ビジュアルでデータを理解する

Master 今週もようこそ来てくださいました。宿題もしっかりこなしていましたね。

Apprentice マスター。私はじつはこのブートキャンプを降りようと思って今日ここに来ました。

先週、私もなんとか自分のデータから洞察を得るプロセスを再現しようとしてみました。自分のデータをメジャーと4属性のディメンションに分け、ストーリーを作ろうと試みたのですが、いっこうにストーリーは見えてこなかった……。

マスターの理論を聞いたときは感動しましたが、だれでも使える理論でなければ、特別な能力を持った人だけが使える魔法のような技ということになります。

それに、失礼ながら、マスターは何度も使ったよくできたデモ用データだからストーリーが生まれているのではないかと思ったのです。

M なるほど。確かに私が見せたデータは私が何度も講義で使い、使い慣れたデータです。君がそう思われても無理はないかもしれません。

では、君がなぜ自分のデータからストーリーをつかみ取ることができなかったのか、じっくり考えてみませんか。なぜなら、これはもし君が組織へデータドリブンを展開するときに、君自身もまたきっと遭遇する問題だからです。

グラフは本当に「あいまい」なデータなのか

A マスターは、私がなぜストーリーを得られなかったのか、わかるのですか。

M 君が自分のデータでストーリーを作ろうとした分析結果を見てみましょう。

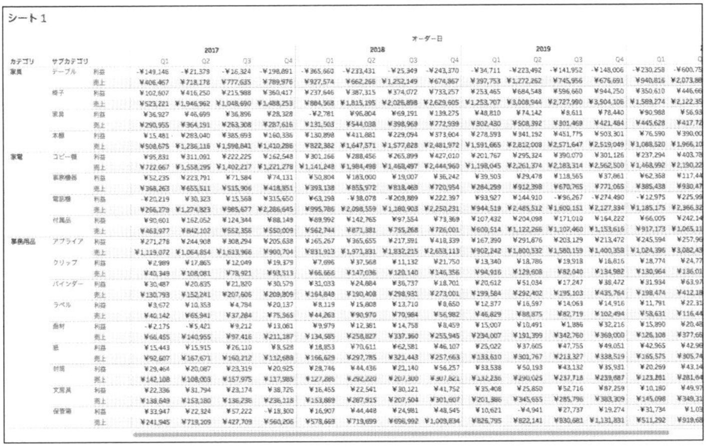

シート1

			オーダー日													
			2017				2018				2019				2	
カテゴリ	サブカテゴリ		Q1	Q2	Q3	Q4	Q1	Q2	Q3	Q4	Q1	Q2	Q3	Q4	Q1	Q
家具	テーブル	利益	-¥149,146	-¥21,379	-¥16,324	-¥198,891	-¥365,660	-¥233,431	-¥25,349	-¥243,370	-¥34,711	-¥223,492	-¥141,952	-¥148,006	-¥230,258	-¥600,75
		売上	¥406,467	¥718,178	¥777,635	¥789,976	¥927,574	¥662,266	¥1,252,149	¥674,867	¥397,753	¥1,272,262	¥745,956	¥676,691	¥940,816	¥2,073,88
	椅子	利益	¥102,607	¥416,250	¥215,988	¥360,417	¥237,646	¥387,315	¥374,072	¥733,257	¥253,465	¥684,548	¥596,660	¥944,250	¥350,610	¥446,66
		売上	¥523,221	¥1,946,962	¥1,048,690	¥1,488,253	¥884,568	¥1,815,195	¥2,026,898	¥2,629,605	¥1,253,707	¥3,008,944	¥2,727,990	¥3,504,106	¥1,589,274	¥2,122,35
	家具	利益	¥36,927	¥46,699	¥36,896	¥28,328	-¥2,781	¥96,804	¥69,191	¥139,275	¥48,810	¥74,142	¥8,611	¥78,440	¥90,988	¥56,93
		売上	¥290,955	¥364,191	¥263,308	¥287,616	¥131,503	¥544,038	¥398,969	¥772,939	¥302,430	¥508,392	¥301,469	¥421,484	¥445,628	¥417,72
	本棚	利益	¥15,481	¥283,040	¥385,693	¥160,336	¥130,898	¥411,881	¥229,094	¥373,604	¥278,593	¥341,192	¥451,775	¥503,301	¥76,590	¥390,00
		売上	¥508,675	¥1,236,116	¥1,598,841	¥1,410,286	¥822,382	¥1,647,571	¥1,577,828	¥2,481,972	¥1,591,665	¥2,812,008	¥2,571,647	¥2,519,049	¥1,088,520	¥1,966,10
家電	コピー機	利益	¥95,831	¥311,091	¥222,225	¥162,548	¥301,166	¥288,456	¥265,899	¥427,010	¥201,767	¥295,324	¥390,070	¥301,126	¥237,294	¥403,78
		売上	¥722,667	¥1,558,295	¥1,402,217	¥1,221,278	¥1,141,248	¥1,984,498	¥1,468,497	¥2,444,960	¥1,198,045	¥2,261,374	¥2,183,314	¥2,562,500	¥1,468,992	¥2,190,22
	事務機器	利益	¥52,235	¥223,791	¥71,584	¥74,131	¥50,804	¥183,000	¥19,007	¥36,242	¥39,503	¥29,478	¥118,565	¥37,861	¥62,368	¥117,44
		売上	¥368,263	¥655,511	¥515,906	¥418,851	¥393,138	¥855,972	¥818,469	¥720,954	¥284,299	¥912,398	¥670,765	¥771,065	¥385,438	¥930,47
	電話機	利益	-¥20,219	¥30,323	¥15,568	¥315,650	¥63,198	-¥38,078	-¥209,889	¥222,397	¥93,927	¥144,910	-¥96,267	-¥274,490	-¥12,975	¥225,99
		売上	¥266,279	¥1,274,823	¥985,677	¥2,286,645	¥995,786	¥2,098,559	¥1,180,903	¥2,250,231	¥944,519	¥2,485,512	¥1,600,151	¥2,127,334	¥1,185,175	¥2,366,32
	付属品	利益	¥90,601	¥162,052	¥124,344	¥88,149	¥89,992	¥142,765	¥97,554	¥73,369	¥107,432	¥204,098	¥171,010	¥164,222	¥66,005	¥242,14
		売上	¥463,977	¥842,102	¥552,356	¥550,009	¥562,744	¥871,381	¥755,268	¥726,001	¥600,514	¥1,122,266	¥1,107,460	¥1,153,616	¥917,173	¥1,065,11
事務用品	アプライア	利益	¥271,278	¥244,908	¥308,294	¥205,638	¥165,267	¥365,655	¥217,591	¥418,339	¥167,390	¥291,676	¥203,129	¥213,472	¥245,594	¥257,96
		売上	¥1,119,072	¥1,064,854	¥1,613,966	¥900,704	¥831,913	¥1,971,831	¥1,832,215	¥2,653,113	¥902,242	¥1,800,532	¥1,580,159	¥1,400,358	¥1,024,396	¥3,082,43
	クリップ	利益	¥2,989	¥17,865	¥12,049	¥19,379	¥7,696	¥37,568	¥11,132	¥21,750	¥13,340	¥18,786	¥19,918	¥16,816	¥18,774	¥24,77
		売上	¥40,349	¥108,081	¥78,921	¥93,513	¥66,666	¥147,036	¥120,140	¥146,356	¥94,916	¥129,608	¥82,040	¥134,982	¥130,964	¥136,01
	バインダー	利益	¥30,487	¥20,635	¥21,820	¥30,579	¥31,033	¥24,884	¥36,737	¥18,701	¥20,612	¥51,034	¥17,247	¥38,472	¥31,934	¥63,97
		売上	¥130,793	¥152,241	¥207,606	¥209,809	¥164,849	¥190,408	¥298,931	¥273,001	¥199,584	¥292,402	¥195,103	¥435,764	¥198,474	¥412,18
	ラベル	利益	¥3,672	¥10,353	¥4,784	¥20,137	¥8,119	¥15,808	¥13,710	¥8,650	¥12,877	¥16,597	¥14,063	¥14,916	¥11,791	¥22,31
		売上	¥40,142	¥65,941	¥37,284	¥75,565	¥44,263	¥90,970	¥70,984	¥56,982	¥46,829	¥88,875	¥82,719	¥102,494	¥58,631	¥116,44
	画材	利益	-¥2,175	-¥5,421	¥9,212	¥13,061	¥9,979	¥12,361	¥14,758	¥8,459	¥15,007	¥10,491	¥1,886	¥32,216	¥15,890	¥20,48
		売上	¥66,455	¥140,955	¥97,416	¥211,187	¥134,585	¥258,827	¥337,960	¥255,945	¥234,007	¥191,399	¥342,760	¥369,000	¥126,108	¥377,66
	紙	利益	¥15,443	¥15,915	¥26,110	¥8,528	¥18,853	¥70,611	¥62,581	¥46,107	¥25,022	¥37,605	¥47,755	¥49,051	¥42,965	¥42,96
		売上	¥92,607	¥167,671	¥160,212	¥112,688	¥166,629	¥297,785	¥321,443	¥257,663	¥133,610	¥301,767	¥213,327	¥338,519	¥165,575	¥305,74
	封筒	利益	¥29,464	¥20,087	¥23,319	¥20,925	¥28,746	¥44,436	¥21,140	¥56,257	¥33,538	¥50,193	¥43,132	¥35,931	¥20,269	¥43,14
		売上	¥142,108	¥108,003	¥157,975	¥117,985	¥127,286	¥292,220	¥207,300	¥307,821	¥132,236	¥290,025	¥237,718	¥239,687	¥123,281	¥281,64
	文房具	利益	¥22,336	¥31,794	¥23,174	¥38,726	¥16,455	¥22,541	¥30,121	¥41,752	¥35,408	¥25,850	¥52,716	¥87,259	¥10,180	¥49,97
		売上	¥138,649	¥153,180	¥136,238	¥236,118	¥153,889	¥287,915	¥207,504	¥301,607	¥201,386	¥345,655	¥285,796	¥383,309	¥145,098	¥349,31
	保管箱	利益	¥33,947	¥22,324	¥57,222	-¥18,300	¥16,907	¥44,448	¥24,981	¥48,545	¥10,621	-¥4,941	¥27,737	¥19,274	-¥31,734	¥1,03
		売上	¥241,945	¥719,209	¥427,709	¥560,206	¥578,668	¥719,699	¥696,992	¥1,009,834	¥826,795	¥822,141	¥830,681	¥1,131,831	¥511,292	¥919,68

■ 分析結果の悪い例

M 君がデータからストーリーを導き出せなかった理由は明快です。なぜ私がデモで見せたとおりに作らなかったのですか？

A マスターが言ったとおりにやっています。ストーリーを読み解くために使う項目は「いつ、どこで、だれが、何を」で、メジャー（数字）を切れば良いということでしたよね？
今回は「いつ、何が売り上がって、なおかつ利益も上がったのか」を見ようとしました。

M もう一度聞きます。なぜ私がやったのと同じ形にしなかったのですか？

A それは……。最初から「いつ」にあたる日付を入れたのは確かに入れすぎかもしれませんが、「何を」だけ見ても何も浮かばなかったのです。

M　ストーリーを作るための4Wの選び方ではありません。なぜ、表示する形が違うのですか、という質問です。私が見せたのはこうした形だったはずです。

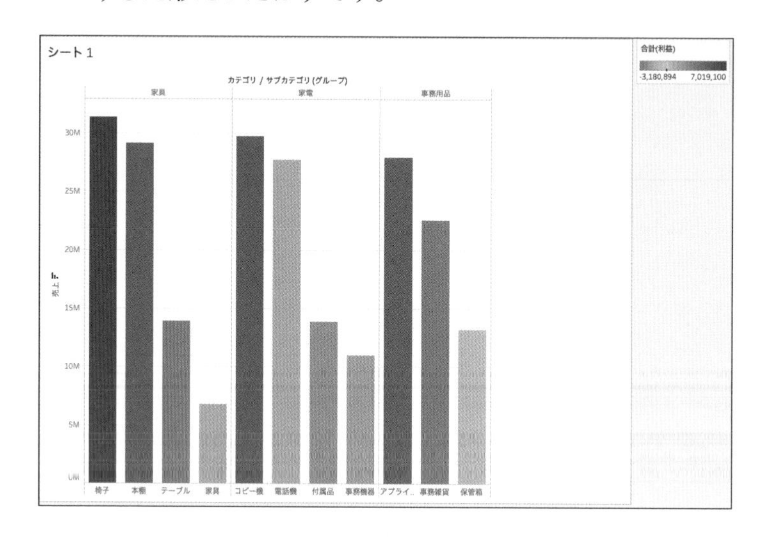

A　ええ。それはそうでしたが、私の会社ではグラフのデータを見せるとあいまいだと言われ、データを見る時に使う形式は実際の数字を表で見ることが推奨されているのです。

M　なるほど。しかし、グラフは実際の数字を元に表現された図形のはずです。なぜ文字で表記された表だけが実際の数字なのでしょうか？

A　むむ……、棒グラフを眺めるより実際の数字を見たほうがより正確でしょう。

M　少し意地悪な質問をしてしまいましたね。多くの人が「数字の表を実際の数字」と呼んでいることを私もよく知っています。しかし、この言葉こそあいまいな表現です。文字で記された値が実際の数字で、グラフで表現された数字は実際の数字ではないというのは誤解です。
数表で表現された値では、もちろん正確な値を知ることができます。ですが、すべてのシチュエーションにおいて、知りたいことがわかる万能の表現方法なのでしょうか？

A　そうだと思っていました。違うのですか？

視覚を駆使してデータを理解する

M　私がデモで見せたものは、まさにデータ分析における思考のプロセスの基本の「型」です。私自身は何度も同じことをくり返したことで、具体事例を抽象化し、その型を型として認識できるようになりました。そうして浮かび上がったストーリーテリングの要素としての型が、「4W」であるとお伝えしました。
しかし、じつはあのデモで学ぶことができるのは、ストーリーテリングの型だけではなく、あの姿、つまりビジュアルそのものにも大きな意味がありました。ビジュアルの力を駆使してデータを理解するプロセスを構築する「ビジュアル分析」の力がふんだんに含まれていたのです。

A　ビジュアル分析、ですか？

M　はい。人はビジュアル（視覚属性）を使うことでデータを理解するという考えに基づいた分析手法のことです。言い換えれば、「一目瞭然」「百聞は一見に如かず」などといったことわざがありますね。
たとえば、私がある風景のすばらしさについて伝えたいとしましょう。山があり、その前に湖があり、鳥が飛んでいて、空は青い……、美しい風景です。しかし、こういった情報は文字や言葉で長々説明するより、写真が1枚あったほうが、実際にどんな風景なのか、山と湖の位置関係、大きさ、湖と空の色合いの差など、はるかに正確で多くの情報を瞬時に伝られます。こういった情報をすべて文字で伝えようとすると、とてつもない量になってしまいます。そのうえ、言葉を尽くしたとしても、自分が見た風景とものと同じ景色を相手の脳内に再生させることは、ほぼ不可能でしょう。ビジュアルは、時として文字情報以上の正確さを持っているのです。

A　風景の例は確かにそうだと思いますが、データ分析となると写真が登場するわけではないですよね。グラフのようなシンプルな絵からも豊かな情報を取り出せるのでしょうか？　もちろん、データをグラフにしたほうが見やすいという意見があることも理解していますが。

M　君に「グラフのほうが見やすい」と言った人は、なぜグラフのほうが見やすいのかきちんと説明してくれましたか？

A　いや、見やすいからグラフを使うとしか言われず、私もそこを深掘りしようと思いませんでした。直感的にあまり疑問を感じなかったからです。
確かに言われてみると、私たちはなぜグラフを見やすいと感じるのか、説明はできないですね。

M　重要なポイントです。
私たちは、直感的にビジュアルを使うと見やすいと思っているけれども、それがなぜか説明できません。そのため、ビジュアルから読み解くことのできる情報は限られていて、ビジュアルで表現されているものはあいまいだと誤解してしまう。数値で見るデータのほうがいいという主張に、論理的な回答を提示できないのです。

「見やすい」の本質を考える

M　何となく覚えて使い慣れてしまった言葉は、時に思考停止をもたらします。私たちはその領域を超え、一つひとつ正しく理解した言葉で会話できる姿を目指しましょう。
まずは、私たちが普段あまり意識しない「見やすい」ということの意味をあらためて考えていきましょう。ビジュアル化されたものが見やすいのはいったいなぜかということです。それを理解するためには、まず人の脳の記憶のしくみを理解する必要があります。

A　脳ですか。

M　はい。まずは次の2つの図を一瞬だけ見て答えてください。絵の中にある黒い円の数はいくつですか（制限時間1秒）。

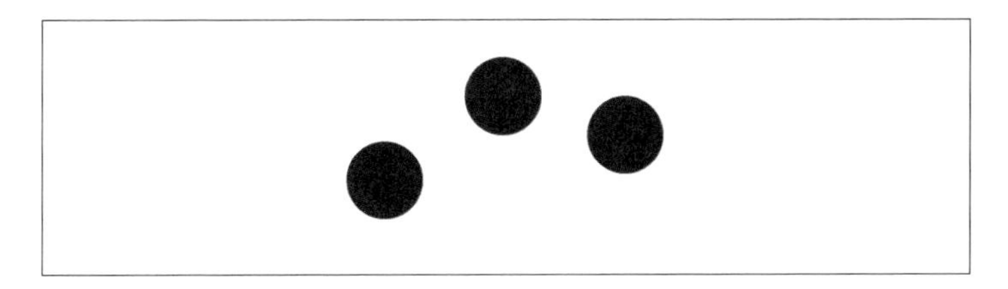

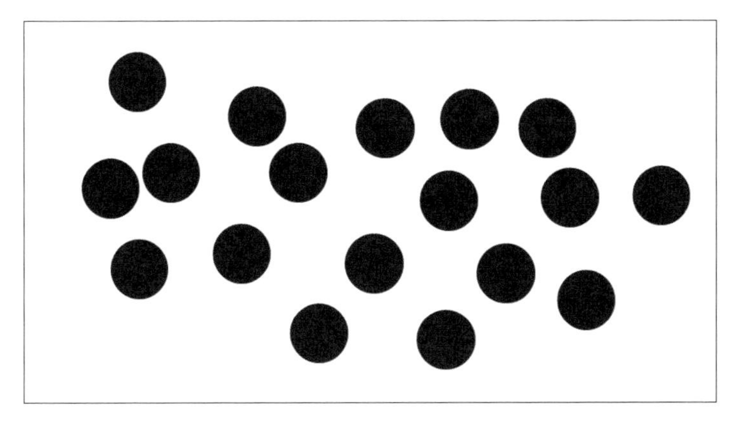

A　1つめの絵は3つです。2つめの絵はとても1秒で数えられる数ではありません。

M　なぜですか？

A　え、そりゃあ、数えられないでしょう？　なぜかと言われても……。

M　どちらも同じ黒い円ですよね。なぜ2つめの絵は数え切れないのでしょうか。あたりまえと思っていることをひとつずつひも解いていかなければなりません。

A　わかりました！　数が多いからでしょう！

M　なぜ数が多いと数えられないのですか？

A　えーっと。ううむ……。

M　数が多いから数えられない、というのはかなり正解に近いです。じつは、私たち人間は状況によりますが、5～9程度の数ならば一気に認識できると言われています。つまり、数えなくても理解できる数です。しかし、それを超えると1、2、3、4、5……と数えなければ、そこに何個あるか理解できないのです。たくさんあるバラバラのものを認識するのは時間がかかり、数が少ないものは数えなくても瞬時に把握できるのです。
では、今度は違う視点で見ていきましょう。「3」という数字はいくつありますか（制限時間5秒）。

18596746321475030608030504090
70502769843010215346748950213
06057204020503090845064201040
70204070835061305080239245798

■①3はいくつありますか？（制限時間5秒）

18596746321475030608030504090
70502769843010215346748950213
06057204020503090845064201040
70204070835061305080239245798

■②3はいくつありますか？（制限時間5秒）

M ②のほうがはるかに容易に数えられたはずです。この2つの絵は何が違いますか？

A 色がついているかどうかです。

M まったく同じ数字の羅列ですが、ただそこに色がついただけで、私たちはかんたんに目的を果たせました。
視覚として私たちの脳に飛び込んできたもののうち「どこまでを1つのものか」とみなしているのは、じつは私たち自身です。たとえば、森の写真を見た時、木を「葉と幹と枝の集合体」と見なすこともできるし、木単体を見ないで「森の一部」と認識されることもあるでしょう。
黒い円の例は、じつはディスプレイに写った絵をキャプチャしたもので、微細なドットの集合体でした。しかし、白と黒の色と円という形状によって、白い中に黒い円が浮かんでいるように見え、それを数えました。
数字を読む例では、あまりにも多い数の文字を読むことに苦戦したでしょう。しかし、②の例で、君は3を数える時、数字を読みましたか？

A いいえ。赤いものを数えていたと思います。

M 色がついたその瞬間、私たちはあの数字の羅列を数字の羅列ではなく、「赤と黒の2色の数字から赤いものを数える」というように、瞬時に切り替えられました。何を見るか決めた瞬間に、関係ないと判断したものを切り捨て、黒い文字などまるで無くなったかのように振る舞うことができました。この人間の取捨選択能力をよく理解しておく必要があります。

ビジュアルを正しく使う必要性

M　ビジュアルは見やすいものではありますが、目的に合った効果でなければ、かえって邪魔になってしまいます。
たとえば「数字の3を探す例」で、色のついたほうのお題が「2を探せ」であったり、「3を探せ」なのに2が赤色になっていたりしたら、私たちの認識は混乱してしまいます。むしろ色がついていないほうがはやく数えられるという結果になるでしょう。
タスク（お題）とビジュアルの効果が完璧に一致していることで、私たちは目的を果たしやすくなります。しかし、このルールに合っていないビジュアルも世の中にはあふれているため、結果的に「ビジュアルで表現されたデータのほうがわかりにくい」と言われてしまうケースもあります。
私たちが常に見ている風景は、本来どこからどこまでがひとかたまりだと決まっているものではありません。しかし、人間は視覚情報として認識したものを自然に区分けして見ています。
ビジュアルの効果を最大限にするためには、視覚属性をうまく活用し、意図した区分けで人間に認識させることが重要です。
色を見分けるという行為は、教わっていなくてもできることです。こうした視覚属性をうまく活用することで、タスクを早く完了できるのならば、使わない手はないのです。

すべての人が理解できる表現を選ぶ

M 私は対象者を変えて何度もこのゲームをおこないました。黒一色の文字の羅列から3を探せと言われたとき、以下のようにさまざまな人がいました。

- **真面目にじっくり数えて正しい答えを出す人**
- **すばやく読んだが値がまちがっている人**
- **じっくり読んだがまちがっている人**
- **もはや読むことを放棄した人**
- **一瞬にして正確な値を言い当てる、いわゆる数字に強い人　など**

しかし、正しい答えを言い当てた人でさえ、「本当にそうですか？」「答えに自信がありますか？」と問うと、黙り込んでしまいます。このゲームは数字が、早く読み解けておめでとうというゲームではありません。
私たちはデータドリブン文化を作ろうとしています。人の思考の基盤、文化というのは、所属する人が取り残されていてはいけません。無駄な時間をかけて誤った思考を誘導したり、時間をかけて解読したデータに自信が持てなかったり、ましてや見る気が起きなくなるなど言語道断です。このようなことを許容するということは、一部のデータを読める人だけがデータを見るという世界を容認することに他なりません。
たった1つ色をつけてやっただけで、その場にいるすべての人が迅速かつ正確に読み解けたのです。ならば、私たちはビジュアルを適切に使い、すべての人が共通して理解できる土壌を整えるべきなのです。

データをビジュアル化する意義

M　ビジュアルの力を使い、人の持つ認識能力を活かす例について見てきました。では、なぜデータもビジュアル化しなければならないのでしょうか。
以下の例を見てみてください。

ケース							
I		II		III		IV	
X	Y	X	Y	X	Y	X	Y
10.00	8.04	10.00	9.14	10.00	7.46	8.00	6.58
8.00	6.95	8.00	8.14	8.00	6.77	8.00	5.76
13.00	7.58	13.00	8.74	13.00	12.74	8.00	7.71
9.00	8.81	9.00	8.77	9.00	7.11	8.00	8.84
11.00	8.33	11.00	9.26	11.00	7.81	8.00	8.47
14.00	9.96	14.00	8.10	14.00	8.84	8.00	7.04
6.00	7.24	6.00	6.13	6.00	6.08	8.00	5.25
4.00	4.26	4.00	3.10	4.00	5.39	19.00	12.50
12.00	10.84	12.00	9.13	12.00	8.15	8.00	5.56
7.00	4.82	7.00	7.25	7.00	6.42	8.00	7.91
5.00	5.68	5.00	4.74	5.00	5.73	8.00	6.89

■4パターンのxとy

xとyの数字でそれぞれ4つのパターンがあります。バラバラの数字に見えますが、じつはxとyそれぞれの平均と分散で見ると、これらの値はおおむね同じになるのです。

	ケース			
	I	II	III	IV
平均X	9.0	9.0	9.0	9.0
Xの分散	11.0	11.0	11.0	11.0
平均Y	7.5	7.5	7.5	7.5
Yの分散	4.1	4.1	4.1	4.1

■各パターンのxyの平均と分散

M さまざまなパターンがありますが、計算してみたところ同じ値だったとなると、私たちはこの4つのパターンをどう判断するでしょうか？

A 同じ、あるいは似た事象であると判断しますね。

M これらのデータを集計して計算した結果、似た事象であると判断されたこれらのデータですが、xとyそれぞれの値を集計せず、x軸とy軸の散布図で示すと以下のようになります。

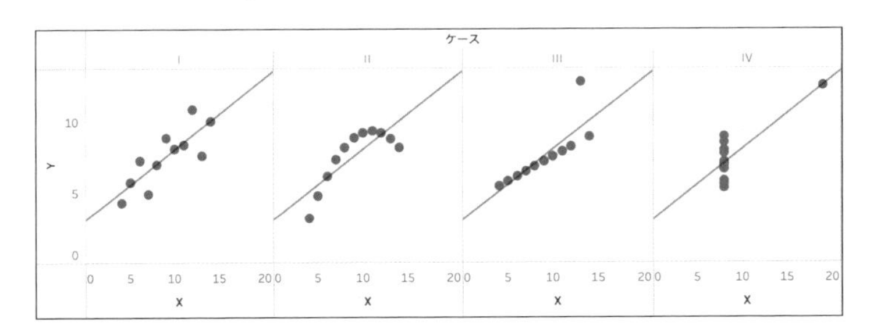

■4つのパターンそれぞれのxとyの散布図

❶xは同じ値でyがブレるような傾向、1つだけ外れ値がある
❷xとyが線形に増加する傾向、1つだけ外れ値がある
放物線を描いている
❸yが10を超えたあたりでyが下がっていく傾向

❹ばらつきはあるものの、おおむねxが上がればyも上がっていく傾向

M　これらの事象が同じ、あるいは似ている事象であると言えるでしょうか？

A　どれも全然違う形ですね。

M　これはアンスコムの例と呼ばれ、ビジュアルの力を使って、実際の数値を表現する大切さについて啓発しています。計算された値は私たちに優れた洞察をもたらしてくれますが、一方で時にその計算結果の元になっているデータについて知らなければならないこともあります。そうした時に、最初の表を見ても捉えきれなかった傾向が、こうして視覚化することによってデータの一粒一粒の集まりを傾向として捉えられるビジュアルに変換できるのです。
私たちはきれいだからチャートを使うのではなく、理解するために必要だから使うのだと覚えておきましょう。

2-2 ビジュアル分析のサイクルを理解する

Apprentice　ビジュアルの力がこんなにすごいものだとは思っていませんでした。

Master　私たちは、毎日のように視覚的効果を使ったものを見ているはずです。しかし、見てわかるものなので言葉に起こそうとしません。だから、その効果についてきちんと明確に理解しておらず、何となく使っている人は多いと思います。
それでも、無意識に使うより意識して使ったほうがより効果的に使えます。
では、ビジュアルの力を理解したうえで、ビジュアルの力をどう使えばデータドリブンになれるのか考えていきましょう。そのためには、ビジュアル分析のサイクルを回すことが必要です。

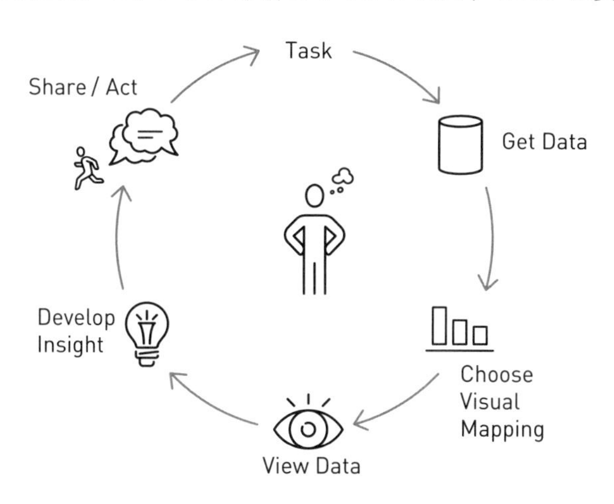

M　この図は、ビジュアルの力を使ってデータを理解し、活用する一連のサイクルを表したものです。

サイクルの姿があらわすように、データ活用というのは直線的に1つのゴールに向かって突き進むものではなく、ある分析のサイクルが終わったらその結果を検証し、何度もサイクルを回しながら常に改善、変化させていきつつ、先に進んでいくものであるということを表しています。
最も重要なことは、この図の中心にいるのが人間であることです。分析とは、あくまでも人間が意思決定を下し、行動を起こす（アクションする = Act）ことが目的であり、このサイクルの内のどの部分も、人間が主体であることです。

データ分析で何を解決するのか定義する（Task）

M　サイクルの頂点に位置しているのは「Task」です。このTaskとは何だと思いますか？

A　もちろん、データ分析をするというTaskに決まっているでしょう。

M　君は「データ分析のために」データ分析をするのですか？

A　マスター、それは謎かけでしょうか

M　謎かけではありません。データ分析は何のためにするのか、もう一度よく考えてみてください。君は宿題で、1か月後に仕上げる組織内の分析課題を提出してくれましたね。あの分析は何のためにやるのですか？
その結果、どんな世界をもたらしたいと考えているのですか？

A　売上を伸ばして会社を成長させるためです。

M　それこそが「Task」です。決してデータ分析そのものをTaskに置いてはいけません。
しかし、これまで驚くほど多くの組織が、データ分析そのものをTaskに設定していました。たとえば、「データウェアハウス（DWH）を構築する」「データのパフォーマンスを上げるためにデータマート（DM）を構築する」「現場部門から依頼のあった分析用の帳票をIT部門が代理で作成する」など、数え上げたらキリがありません。DWH、DMなどの意味はDAY3以降で解説しますが、ざっくりいうとデータのための巨大なシステムです。構築するのに多大な時間を要するものだと思ってください。
本来は、「データによって現状を正しく把握し、より良い意思決定を下して売上を向上する」というTaskから始まっていたはずなのに、いつの間にか「データを溜めて1箇所に置くこと」「大量データであっても高速に動かせること」「分析軸を自由に切り替えてレポーティングできること」など、システム開発のTaskに替わってしまっているのです。そうなってしまうと、私たちは多大な時間をかけてそのTaskをクリアした時、達成すべきビジネスゴールも持たず、立ち止まってしまうのです。こんなに時間も、労力も、金もかけて、何の成果も出せないということに怒り、情報系システムを毛嫌いする経営層もいるほどです。成果とすべきものを決め忘れて突き進んだのだから、成果が生まれるはずもないのです。だから私たちは、絶対に最初に定義した「売上を上げる」というTaskを忘れてはならないのです。

Taskに沿ってサイクルをすばやく回す

M　Taskが「データ分析そのもの」に入れ替わってしまう原因は、かつてはデータ分析の難易度が高く、非常に時間がかかったためです。データを取得するのも大変で、ビジュアルでレポートにするのも難しい作業でした。
これを解決するには、サイクルにおけるひとつずつのステップをすばやくおこなうことです。現在は、10年前とは比べ物にならない便利な道具があり、時間をかけずに各ステップをこなすことがすでに可能になっています。もう君は、

DAY1のデモでそれを体感しましたね。
DAY1のデモでは、「売上を向上する」というTaskのために、以下のようにサイクルを回しました。

- **Get Data**：必要な営業売上データを取得する
- **Choose Visual Mapping**：製品カテゴリごとの売上を視覚化する
- **View Data**：製品カテゴリごとの売上規模と利益を見る
- **Develop Insight**：その結果、売上は中規模のサブカテゴリ「テーブル」は利益が赤字だとわかった
- **Act/Share**：その結果を共有して利益改善の行動を促した

デモの一連の流れには、停止する瞬間がなかったと思います。Taskに沿ってビジュアル分析のサイクルを止まることなく実行できるようになって初めて、私たちはデータを活用した意思決定をおこなうことができると言えます。

A　マスター、デモの内容はもう少し長くありませんでしたか？サイクルを1周回ったような感じではなかったと思います。

M　よく気づいてくれました。デモでは、Develop Insightのあとに以下のようにステップを戻しました。

- **Develop Insight(1)**：売上は中規模のサブカテゴリ「テーブル」の利益が赤字であることがわかった
- **Choose Visual Mapping(2)**：なぜテーブルの利益が悪いのか掘り下げるために地域の項目を追加で視覚化した
- **View Data(2)**：地域ごとの売上を見る
- **Develop Insight(2)**：全国的に利益は赤字だが、特に中部を中心に問題が起こっていることがわかった

このステップも非常に重要で、「売上を向上する」というTaskに対して有効な洞察と言えるでしょう。
ビジュアル分析のサイクルは、外周をきれいに1周するものではなく、時にはステップを戻ったり、各ステップを行ったり来たりしながら進められることが大切なのです。

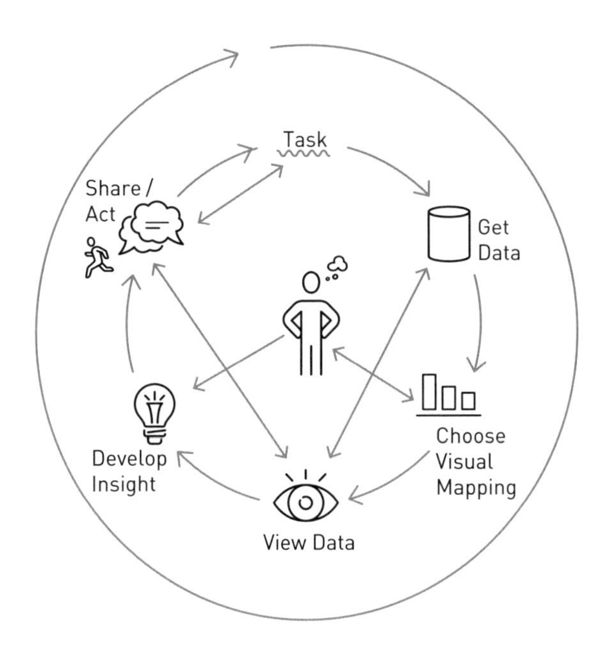

M　最初に決めたTaskを忘れずにたくさんのステップを進めることは、じつは思考のフローに乗った状態でも大変難しいことです。
私たちは、その時々に与えられる刺激によって、さまざまな方向に思考が発散してしまう生き物です。ビジュアル分析のサイクルを回す時、思考のフローに乗ってデータからたくさんの洞察を得ることも大切ですが、どこかで「これはきちんとTaskのための分析になっているか」を見直すことも大変重要です。
それさえ忘れないでおけば、Get DataからDevelop Insight

までのステップは、近年の道具の進化によってかなり実施しやすくなっているはずです。

Taskを解決する行動を常に意識する(Act/Share)

M もうひとつ、Task のほかに強く意識をしておかなければならないステップがあります。それが「Act/Share」です。
このステップでは、データ分析で得た洞察を元に人の行動を促します。データ活用において最も重要な部分です。
データ分析というのは、もともと人の好奇心をくすぐるとてもおもしろいものです。そのため、データから洞察を得た時点でデータ分析の Task は終わったと誤解してしまう人が非常に多いです。
しかし、私たちがやりたいことは、データを通じて意思決定をし、実際の世界に影響を及ぼすことです。したがって、この「Act/Share」のステップがないとしたら、極端に言えばデータ分析をしなかったことと同義になってしまいます。
デモの例でいくと、中部地方のテーブル担当者にコンタクトし、まず利益が赤字になっている現状を理解しているか伝えたり、今後の対策を考えたりするということが重要ですね。

A どんな時でも Act/Share は必要ですか？

M もちろん、そうです。

A 1つの例外もなく？

M ありません。もちろん、部署内限定などの情報をだれにどこまで Share するのかは考える必要があります。しかし、Task にはオーナー（最終意思決定者）がいるはずなので、少なくともその人には伝えるべきでしょう。そして、行動を起こす人（アクター）たちには共有して、行動すべき内容について納得してもらい、自分の意志で動けるようになってもらう必要があります。
組織的なプロジェクトではなく、君個人としての分析をおこなう場合には、君自身がオーナーであり、共有される人でもあり、行動を起こすアクターでもある、というように兼任する場合もあります。たとえば、競馬のデータを自分で分析して、その結果を見て、どの馬に賭けるか決めるなどといったことはまさに行動（Act）にひもづいていますね。

Taskが見当外れだった場合も成果になる

A　いろいろ分析をしてみて、「Task自体が見当外れだった」というようなことはないのでしょうか。たとえば、以下のような状況です。

- **Task：**社内で1番の売上成績を出す営業部を調べ、その営業部からベストプラクティスを学ぶ
- **分析結果：**調べてみても、どこの営業部も売上が下降状態になっていた

M　大変良い視点ですね。Taskに合わせて分析した結果、芳しくない結果が出たり、答えを得られなかったりすることもあり得ます。しかし、じつはそれも重要なインサイトなのです。

A　わからなかったのに、ですか？

M　そうです。Taskでの仮説が崩壊した場合、その結果をありのままにShareするべきです。君の言った例で言えば、「社内のどこも営業成績が良い部署がなかった」というのは重大な問題です。成長の余地がどこにもありません。一刻も早くこの状況を共有（Share）して、何らかの対策を打たなければ（Act）なりません。

ここで、営業全部署の成績が悪いということで、新たなTaskが考えられます。たとえば以下のような例です。

- **営業全体のやり方がおかしいのかもしれない（Task）**
- **取り扱っている製品がおかしいのかもしれない（Task）**

こうして次のビジュアル分析のサイクルに進んでいくのです。
データは、私たちにさまざまなことを教えてくれますが、それは事実そのものなので、とても正直です。人間のようにオブラートに包んでくれたりはしません。しかし、悪い結果やわからなかったりしたことを隠したり、忘れたり、見ないフリをするのであれば、データ分析をする意味などありません。
データから想像とはまったく別のものが出てきても、それを素直に受け止め、事実として理解し、ビジュアル分析のサイクルを回した者の責務として、周囲の人に伝える勇気を持たなければなりません。
これを怠ると、Taskが生まれても何の反応も起こらないことが慢性化し、データ活用は役に立たないというレッテルを貼られてしまうことになるのです。
さて、ビジュアル分析のサイクルを回すのに必要なポイントをまとめましょう。

❶一つひとつのステップがかんたんに操作でき、すばやくレスポンスを返し、思考のフローを断絶させないようにすること
❷ステップは外周1周をきれいに回りきるようなものではなく、時には戻ったりして、何度も行ったり来たりしながら進められること
❸最初に設定したTaskを忘れずに、Act/Shareを実施すること

2-3 思考のフローを生み出す脳のしくみを押さえる

Master　ここまでの間に、時間が長く経つあるいは操作が難しいことは、人の思考のフローを断絶させる要因であることを見てきました。つまり、思考のフローを断絶させないために、かんたんかつすばやく結果が返ってくることが重要であるということです。

記憶を構成する3つの要素

M　まず、人の記憶のしくみから考えていきましょう。
心理学の分野では、私たちの記憶は以下の 3 つで構成されているとされています。

■記憶を構成する 3 要素

タイプ	記憶される期間	制限
感覚記憶	200～ 500ミリ秒	ほかと比べて反応する属性が概ね決まっている、本能的・直感的な記憶
短期記憶	10～15秒	ものによるが同時に記憶できるのは大体7つ程度
長期記憶	最長で一生	個人の記憶力や経験に依存

M　私たちが単に「記憶」という言葉でイメージするのは、ほとんどの場合長期記憶でしょう。じつは、ほかにもこのように特性が分かれています。
思考のフローに深く入っていくときに必要なのは、おもに感

覚記憶と短期記憶です。この2つについて考えてみましょう。
さて、君は次の計算ができますか？　手は使わないでやってみてください。

| 34 × 72 =

Apprentice　えーと、34 × 2 = 68 で、34 × 7 は 4 × 7 = 28 で 2 がくり上がって 3 × 7 = 21 で、くり上がったのが、えーと何だっけ、2 だから 23 でうーむ……？

M　では、紙とペンを使って筆算でやってみましょう。

```
   34
×  72
-----
   68
 2380
 2448
```

A　これならかんたんですね。

M　同じ計算のはずなのに、かかる時間はまったく違います。暗算と筆算はいったい何が違うのでしょうか。
34 × 2は桁のくり上げがなくとてもかんたんですね。しかし、7でかけると次の位へのくり上げも発生するし、十の位へ1個ずらさなければならないし、やることも増える。
計算したり、過去に計算した値を記憶しておこうとしている場所は短期記憶です。短期記憶は、10秒くらいの時間を記憶するもので、同時に覚えていられることも少ないです。回転は早いものの容量の小さい記憶なのです。

暗算が難しいのは、過去の計算結果に短期記憶の容量を取られ、どんどん圧迫されていくスペースの中で、追加の計算を迫られるからです。
しかし、筆算はどうでしょうか。34 × 2 = 68というかんたんな計算のあと、それを紙に書き残しました。そのため、68という数字を記憶する必要なく次の計算に進めます。それぞれの桁の計算を終えたあと、あらためて書いてある数字を足していけば良いのです。一つひとつの計算処理そのものは同じはずですが、記憶容量の圧迫を招かずに、今実行する計算に集中することができるのです。これが筆算の利点です。
つまり、これは「私たちの体の内の記憶」と「外部に出された視覚的な刺激」のすばらしい相互関係であると言えます。
私たちは、記憶の連鎖を使ってさまざまなことを考え、フローを生み出していきます。その記憶は、自分でアウトプットすることによって外部の刺激に変換されます。そうすれば、自分の記憶から消しても問題なく、その刺激（視覚）に触れることによっていつでも情報を取り戻せます。そうして、私たちは必要な時にアウトプットされた刺激を使って、さらなる思考のフローへ没入できるのです。

アウトプットとしてデータをビジュアル化する

M　筆算をおこなうために必要だったのは紙とペンでした。それは、君が熟達した数字を書く能力とかけ算九九の能力を持っていたからです。
では、データを見る時にはどうでしょうか。私たち人間は、残念ながらデータを集計すると同時に、その大きさを把握して正確な絵を紙とペンを使って描くことはできません。そこで、紙とペンの代わりに、専用の道具でデータをビジュアル化する必要があります。
たとえば、以下の画面の集計を見てみましょう。売上データをカテゴリと地域ごとに集計したものです。しかし、集計されているとはいえ、このビジュアルではどこの利益が悪いのかを探し当てるにはひと苦労です。

カテゴリ	サブカテゴリ	九州, 四国, 中国地方	関西地方	中部地方	関東地方	東北地方 と 北海道
家具	テーブル	-¥212,789	-¥532,935	-¥1,477,440	-¥330,882	-¥626,847
	椅子	¥2,540,061	¥1,839,661	¥1,107,404	¥1,330,958	¥201,016
	家具	¥258,165	¥337,262	¥166,712	¥219,122	¥33,628
	本棚	¥1,126,818	¥1,690,222	¥621,216	¥1,300,874	¥137,085
家電	コピー機	¥1,686,005	¥1,268,973	¥740,358	¥840,967	¥381,164
	事務機器	¥397,466	¥788,779	-¥266,182	¥500,942	¥71,563
	電話機	¥411,877	¥455,248	-¥52,847	¥16,724	¥30,674
	付属品	¥716,234	¥741,390	¥404,536	¥282,973	¥85,787
事務用品	アプライアンス	¥1,454,208	¥1,564,708	¥568,510	¥794,664	¥306,882
	クリップ	¥97,648	¥73,884	¥39,800	¥67,362	¥11,923
	バインダー	¥197,432	¥160,146	¥98,102	¥50,532	¥24,356
	ラベル	¥55,054	¥64,325	¥42,798	¥62,774	¥6,688
	画材	¥79,322	¥162,827	-¥100,593	¥90,424	-¥28,133
	紙	¥209,165	¥200,074	¥114,156	¥124,719	-¥17,851
	封筒	¥167,611	¥185,282	¥125,261	¥128,587	¥6,042
	文房具	¥187,084	¥171,057	¥136,901	¥110,074	¥31,722
	保管箱	¥208,785	¥310,097	-¥55,208	-¥105,141	-¥21,174

■売上データを集計しただけ

M そこで、集計すると同時に赤字の利益を出している部分に色をつけてみましょう。利益が赤字である箇所は探さなくてもわかります。しかし、これでは利益が最も悪いところはどこなのか、また売上規模に対してどうなのかはわかりません。

カテゴリ	サブカテゴリ	九州, 四国, 中国地方	関西地方	中部地方	関東地方	東北地方 と 北海道
家具	テーブル	-¥212,789	-¥532,935	-¥1,477,440	-¥330,882	-¥626,847
	椅子	¥2,540,061	¥1,839,661	¥1,107,404	¥1,330,958	¥201,016
	家具	¥258,165	¥337,262	¥166,712	¥219,122	¥33,628
	本棚	¥1,126,818	¥1,690,222	¥621,216	¥1,300,874	¥137,085
家電	コピー機	¥1,686,005	¥1,268,973	¥740,358	¥840,967	¥381,164
	事務機器	¥397,466	¥788,779	-¥266,182	¥500,942	¥71,563
	電話機	¥411,877	¥455,248	-¥52,847	¥16,724	¥30,674
	付属品	¥716,234	¥741,390	¥404,536	¥282,973	¥85,787
事務用品	アプライアンス	¥1,454,208	¥1,564,708	¥568,510	¥794,664	¥306,882
	クリップ	¥97,648	¥73,884	¥39,800	¥67,362	¥11,923
	バインダー	¥197,432	¥160,146	¥98,102	¥50,532	¥24,356
	ラベル	¥55,054	¥64,325	¥42,798	¥62,774	¥6,688
	画材	¥79,322	¥162,827	-¥100,593	¥90,424	-¥28,133
	紙	¥209,165	¥200,074	¥114,156	¥124,719	-¥17,851
	封筒	¥167,511	¥185,282	¥125,261	¥128,587	¥6,042
	文房具	¥187,084	¥171,057	¥136,901	¥110,074	¥31,722
	保管箱	¥208,785	¥310,097	-¥55,208	-¥105,141	-¥21,174

■赤字の部分を赤色で表示

M 売上の大きさに対して、色を2色ではなく、2色分岐のグラデーションにしてみます。こうすることで、見た瞬間に、中部の「テーブル」が売上をある程度出しているにも関わらず最も大きな赤字を出していることがわかります。

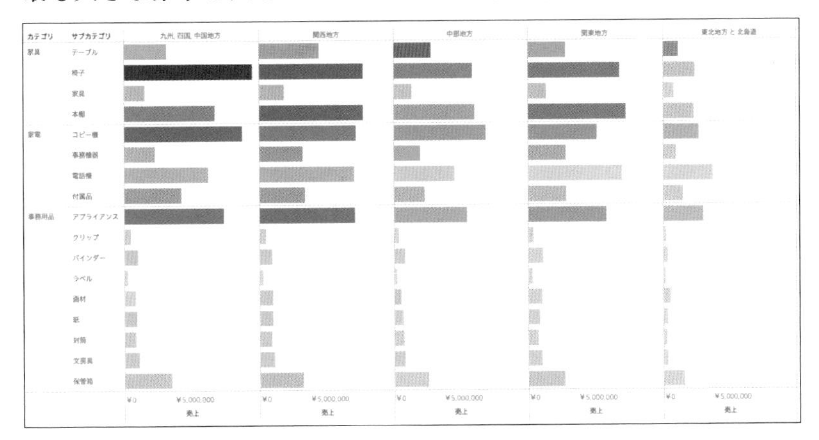

■2色分岐グラデーションで表示

M 問題がある箇所がわかりましたが、その部分の値も知りたいですよね。気になる場所にカーソルを当てることで明細を確認できます。

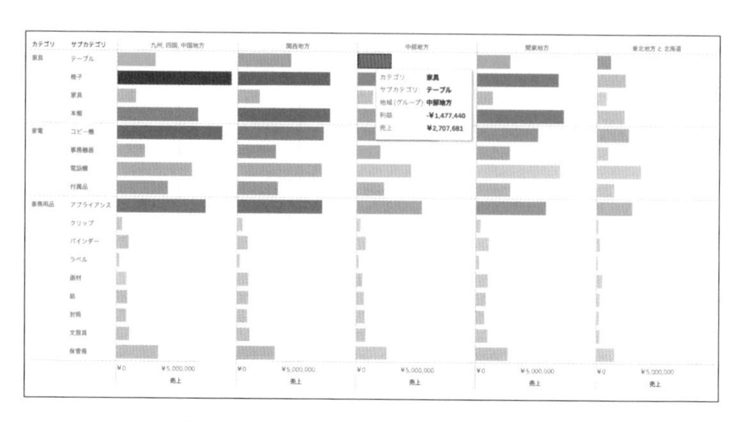

■ カーソルを当てると明細が確認できる

M　データを理解するためには、このように集計したデータをビジュアルに変換し、外部の刺激としてアウトプットして、さらに思考を深めていく必要があります。データ分析のサイクルで言うと、Get Data から Choose Visual Mapping のステップにおけるしくみです。

今日の冒頭で、君は「データは実際の数値を見ないと見た気がしない」と言っていました。確かに、ある場面ではそうでしょう。

ビジュアルで見せられるのは、相対的な比較だけです。隣のものより大きいか、小さいか、どれが最も大きいか、などの情報を提供するのには優れています。一方で、大きいように見える四角形の棒がいくらの売上なのか、1000円なのか100億円なのかは、数値を見ないとわかりません。

しかし、従来から手元で分析をおこなってきた人たちは、Excel などのチャート作成機能によって、以下のようなフローに慣れ親しんできました。

「必要なデータの範囲を選択（Get Data）→指定した項目で数値を集計（ピボット）→集計値に合うと思われるチャートタイプを選択（Choose Visual Mapping）」

Get Data と Choose Visual Mapping の間に、余計な 1 ステップが入っているのがわかるでしょう。私たちは、可能な限りスムーズにすべてのステップを回らないといけないのに、余分なステップが混ざっているのです。
また、このようなデータ可視化方法が定着してしまったために、多くの人は、視覚化されたチャートを数表の補足的なもの、おまけのような存在として認識しています。つまり、数表なしのグラフ単体でデータが見せられることなく、必ず数表の下にそっと配置されるチャートです。
しかし、ビジュアルを効果的に使えば、通常より認識を早め、必要な情報をより高速に読み取れるのです。つまり、これまでおまけのようにひっそりと置かれていたチャートこそ先に表示し、必要なぶんだけ数値を見て、より高速な理解が得られるように考えを転換しなければならないのです。

感覚記憶の力を最大限に使う

M　筆算の例で見たように、私たちはすべてを無理に短期記憶に置いておくことが難しいです。そのため、記憶を外に出して見えるようにしておくことで、再利用できることを学びました。
データ分析の場合は、たった 1 つの数値を見ればいいわけではありません。そこでビジュアルの力を使い、全体の規模や相対的な比較を通して現状を理解し、見る必要のあるものに絞って、より詳細な値は選んで表示すると理解しやすくなりましたね。

しかし、思考がフローに乗っていたとしても、たくさんのことを短期記憶に記憶しておくのは難しいです。そこで私たちはストーリーの力を使い、過去に見てきたたくさんのものを1つの流れで記憶します。

ストーリーの次の展開を生むための外部からの刺激は、限られた短期記憶の容量をできるだけ消費しない方法でアウトプットを理解させるものである必要があります。アウトプットの理解に時間をかけてしまうと、再び短期記憶が利用され、これまで考えていた思考のフローは霧散してしまうからです。そこで、感覚記憶を活用して、アウトプットの理解を一瞬でできるようにします。

感覚記憶を動かす10種の視覚属性(Preattentive Attribute)

A 感覚記憶は本能的、直感的なものなのですよね？　自分で制御できるのでしょうか。

M 感覚記憶は、考えなくても認識できる、無意識の反応です。したがって、君の言うとおり自分で意識して感覚記憶を動作させることはできません。しかし、もうすでに、君は感覚記憶の力を体感しています。2-1で体験した「3」を数えるゲームでは、何が起こりましたか？

A 3が赤くなっているほうは早く数えることができました。

M 色がついていると、私たちは数えることが非常に容易になりましたね。この無意識の反応を呼び起こしているのが、まさに感覚記憶なのです。色の力、すなわちビジュアルの力は、感覚記憶を動かすのです。

感覚記憶を動かすことのできる視覚属性は、色だけではなくいくつかあると言われています。脳科学の分野で諸説あるものと言われる分類ですが、代表的なものとして10通りに分類されたPreattentive Attributes（前注意的処理）の例を紹介しましょう。

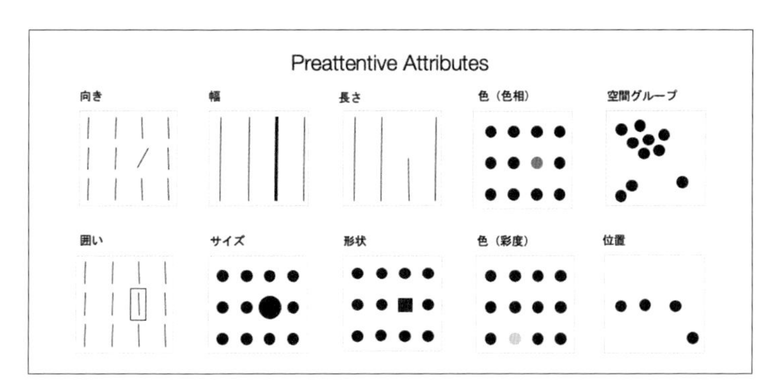

■ Preattentive Attributes

M　これらの視覚属性をうまく掛け合わせて、知りたい内容を表現することができれば、感覚記憶によるすばやい認識と短期記憶による深い洞察のコンビネーションで、思考のフローに没入することができるのです。

Preattentive Attributeの強さの違い

M　Preattentive Attributeは、いずれも単体で感覚記憶を動かすことのできる視覚属性です。しかし、Preattentive Attributeには強度のようなものがあります。

A　視覚属性の強度、ですか。

M　実際にどんな影響があるか見てみましょう。いくつか絵を表示するので、どんなものがあったか答えてください。絵は、可能な限り短い時間で見てください。

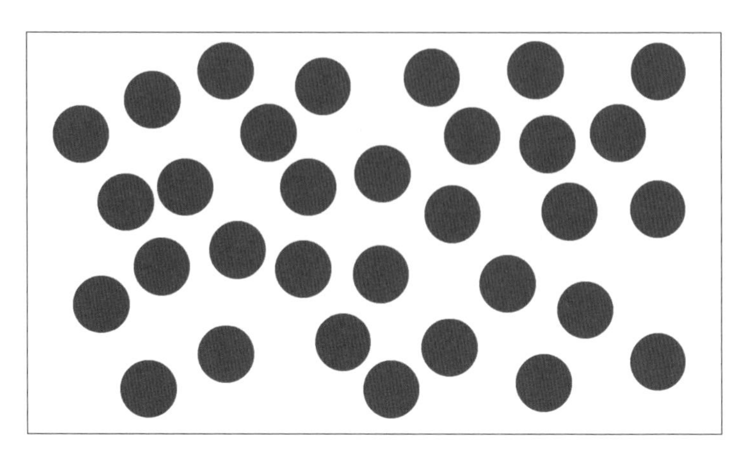

■絵1

A　私の見た限り、青い丸がいっぱいありました。

M　すべて同じ色と形が並んでいましたね。では、次からは異なる視覚属性を混ぜていきましょう。異なる色のものが見つけられますか？

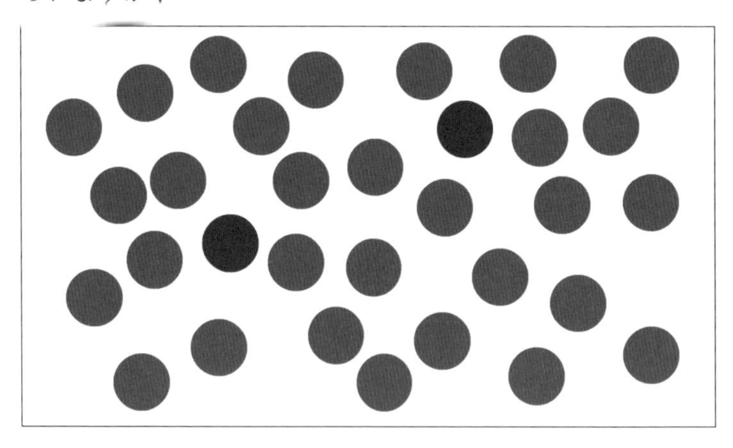

■絵2

A　もちろんです。赤い丸がありました。

M　では次、異なる形のものは見つけられますか？

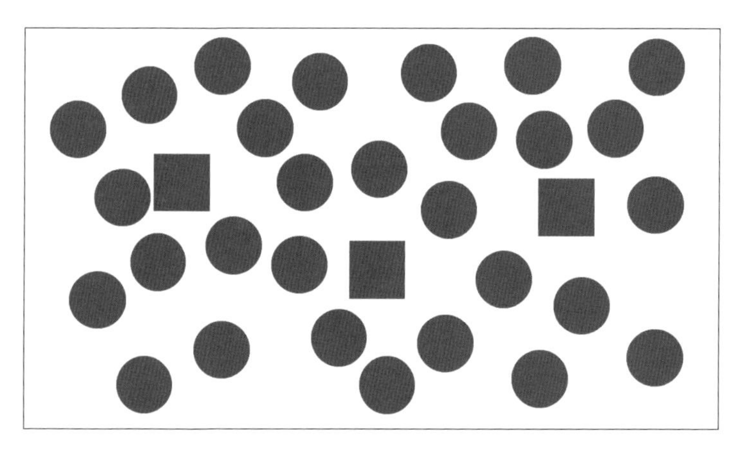

■絵3

A 四角形が混ざっていますが……。なるほど、そういうことですか。

M 君が感じてくれたとおりです。形が違うものがあることは明確ですが、「青と赤」「円と四角形」のどちらがよりすばやくに見分けられるかと言われると、明らかに色だったはずです。このように、無意識に認識できる視覚属性には、目に飛び込んできた時の反応に差があります。したがって、伝えたいストーリーに合わせて、最も大切なことを最も強い視覚属性で伝える必要があります。
さらに、もう1枚見てみましょう。

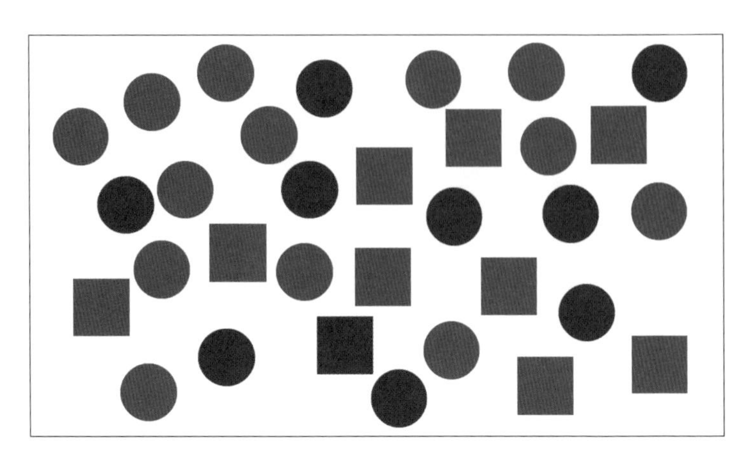

■絵 4

M　この中に赤い四角形はありましたか？

A　ええと、あったような気がします。

M　「青と赤」という色相と「円と四角形」という形状の視覚属性を同時に掛け合わせた絵を見てもらいました。視覚属性は、重ねてもはっきりと違いを見分けられるケースはほとんどありません。視覚属性を掛け合わせた複雑なパターンでは、読み解きが難しくなってきてしまいます。
残念ながら、さまざまな視覚属性を盛り過ぎた結果、せっかくビジュアルにおこしたのに、かえってわかりづらくなってしまったというケースも多いです。数表至上文化と同様に、視覚属性の使い方を知らないためにわかりづらいチャートがまん延していることも、なかなかデータビジュアライゼーションが広まらない原因の1つと言えるでしょう。
さあ、ではこれらの視覚属性を使って、どのように実際にChoose Visual Mappingをおこない、データビジュアライゼーションを構成するかについて考えていきましょう。
以前にも言ったとおり、ビジュアルを作る道具は君の意思に任せていますが、参考例としてTableauの編集画面を紹介します。

■ Tableauの編集画面

M 列や行により位置を定義します。また、色（色相／彩度）、サイズ、形状などの視覚属性を直接定義することのできる機能を持っています。
それでは、以下の3つの例で、視覚属性の見え方の違いを確認していきましょう。

①色vs形状
②サイズvs長さ
③位置vs色

①色vs形状 —— 見え方の違い

M 先ほどはシンプルな絵を使って色と形状の反応の違いを確認してもらいました。ここでは、データビジュアライゼーションにおける色と形状を比べてみましょう。
次の図は、売上と利益の相関をそれぞれのカテゴリごとの商品を買った顧客単位で集計した値をプロットした散布図です。どちらも表しているものは同じですが、カテゴリを分けている視覚属性が、Ⓐは色相で、Ⓑは形状となっています。

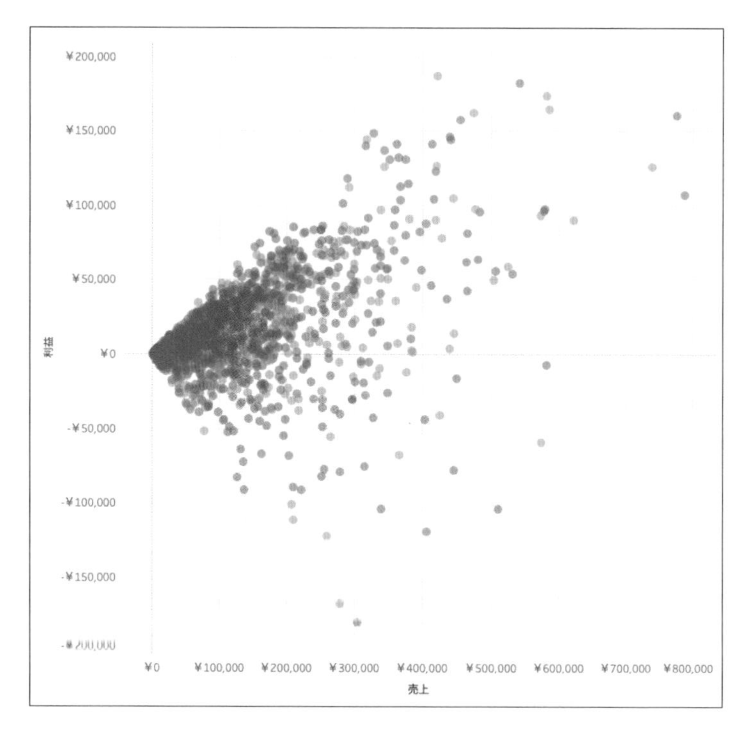

■Ⓐ色相で分けて表示

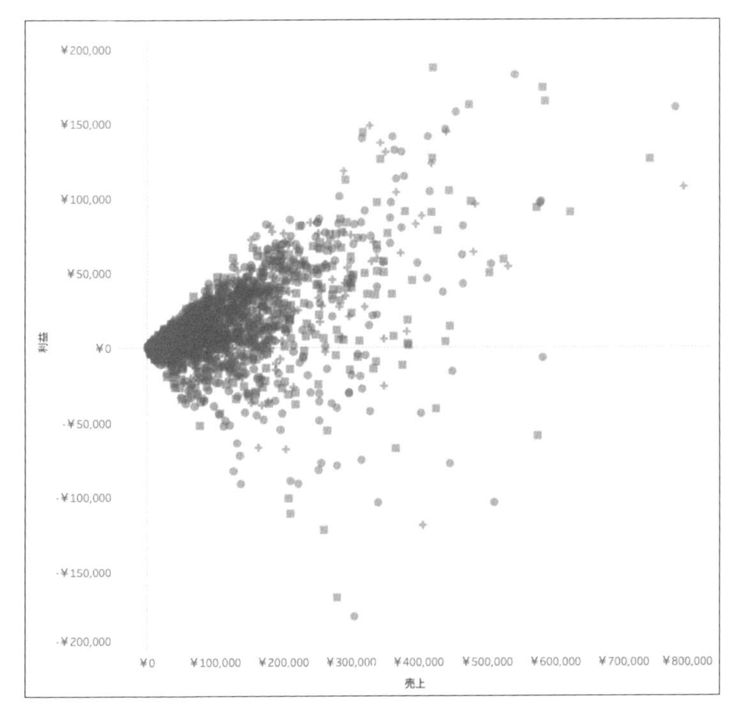

■ Ⓑ形状で分けて表示

M　いずれもプロット数が多いため、先ほどの図のように、精緻に何がどこにあるというところまで把握するのは難しいです。ですが、カテゴリがⒶ色相で表現されていると、青色は売上が低めの位置にプロットされている部分の利益がほかの色に比べて高く（青色の下の方にオレンジや赤が分布しているのが見える）、比較的売上の小さい時点からぐっと利益を上がりやすい傾向にあることがわかりますね。
このような傾向がⒷ形状のほうで確認できるでしょうか？

A　外側のほうにバラバラと分布しているものの形状については認識できますが、どのあたりにどの形状が多いといったような傾向を見ることはできませんね。

しかし、マスター、形状を使ってもこのようにハイライトをすれば、色相で見た時よりもよく傾向が見えるような気がします。重なって見えない部分すら表現することが可能ではありませんか？

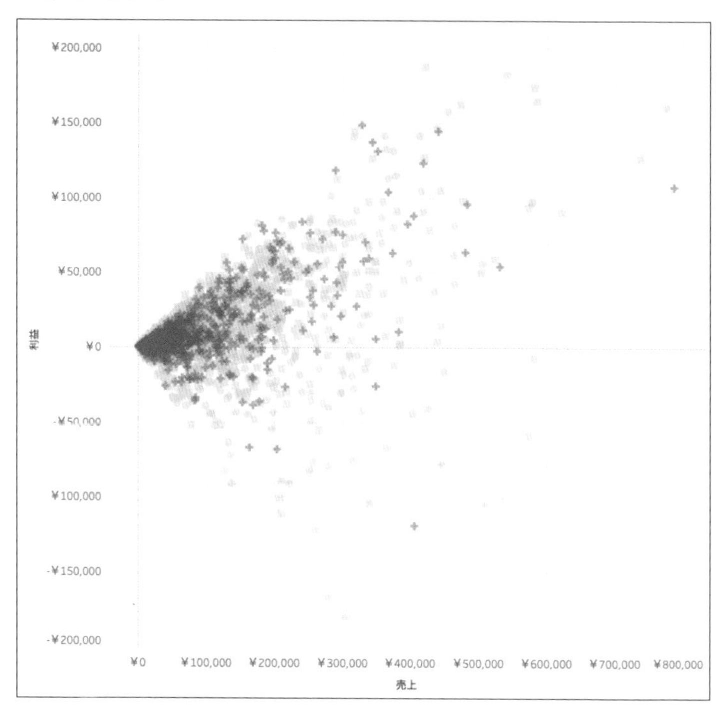

■ⓒ形状で分けてハイライト表示

M　ハイライトを活用してくれるとは、すばらしいです。一部の道具は、このように自分の気になったカテゴリを一時的に選択して、そのぶんだけハイライト、つまり光らせることができますね。

しかし、君はこれを「形状」の視覚属性において認識しているのでしょうか？　十字の形状を見ているというよりは、周囲から浮き上がって光ったように見えていること、つまり後ろより濃い青で表示されている部分を識別しているのではないでしょうか？

A 光っているというのは、形状ではなく色の違い……。なるほど、確かにそのとおりですね。

M 1点違うところがあるとすれば、Ⓐの例では「色相」を用いて識別していましたが、Ⓒの例では「色の彩度」を利用しているという点でしょうか。
しかし、君の提言とチャレンジはすばらしいの一言です。重要なことは、今自分が見ているものはどの視覚属性で構成されているか常に考え続けることです。最初は意識的にくり返す必要がありますが、次第に無意識に認識できるようになり、自分自身が視覚属性を選択するときにも必ず役に立つはずです。

②サイズvs長さ —— 見え方の違い

M それでは、数値を表現する時に使うサイズと長さの違いについて見ていきましょう。売上の大きさをより正確に見たい場合、サイズと長さのどちらが適切だと思いますか？　まずは想像で構いません。

A うーん、長さというのがピンときていないのですが、やはり大きい小さいを表現するので、サイズのほうが正確な気がします。

M では、カテゴリごとの売上をサイズで表現してみましょう。

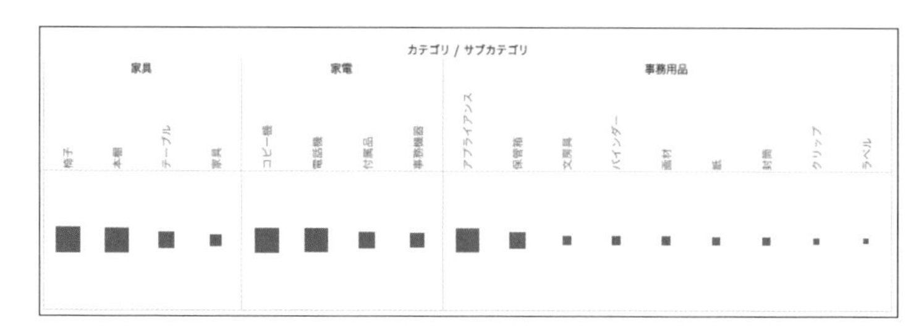

■ Ⓐサイズの例

M　この中で最も売上が大きいサブカテゴリはどれでしょうか？

A　むむ、椅子かコピー機かアプライアンスで迷いますね。よく見ると本棚も結構大きいので、本棚とアプライアンスのどちらが大きいかと言われると、これもまた悩みます。

M　では長さで見てみましょう。

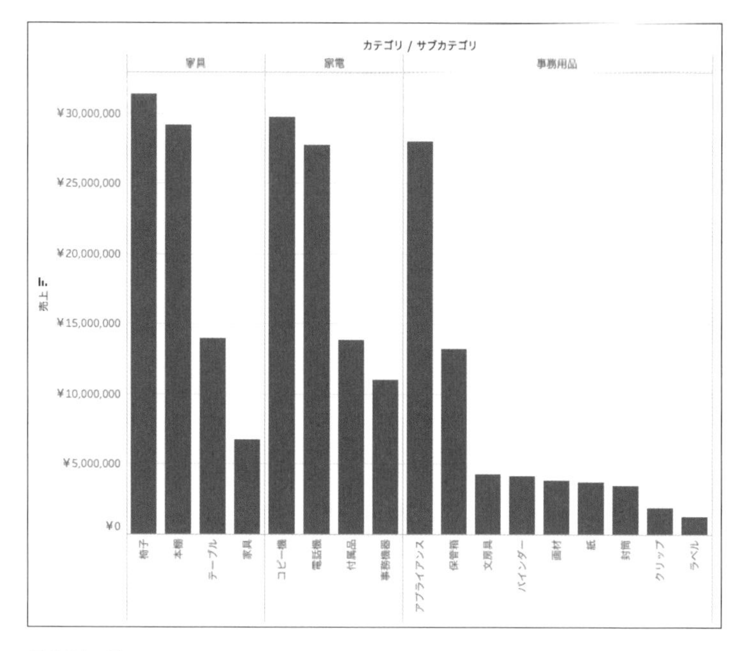

■ Ⓑ長さの例

M どれが最も大きいでしょうか？

A 椅子ですね。これ以上ないほど明確です。

M サイズは、2Dグラフであれば面積で大きさを表現します。つまり、2つ以上の辺による中に敷き詰まった面の量を目視で測らねばなりません。
長さは1つの辺の長さだけを比較すれば良いので、シンプルで目視でも計測しやすく、大きさを正確に比較する際に有効な手段と言えます。
さらに、長さで見た場合には、どれが最も大きいかということだけでなく、「付属品は電話機の半分くらいの長さだな」といったように、大きさをかなり精緻に見ることができます。サイズの例から半分の大きさの四角形を探すのはかなり難易度が高いでしょう。

③位置vs色 ── 見え方の違い

M それでは、数値を表現する時に使う別のパターンも見ていきます。位置と色です。売上の大きさをより正確に見たい場合には、位置と色のどちらが適切だと思いますか？

A 位置も色もどんなものかピンときませんが……。

M まずは自分で想像してみることが大切です。いきなり答えをみるより学びが深まるでしょう。

A わかりました。そうですね、やはり、先ほどの例でも色が最強のような気がしたので、色ではないでしょうか。

M それでは、まずは色で売上を表現してみる例を見てみましょう。売上が最も高いサブカテゴリはどれでしょうか。

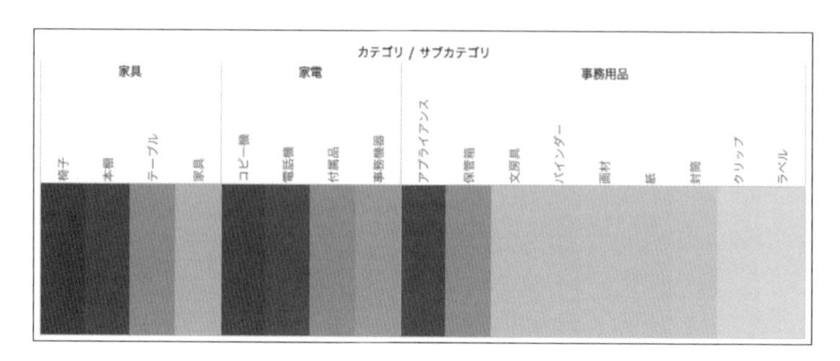

■ Ⓐ色の例

A　椅子ですね。なるほど、色で売上を表現するというのはこういうことか。

M　カテゴリをそれぞれ分けるときは、色の中でも色相を使いましたね。青とオレンジと赤という、人間の目が認識しているRGBの掛け合わせにより、明確に違う系統の色だと認識できる色としておきましょう。

しかし、こちらの例では色の彩度、同系色である青の濃淡で表現することにより、濃ければ濃いほど大きな値、薄ければ薄いほど小さな値を表現しています。

A　やはり色は最強ですね。

M　どうでしょうか。位置で表現した例も確認してみましょう。

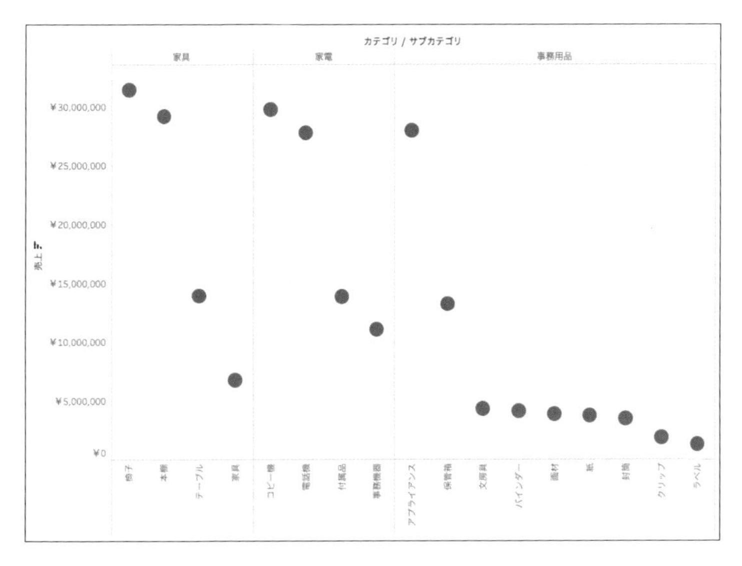

■ Ⓑ位置の例

M　色の彩度で表現した例では、最も大きい値は見分けがついたかと思いますが、文房具から封筒の売上の差はどのくらい認識できましたか？

A　なるほど。確かに小さな値の微妙な違いは位置のほうが正確に判断できますね。しかし、この位置も良いのですが、私は長さで表現した棒グラフのほうが、この位置の例よりさらにわかりやすかったように思います。すると、長さが最強の視覚属性ということになるでしょうか？

最適な視覚属性は常に変化する

M　見るべき視覚属性を強調するために、それぞれの特徴がわかりやすい例を抽出してきました。しかし、じつは長さの例で示したあの棒グラフは、位置の要素も多分に含んでいます。位置を整えずに、長さだけで大きさが正確に比較できるのか確認してみましょう。

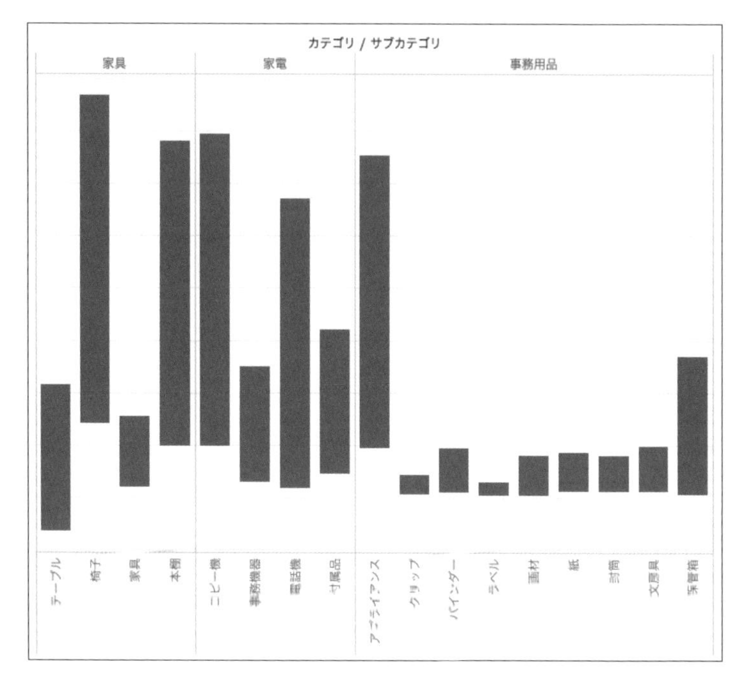

■長さだけで表示した

A　うわっ！　なんですかこれは。これでは何がなんだかさっぱりわかりません。

M　なぜでしょうか。長さはかなり精緻に大きさの違いを表現できていたはずですよね。

A　そうですね、このガタガタしている感じが見辛いのでしょうか。

M　そうです。より精緻に言語化していきましょう。つまり、長さの開始位置がそろっていないから計測しづらいのです。
また、もう1つ変化している位置があります。長さの開始位置をきちんとそろえるとこうなります。

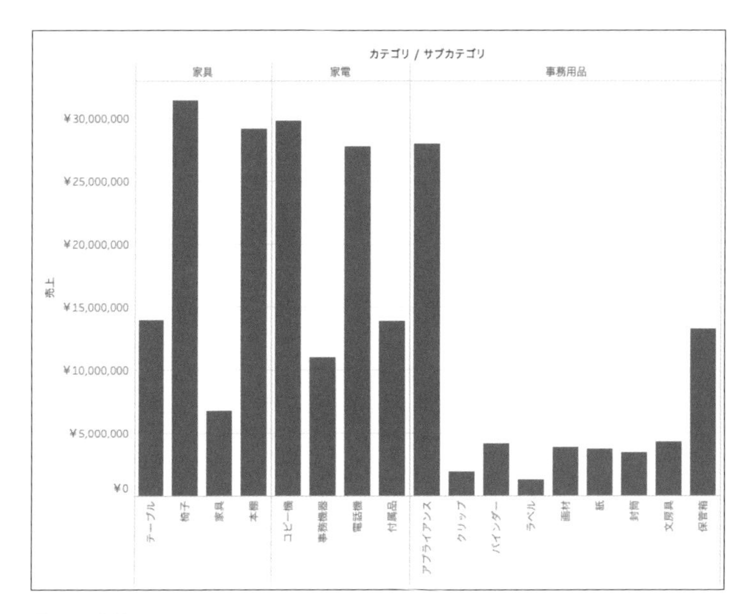

■長さの位置をそろえた

A　売上の降順に並んでいなかったのか！

M　そうです。いわゆるソートは、位置を定義しているのです。さまざまな視覚属性が、位置によってより自身の影響力を高めると言っても過言ではありません。
位置は、これまで見てきたすべての例で存在していました。どこかしらに描かれている時点で、位置を定義していると言えるからですね。これらの例でわかるように、位置がほかの視覚属性を引き立ててよりわかりやすい表現にします。

A　では、位置が最強の視覚属性ということですね。

M　位置というのは、最初に見た例のように1つのチャート内において大きさを表現するために使われることもあれば、複数のチャートの集合体であるダッシュボードのレイアウトとしても影響を与えるものです。データビジュアライゼーションのジャンルに限らず、一般的なレイアウトデザイン（Webサイトやポスター）を見て、人の目線がいったいどこを最初に見るのかといった研究が個別になされるほどの分野です。
一般的には、人の目は左上から順に降りていくと言われていました。では以下の2つの例で、最初に目に入るのはどれでしょうか。

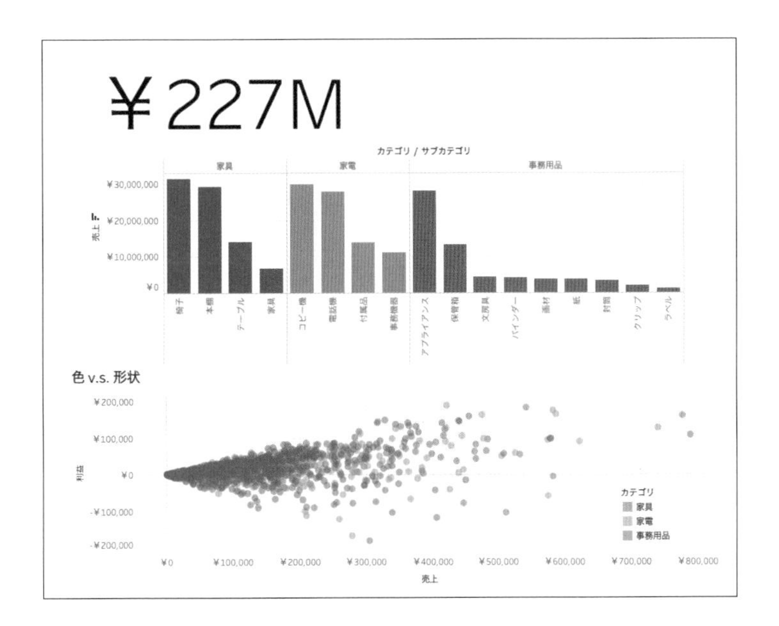

A　¥227M ですね。

M　では、その ¥227M はどちらの絵がよりインパクトがありましたか？

A　どちらかと言えば、左上より真ん中にあるほうが目立っていると思います。

M　では、以下 2 つの絵で最初に目に入ってくるのはどれでしょうか？

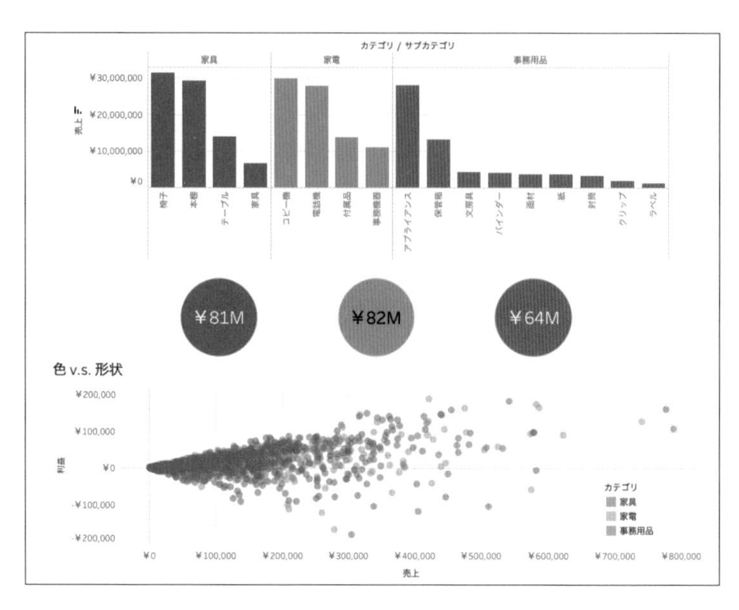

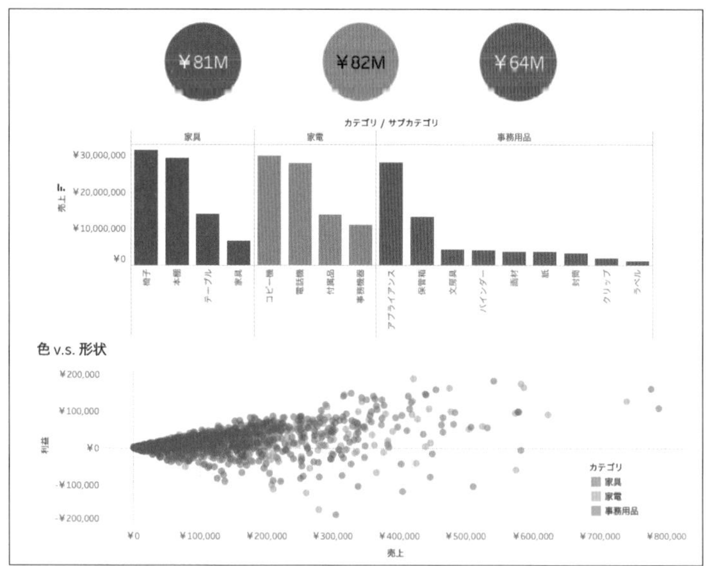

A　1 枚目は棒グラフで、2 枚目は上の円 3 つですかね。

M　さて、2つ目の例では、いずれも君は上から絵を見ました。位置がよく効いていたからです。しかし、最初の例では位置に関わらず「¥227M」が先に見えると言いました。これが文字の力なのです。

A　マスターは数表を否定しましたよね？

M　数表を否定はしていません。使うべき時に使うものであって、すべてを数表で表現しようとすることがまちがっているのです。さらにいうと、このケースでは単なる数字ではなく、じつは視覚属性が隠れています。何だと思いますか？

A　うーむ、文字がやたら大きかったような？

M　そうです。サイズが使われているのです。少ない文字数の数字を大きなサイズや太字にして配置することは、かなりインパクトがあると言われています。タイトルの文字を大きく設定するべきなのもここに起因しています。

A　ちょっと待ってください。そうすると、サイズは位置を超えるということですか？　しかし、サイズは長さより弱かったですよね？　であれば長さが最強？　いや、でも長さより位置が上でしたし……。

M　まず、「どれがどれに勝つ、負ける」という概念を捨てましょう。
もうひとつ、例を見てみます。サブカテゴリごとの売上を色と位置で表現しましたが、今度は大変狭いスペースで表現しています。

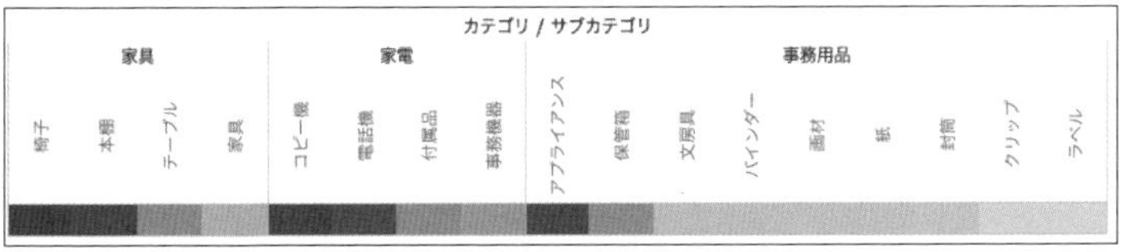

■色で表現

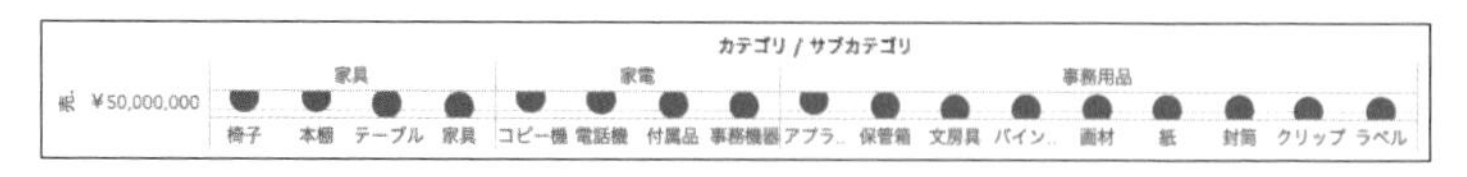

■位置で表現

A　なんと、色はちゃんと大きさがわかりますが、位置のほうは潰れてしまって、もう何が何だかわかりませんね。

M　位置で大きさを表現するということは、ある程度それを表現できる幅があることを前提にしています。しかし、色であればこんなに狭いスペースの中でもある程度大きさを表現できます。
つまり、その都度、君がどんなスペースで何を伝えたいのかというシチュエーションによって、どの視覚属性をどう使うのかというのは変わっていくのです。
君の質問である「最強の視覚属性はどれか」に回答するならば、シチュエーション次第でどれも強力になりうる可能性を持っているという答えになります。一概にどれが最強というようなものはありません。もしそうだとしたら、私たちはわざわざこの視覚属性について時間をかけて学ぶ必要もなく、常にどれか1つを使うか、あるいは自動的に生成されるようにするべきでしょう。しかし、データビジュアライゼーションはストーリーの元に自身の意思で選び抜く必要のあるもの、勝敗などというかんたんなものではないことを覚悟しておいてください。

一般的な知識としてビジュアルを土台にする

A　視覚属性を選ぶのは、大変そうですね……。使うべきなのはわかりましたが、私自身が自分で選択できるのか疑問になってきました。もうこの領域になってくるとデザイナーに任せたほうが良いでしょうか。

M　デザイナーのみなさんが学んでいる知識はすばらしく、世の中に貢献するものだと思いますが、君自身が今からプロのデザイナーのような知識を持つ必要はまったくありません。
常に忘れないで欲しいのは、私たちは今、世界中のすべての人が持つべきデータリテラシーはどんなものであるか考える旅路の中にいます。したがって、ベースラインさえわかっていればいいのです。
私が目指したいのは、すべての人がデータが伝えてくれるインサイトをシンプルに読み書きできるようになる手法を伝えることです。データを芸術的に表現するジャンルもありますが、ここではその1歩前の、だれでも押さえておくべき基本的なポイントについて話していきましょう。

2-4 データに合わせて視覚属性を使いこなす

Master　さあ、私は君を脅かすためにこのブートキャンプを開講したのではありませんよ。君はもちろんデザイナーになる必要はありませんが、これを押さえておけば、基本的なビジュアル分析の「Choose Visual Mapping」が実践できるというポイントを押さえていきましょう。

Apprentice　何とか食らいついていきたいと思います。

M　その意気です。

データには3つのタイプがある

M　自分で適切な視覚属性を選ぶためには、データには3つのタイプがあることを押さえておきましょう。これらのタイプによって、データ項目を分類できます。

A　DAY1で学んだ「4W」でしょうか？

M　それとは別です。両方理解しておくと、それぞれの分類をおこなう時にヒントになります。まずは例を見ていきましょう。

■データの3つのタイプ

データタイプ名	データ例	具体的な値例
分類的な名義	地域	アジア、ヨーロッパ、北アメリカ
	車	トヨタ、BMW、フェラーリ
	飲み物	ワイン、ビール、水
順序的な名義	金属	金、銀、銅
	優劣	とても良い、良い、悪い
	高さ	高、中、低
量的なもの	重さ	10kg、25kg、100kg
	価格	100円、1270円、3450円
	温度	-12℃、3℃、45℃

M データは、分類的な名義、順序的な名義、量的なものといった3つのタイプに分類されます。ディメンションとメジャーの分類を活用するとわかりやすいでしょう。メジャーとして集計される対象になる数値項目は「量的なもの」ですね。それ以外のディメンションは名義となります。

この名義は、一つひとつが繋がりなく区切られるものと、順序を持つ名義とに分類されます。順序的な名義は個別に区切られる名称であることにまちがいないのですが、順序の概念も持っています。例に出ている「金銀銅」は、一つひとつ区切られるものですが、メダルを想起させ、金の次は銀、その次は銅という順番で考えますよね。これを見て「金銅銀」という順番でイメージする人は少ないでしょう。

サンプルのスーパーストアデータで言うと、以下のようになるでしょう。

- **分類的な名義：**カテゴリ、顧客名
- **順序的な名義：**オーダー日、出荷モード（即日配送＞ファーストクラス＞セカンドクラス＞通常配送）
- **量的なもの：**売上、利益など

Preattentive Attributeとデータのタイプの相性

M　データのタイプには、それぞれに合った視覚属性があります。データをタイプ別に分類できたら、そのタイプと相性が良い視覚属性を選べばいいのです。
分類的な名義は、それぞれが繋がりなく別物であるから、似ているように見えない表現方法が適切です。
量的なものは、量を表すので大小を表現するのに親和性の高いものが良いでしょう。
順序的な名義は、一つひとつ個別であるので分類的な名義のようにしっかり区切ってもいいし、順番を表現できるグラデーション的な表現も合っています。

■相性が良い Preattentive Attribute

データタイプ	相性が良いもの
分類的な名義	形状、色相
順序的な名義	位置、サイズ、彩度、色相、形状
量的なもの	位置、長さ、サイズ、彩度

M　順序的な名義は、合わせられる視覚属性が多いです。例を見てみましょう。

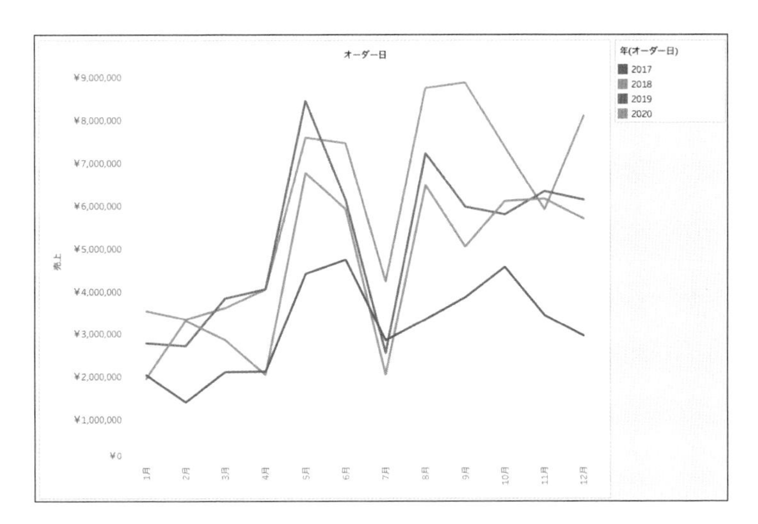

■ 年を色相で表したもの

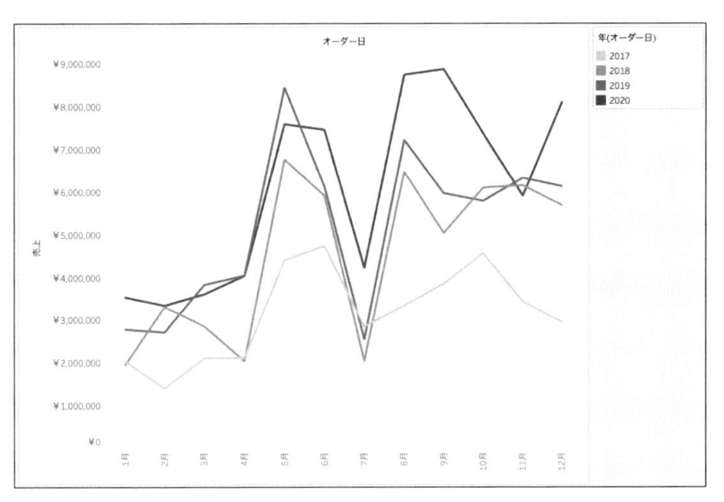

■ 年を彩度で表したもの

M　いずれも相性がよく、どちらで表示されていたとしても違和感はないでしょう。

A　どちらも適切だなと思われる時、どのように選択すれば良いのですか？

M　どちらも良い表現ですが、「見やすく」感じるポイントが異なっている点に注目します。
色相で表現された年は、どれも一つひとつがはっきり別の年として分かれて表示されており、識別しやすいです。彩度で表現すると似たような色が重なって表示されており、2018年と2019年の識別が難しくなりやすいです。4つならまだ識別できると思いますが、もう少し増えてくると、1年ごとの色の差はもっとあいまいで見分けづらくなってくるでしょう。したがって、色相での表現はそれぞれの年の傾向の違いをはっきり見分けて比較するのに適しています。
彩度で表現された年は、違いを見るのは難しくなりますが、色そのものが「淡い→濃い」という流れを持っているので、順序を表現しやすいです。この例では「薄い色は昔、濃い色が最近」ということを凡例を見なくてもわかってもらえる可能性があります。色相で表現された線は、何色が何年かは、色の凡例を見るまで絶対にわかりません。それぞれの色が何年を表すのかは、凡例と線グラフの間を目線が行ったり来たりしながら確認する必要があります。
また、線がもっと増えてきたらどうか確認してみましょう。以下は東京の1970年1月～2019年12月までの50年間分の月平均気温の推移を表したもので、年を色相で表現しました。データは以下からダウンロードしました。

- **過去の気象データ・ダウンロード（気象庁）**：https://www.data.jma.go.jp/gmd/risk/obsdl/index.php

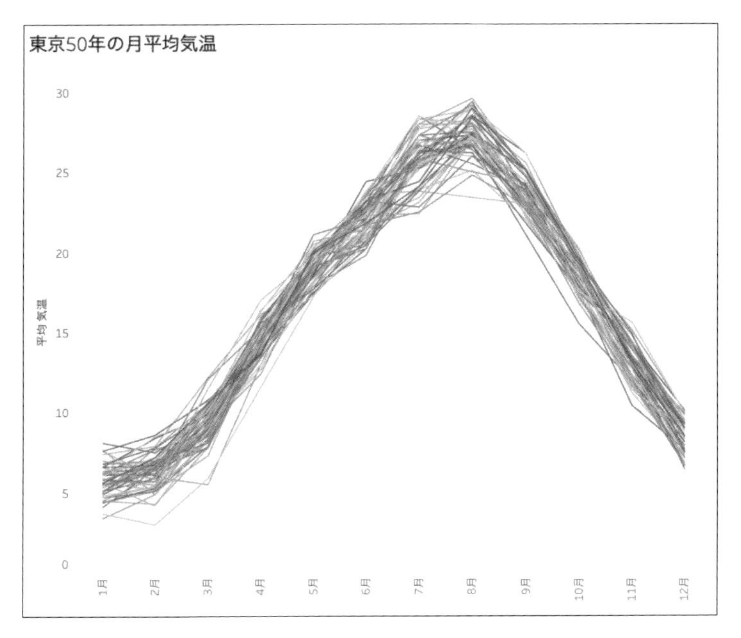

■東京 50 年の月平均気温（色相）

A　うわっ！　これはぐちゃぐちゃですね！

M　50 本の線が重なってしまうと、一つひとつを識別するのはかなり困難です。では、彩度で表現するとどうなるでしょうか。

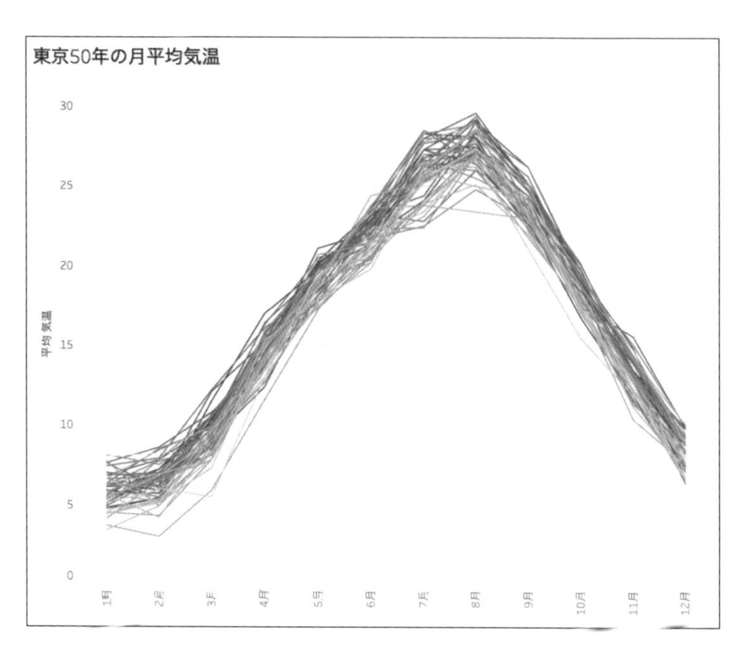

■ 東京 50 年の月平均気温（彩度）

A　線が重なっているものの、汚い感じがしませんね。

M　同系色なので統一感があり、1 本ずつの線というよりは、青い帯のようにも見えますね。単体の線を見せるのではなく、複数の線で 1 つの絵を描いていくイメージです。

50 本の線を 1 本ずつ見分けることは難しいですが、帯の中に傾向が見えませんか？　下の方に薄い青色、上の方に濃い青が寄っている、つまり年を経るごとに気温が高くなっていく傾向にあると言えるでしょう。近年の温暖化を表しているのです。

このように、彩度で表現することによって順序の情報を説明なしに入れこみ、線の数が見分けがつかないほど多かったとしても、全体的な傾向として見せてしまうことも可能になります。

伝えたい内容と表示するデータに合わせて視覚属性を選択しながら、その都度どのような表現が適切か考えていくと良いでしょう。

コンテキストを利用して視覚属性を重ねる

A　視覚属性をどう使うかいろいろな例を見てきましたが、基本的にはシンプルに、位置以外の視覚属性は単体で使うものということで良いでしょうか？

M　どうでしょうか。次の散布図は、果物の売上と利益の相関を表しているものです。どの色がどの果物であるかわかりますか？

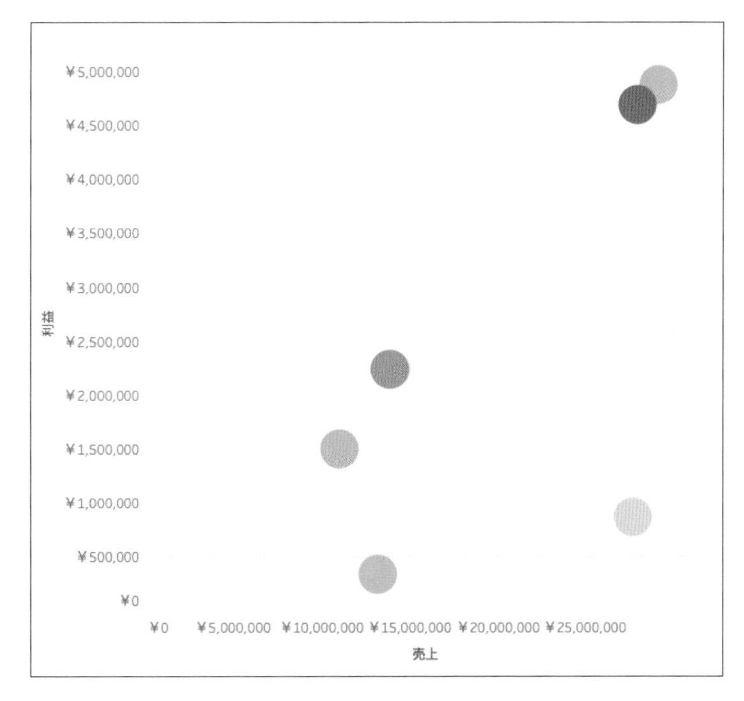

■ 相関図 1

A　わかるわけありませんね……。

M　ではこれでしたらどうでしょうか。

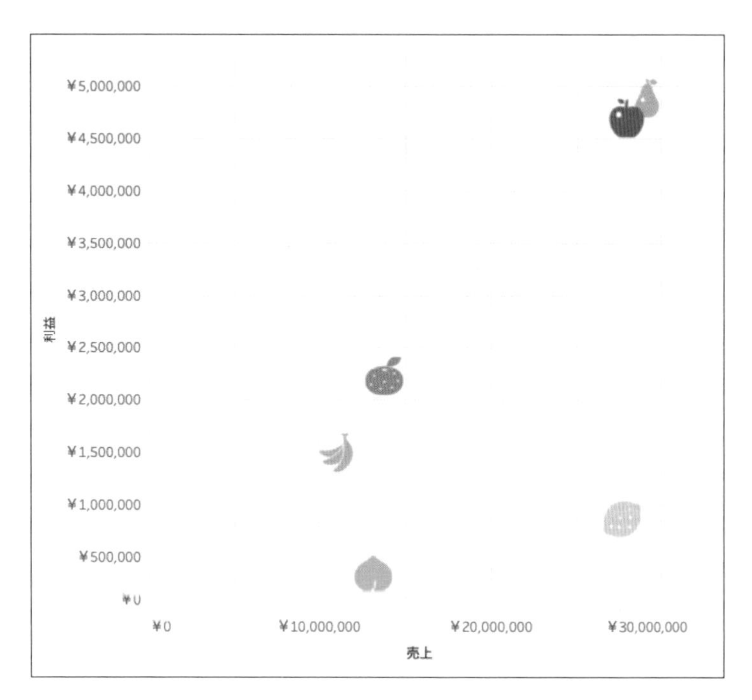

■ 相関図 2

A　おお！　これならわかります。

M　ではこれはどうでしょう？

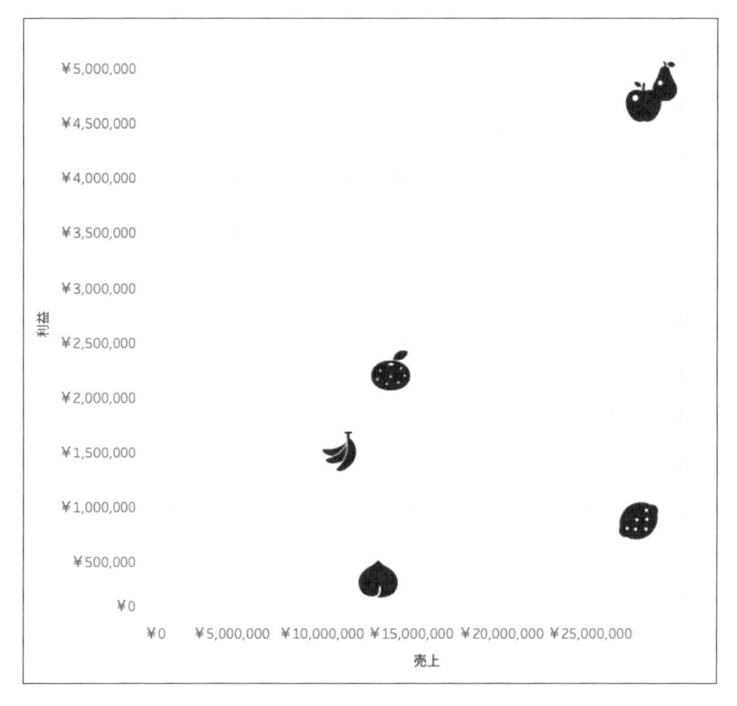

■ 相関図 3

A　わかりますが、色があったほうがより明確ですね。

M　ではこれはどうですか？

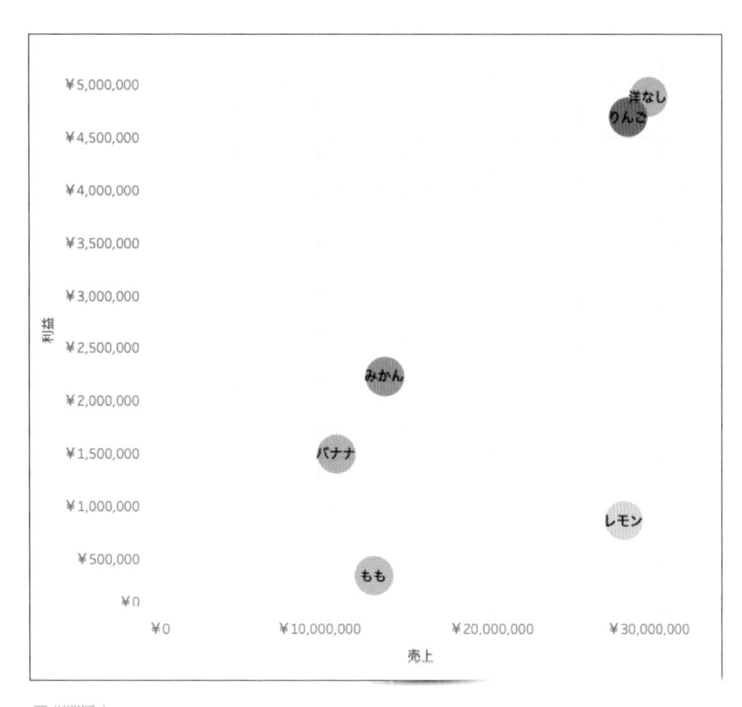

■ 相関図 4

A　読んだからわかるっていう感じですね。

M　最もわかりやすかったのはどれでしたか？

A　それはもう、２番目に決まっているでしょう！

M　２番目は色と形状が両方ついていました。今の例のように、両方ついているほうがわかりやすくなることもあります。
相関図１の例でも、図の色はきちんと果物を象徴する色をしていました。しかし、同色の果物というのは多く存在するので、特定することまではできません。したがって、色単体で理解させようとすると、相関図４の例のように文字情報が必要になりました。
形状は、実際の果物の形のコンテキストを持っているので、単体でも何を示しているかが明確で、色がなくても判別できました。しかし、色もつけることによって、よりリアルな世界の果物に近づけることができ、さらにイメージしやすくなりました。
また、副次的な効果として、色が異なることで重なり合った部分の識別もしやすいですね。
このように、現実世界に近いビジュアルを選択することで、文字の説明を減らし、相手に読ませる負荷を減らすことが可能です。

データ数が多いときはビジュアル選択に気をつける

M　先ほどの例では、より現実世界に近いビジュアルを選択しました。しかし、必ずしもいつでも現実世界に近づけた形を選べば良いというものでもありません。
果物を購入した顧客の分析をおこなう時に、形状と色を重ね合わせた表現を使ったらどうなるでしょうか。

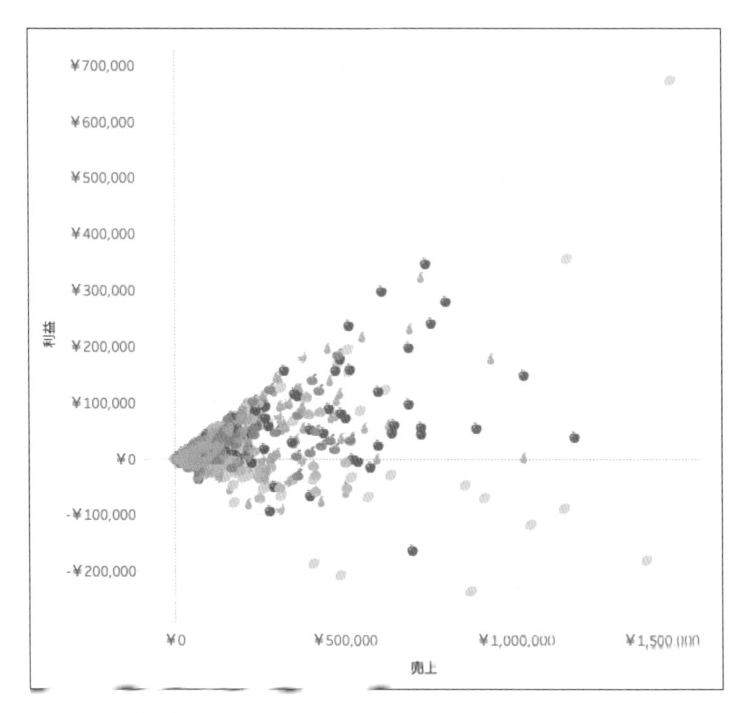

■顧客分析（形状と色）

A　うーむ、悪くはないですが、ごちゃごちゃしているような感じがしますね。

M　その「ごちゃごちゃ」の部分をもう1段階掘り下げてみてください。

A　細かい形状の差異がわかりづらいですし、小さく飛び出ている葉っぱなどが少々邪魔に見えてきますね。端っこの単体で見える部分は良いと思いますが、重なりが多い「0円」の近くが特に見えづらいように思います。

M　では、この表現は修正する必要がありそうです。最初に見た相関図の例では色と形状を重ねがけが最も わかりやすいものでしたが、君が2番目にスムーズに理解できたのはどれでしたか？

A　形状のみを使用した例でした。

M　では、この図も色相の視覚属性を落として、形状だけで表現してみましょう。

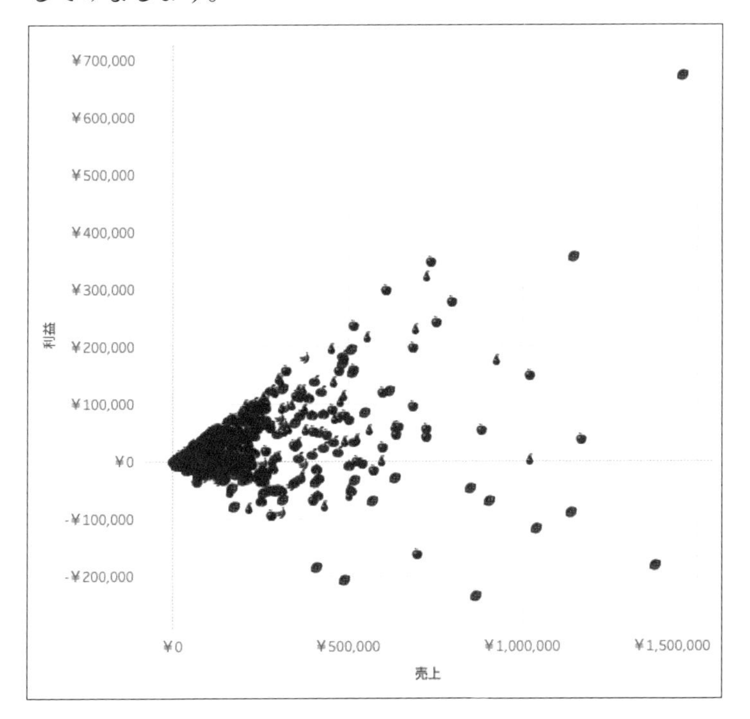

■顧客分析 2（形状のみ）

A　これは、重なっている部分が潰れてしまって、まったく何がなんだかわかりませんね。

M　数が多くなってくると、私たちはあんなにわかりやすいと思っていたはずの形状が認識できなくなっています。形状の細部を色相の力を借りて識別していたということがわかりますね。

最初に実験したゲームのように、私たちは、その場にある数によって認識が瞬時に切り替わっていきます。
また、数が多くなってくると、重なり合いも増えてきます。異なった形状を重ねると、ごちゃごちゃして見えにくくなります。
さらに、形状はそれぞれが必ずしも中心点から均等に配分された図形であるとは限らないため、実際に配置されている位置を把握しづらくします。そのため、より比較を困難にしていきます。
たとえば、以下のような例です。

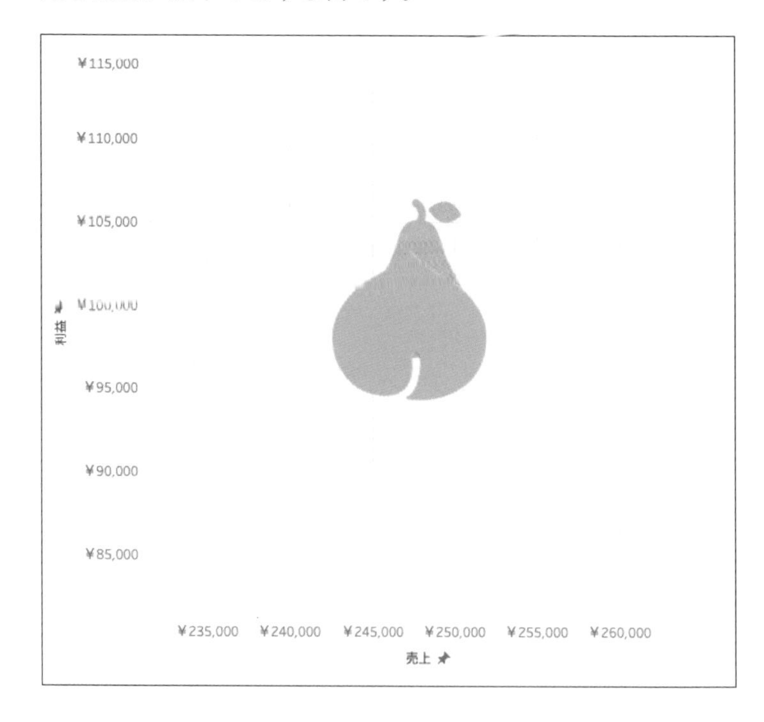

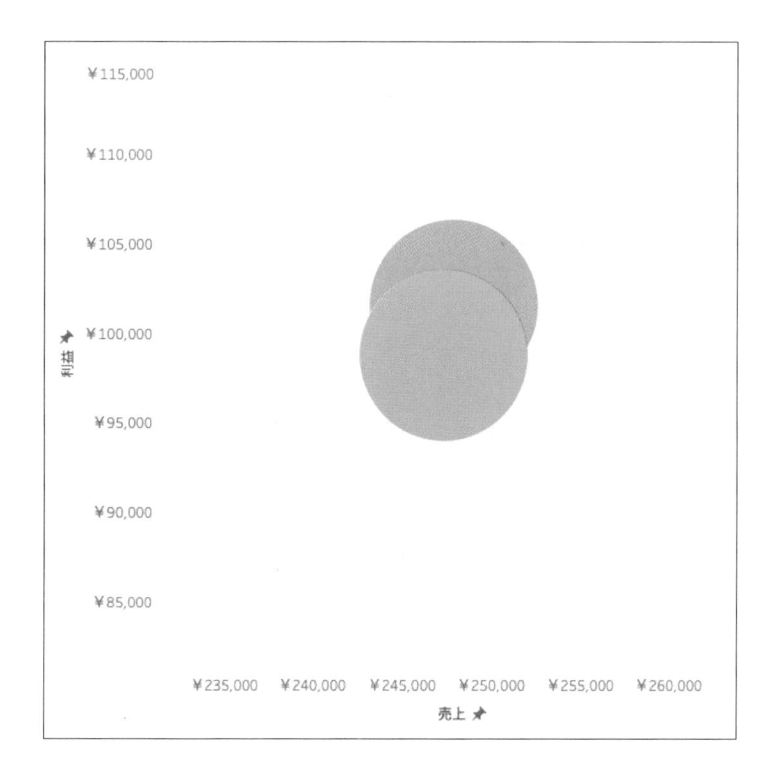

M　重なり合いが大きいと、これが同じ位置なのか、形状によるズレなのかを把握するのが困難です。洋梨が縦長の形状だから利益が高いのか、それとも本当に利益が高い位置にあるのか、判断しにくいですね。
同じ形状であれば、まったく同じ場所になければどちらかが高い、低いを容易に判断できます。
このように、データポイントが多いシーンでは同一の円の形状のほうが良いかもしれません。なお、同一形状を用いる際には円が優れています。なぜなら、円は中心点からの距離がどこも同じなので、位置を把握しやすく、どの部分が重なったとしても均等に重なっていくためです。

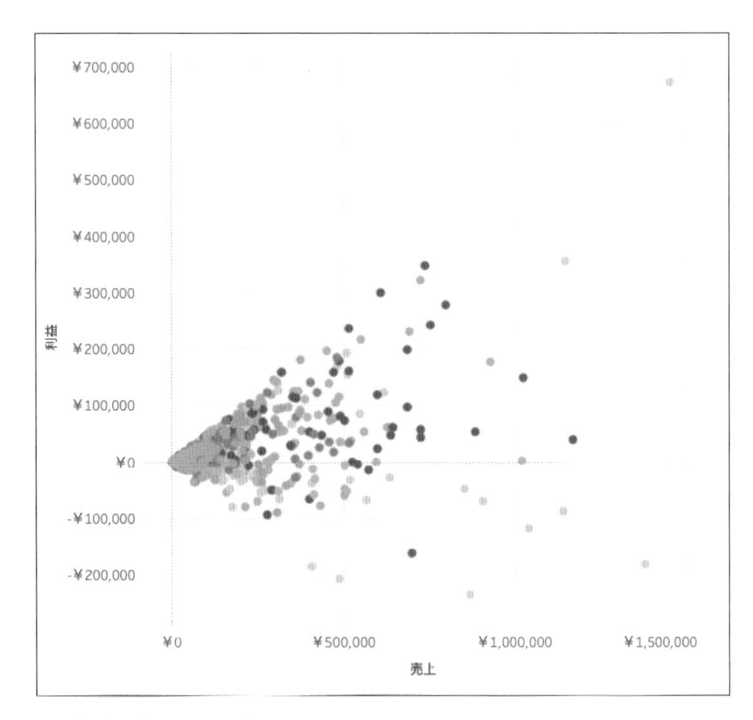

■顧客分析 3（同一の円の形状）

M　なお、0円近くは非常に重なり合いが多く、下にたくさんの果物が隠れているようです。その際には、色の透明度を上げて透過し、背後に隠れたドットを透かし見せて、重なり合いを表現することも可能です。

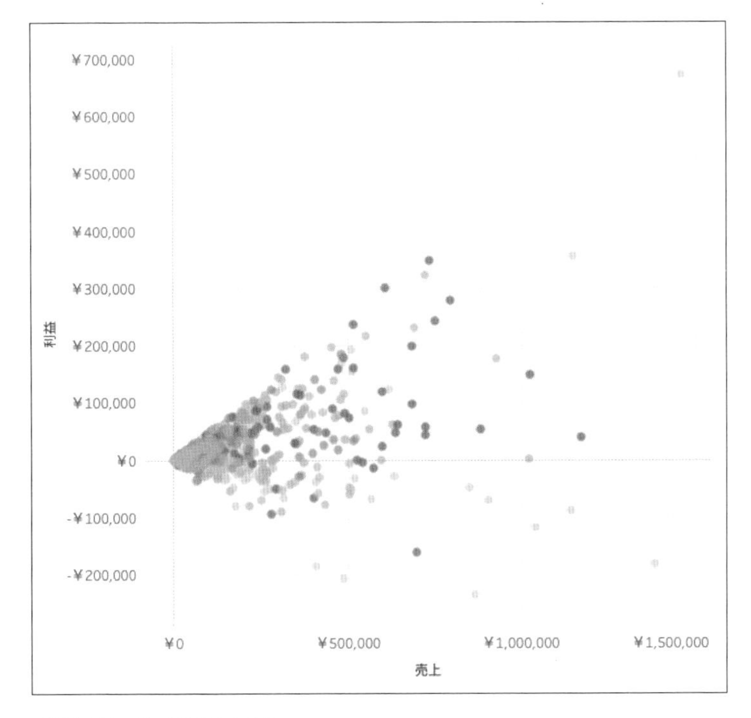

■顧客分析4（色の透明度を上げた）

M　透明度を上げると一つひとつの識別が困難になるため、「囲い（枠線）」を入れてみます

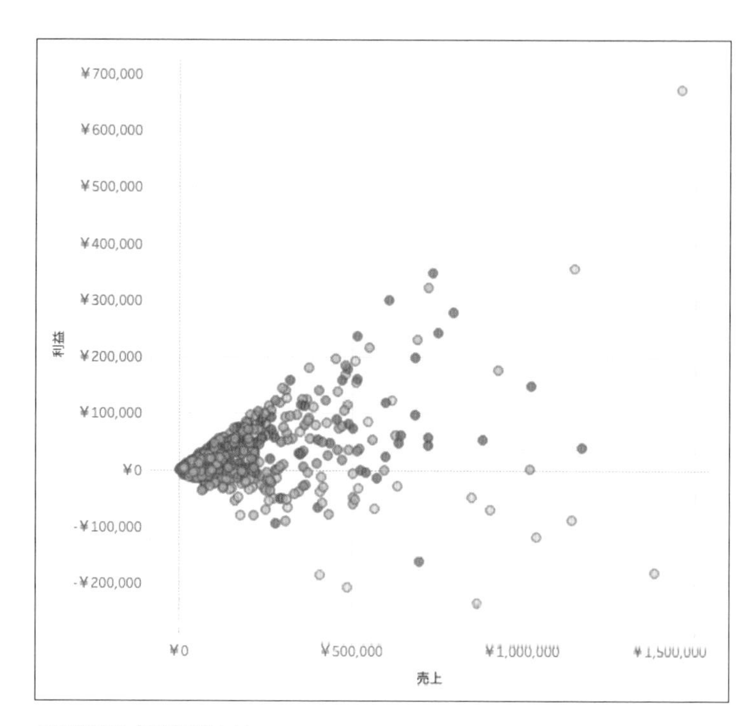

■顧客分析5（囲み線を足した）

A　囲いを入れると、ずいぶんはっきりとしますね。

M　地味に思われがちですが、「囲い」というのは要所要所で効力を発揮します。このように、円を縁取る囲いもあれば、表の枠組みの線を作る囲いもあります。この背景にあるグリッド線もうっすらとした囲いですね。どの囲いの中にいるかで、売上や利益の大きさを把握できます。
さて、図そのものは見やすくなってきましたが、肝心な何色がどの果物なのかがわかりません。そこで文字を入れてみましょう。

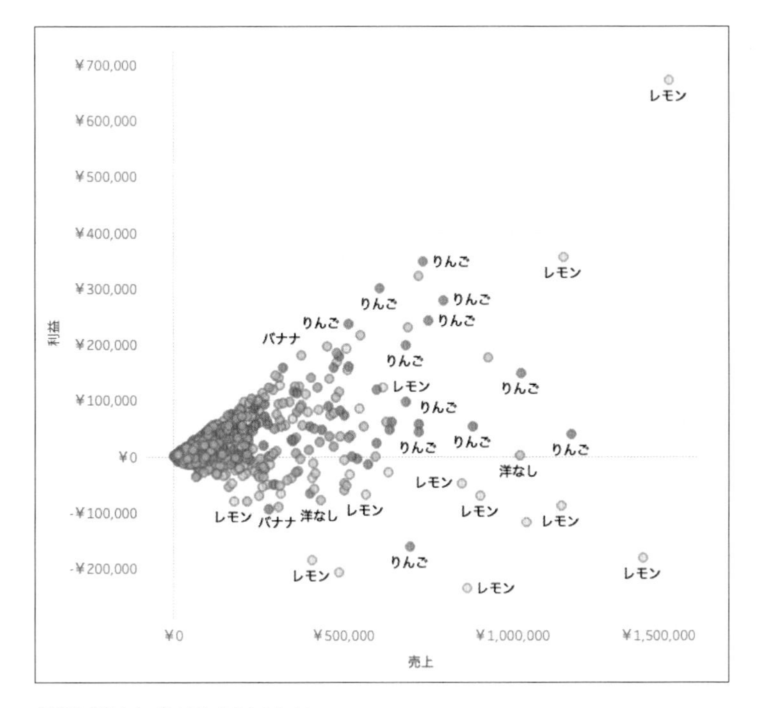

■顧客分析 6（一部の円に文字を入れた）

A　これでは、端の「レモン」「りんご」くらいはわかりますが、肝心な最も円の多い中心部がどの果物かわかりませんね。文字を全部出せないのでしょうか。

M　出せますが、本当によろしいのですか？

A　出してください。

M　では、どうぞ。

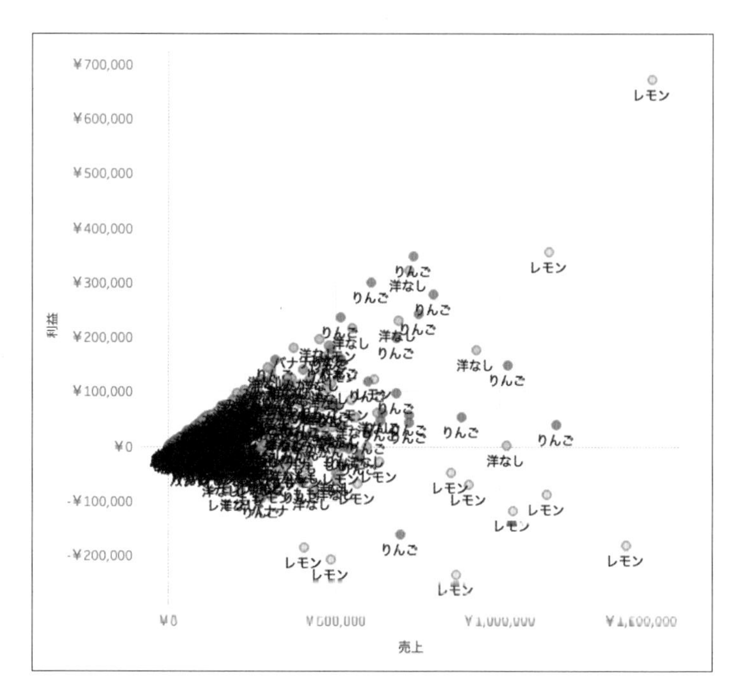

■ 顧客分析 7（すべての円に文字を入れた）

A　うわっ！　なんだこれは、ホラーですか。

M　すべての円の果物の名前を入れてしまうと、こうなってしまいます。当然、使い物にならないので、必要な時に表示されるような工夫を凝らすべきでしょう。
さまざまな手法が考えられますが、ここでは「円に触れた時に補足的に入れるような形」で必要に応じて出すような例を紹介します。

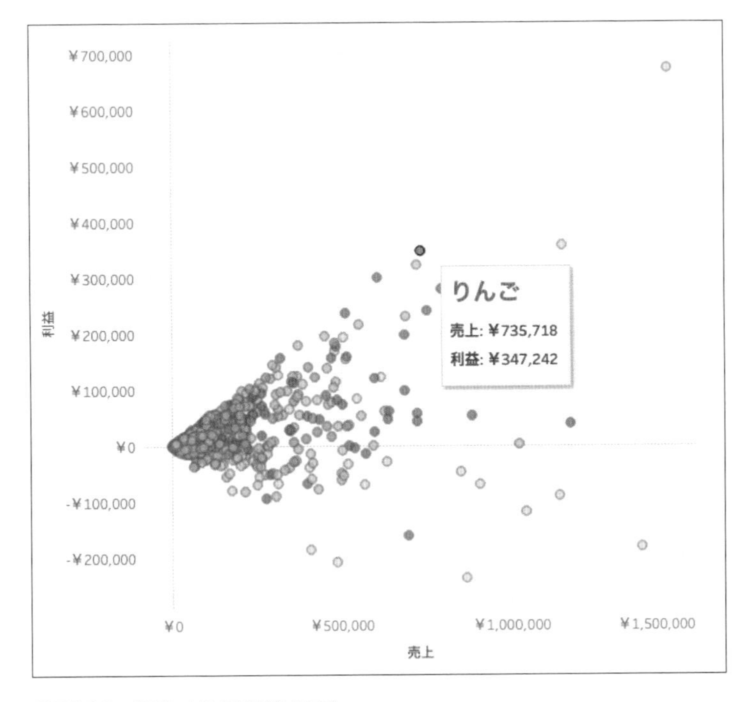

■ 顧客分析 8（必要に応じて文字情報を表示）

A　文字をあらかじめ載せておいて見た瞬間に把握したい気持ちもありますが、この場合はこちらのほうが断然良さそうですね。

M　君の言うことはもっともです。この表現には、円に触れるまでその色が何の果物かわからないという欠点があります。しかし、人間の好奇心を生かし、意図的に触れたいと思わせるように誘導するなどして、円にカーソルを当てさせるられれば、この円が何の果物であるかを補完できるでしょう。
いくつかの例を見てきましたが、基本的には、できるだけ実世界を説明しなくともイメージさせる視覚属性を選択します。ただ、表示するデータポイントの数と大きさ、レイアウトする位置とスペースなどの兼ね合いと相談しながら、最適な表現を選択していくことになるでしょう。
ビジュアライゼーションの表現を選択する時、良く作用するところもあれば、機能として諦めざるを得ないものもあります。また、自分の作ったビジュアライゼーションが相手にどう伝わるかは、見てもらうまでわかりません。
どのような結果にせよ、自分の選択した表現が相手にどう作用するかを意識し、今自分の出そうとしている表現が自分の伝えたいことに最も適した方法であるかを真剣に考えることが最も大切です。

視覚属性のパターン増加に注意する

M　重ねがけがうまくいかない例も学んでおきましょう。
次の例では、色相でカテゴリを、形状で地域を表現しています。カテゴリも地域も分類的な名義なので、相性は良いはず。この図でいうオレンジの「★」は何を表していますか？

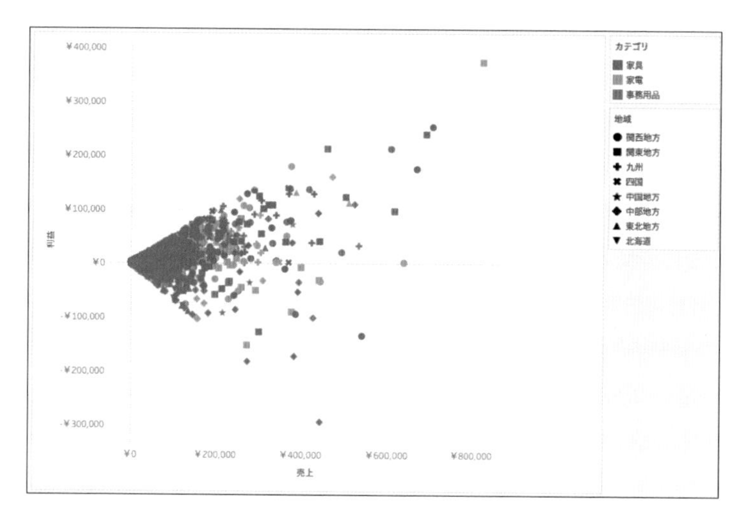

■色と形状の掛け合わせ

A　えっ？　オレンジの★ですか？　あ、見つけた！　でもこれは青い★か。オレンジの★なんてありますか？

M　凡例をよく見てみてください。

A　オレンジは……家電ですね。★は……中国地方ですか。

M　私の質問に即答できませんでしたね。

A　うっ……。

M　君を責めているのではありません。この絵が悪いのです。凡例を細かく確認し、表現されているものが何かじっくり考えなければいけない視覚属性は、設定する意味がありません。
視覚属性は、私たちの感覚記憶を働かせるものでした。せっかく色相や形状でそこを反応させたのに、短期記憶をその色相や形状の意味を考えることで使い切ってしまっては、本末転倒です。
この絵は、色相と形状の組み合わせが全部で24通り（カテゴリ3×地域8）あるはずです。短期記憶が記憶できるのはせいぜい7つ前後でしたから、私たちは24通りもの組み合わせを使いこなせません。
すると、私たちは、この絵から自分の読み取れるものだけを読み取ろうとします。ここから読み取れるのは、せいぜいカテゴリ（色相）のばらつきの違いでしょう。形状を見なかったことにして解釈するのです。
形状に目を向けると、赤い円と青い円、赤い四角形と青い四角形がどちらも存在しています。結局、形状ごとのパターンを見つけられないので、イライラ度が増します。このイライラの感情は、思考のフローも遮断してしまいます。色相しか見ていないのであれば、余計な思考を誘発する形状を削除するべきです。
では、地域ごとのパターンをどう表現すればよいでしょうか。

もし、スペース的に許されるのであれば、分けて並べて表現してしまっても良いでしょう。

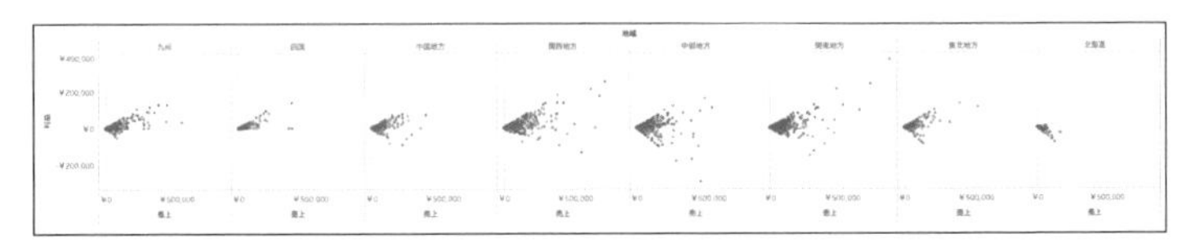

■ 地域ごとに分けて並べた

M　このように、色相と形状でそれぞれ別のものを同時に表示しようと欲張ると、パターンが入れたぶんだけの掛け算になってしまうため、認識が難しくなってしまいます。

コンテキストを持たない記号的な視覚属性に注意する

M　もうひとつの例として、果物の例と同じように「色相と形状」の両方を使って同じカテゴリを表現する例を見てみましょう。

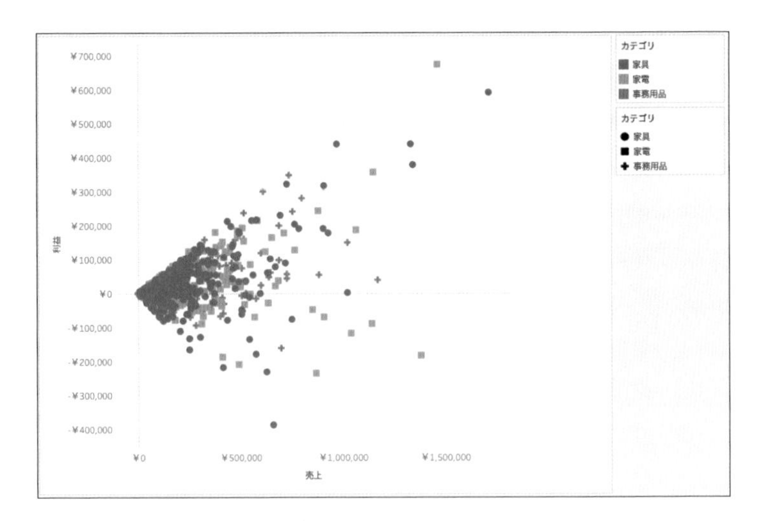

■ 色相と形状の両方で同じカテゴリを表現

M　色相単体で見るより強化されるかと思いきや、そうではないことに気づくはずです。その理由は、形状がカテゴリの説明を担っていないため、結局凡例を見なければ何のカテゴリだかわからないからです。
果物の例では、私たちがよく知る「果物の形状」というコンテキストを利用して、凡例がなくてもそれがどの果物だか見た瞬間にわかるというレベルまで、形状が認識速度を押し上げていました。
しかし、この形状は家具や家電や事務用品のコンテキストを何も持っていないので、単なる記号です。すでに色相がその役割を担っているので、特に形状を重ねる意味がありません。
また、意味なく属性を重ねてしまうと、余計な思考を生み出してしまう可能性もあります。たとえば、「青い丸はあるけど赤い丸もあるのかな」などです。凡例を見ると、そのようなものは存在していないので、無駄な行為となってしまいます。
なお、形状を使用する際は、形にも気をつけなければいけません。十字のマークは、丸や四角形に比べて色の塗り面積が少ないので、赤色の効果もほかの色に比べて減退しやすくなっています。色の塗り面積については、良い例で形状を使うときにも考えなければならないポイントです。
同時に使う形状のリストは、表現したい内容そのものの形を表現しながらも、できるだけシンプルで、大きさが可能な限り均等で、正方形か円の中に収まり中心点がブレにくい形状で、塗り面積が均等になっているものをセットにしておくのが理想です。
分類的な名義で色相や形状を使う場合、視覚属性が表現する対象の意味を表さず記号的に使う場合には、読み手の識別を助ける表現になっているかどうか、説明が十分かどうかよく考えて使用しましょう。

無意味な色分けに気をつける

M　ここまでのさまざまな検証を通して、色という視覚属性が人の認識を大きく左右する例を見てきました。
色はとても強力な視覚属性なので、効果的に使えば人の理解度をぐっと向上させることができます。しかし一方で、せっかくの効果を半減したり無駄にしてしまう使い方もあります。
まずは、以下の例を見てください。

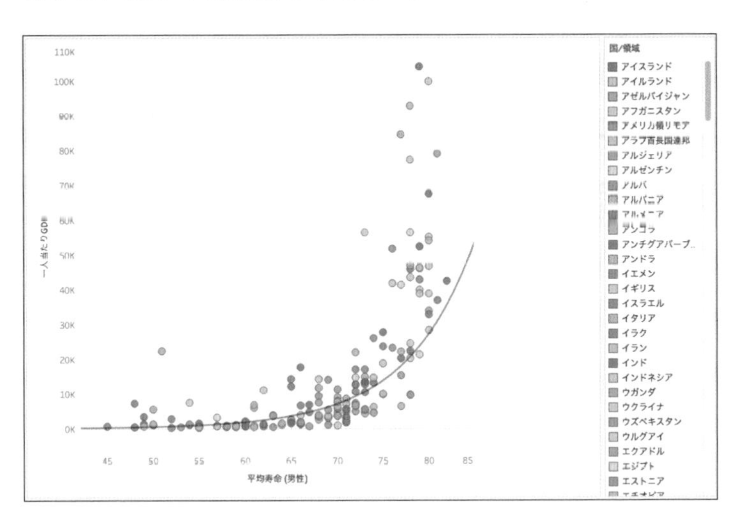

■各色で国を示したグラフ

M　これは、Tableauのサンプルデータに入っている世界指標のデータを使って、2012年の男性の平均寿命と1人当たりGDPの相関を国ごとに見たものです。各色が国を表しています。この図から読み取れたことについて教えてください。

A　平均寿命が上がるにつれて、1人当たりGDPも高くなっていく、でしょうか？

M そのとおりです。では、どんな国がGDPが高いといえるか、特性はわかりますか？

A 円の位置を見ると、平均寿命が70を超えたあたりから1人当たりGDPが高まることはわかります、ですが、それがどの国かは読み取れないですね。

M 色相はあんなに強いインパクトをもたらす視覚属性だったはずなのに、君はこの図から読み取ったのは「位置だけだ」と言いましたね。
質問を変えましょう。青色がどの国だかわかりますか？

A 青色はアイスランド……。いや、この図の中に同じ青色は何個かありませんか？　あ、インドもまったく同じ色になっていますね。

M そうです。色数が足りないので、同じ色を別の国に再利用せざるを得なくなっています。おまけに、色の凡例自体は、長いスクロールを経ないとすべて確認できない状態になっています。
私はこれを見て、青色はアイスランドとインドのほかにもいくつかあるのではないかと疑います。色を識別するために時間がかかりすぎるので、もはや色から何かを読み解くのを放棄し、見ないフリをして、理解できるものだけを思考が抽出します。
君の言ったとおり、この図から意味を見出せるのは円の位置だけです。見ないフリというのは、脳に余計な負荷がかかっています。色はもはや無用の長物どころか、邪魔者になっているのです。
もし円の位置だけに意味があるなら、色は無くても十分なはずです。

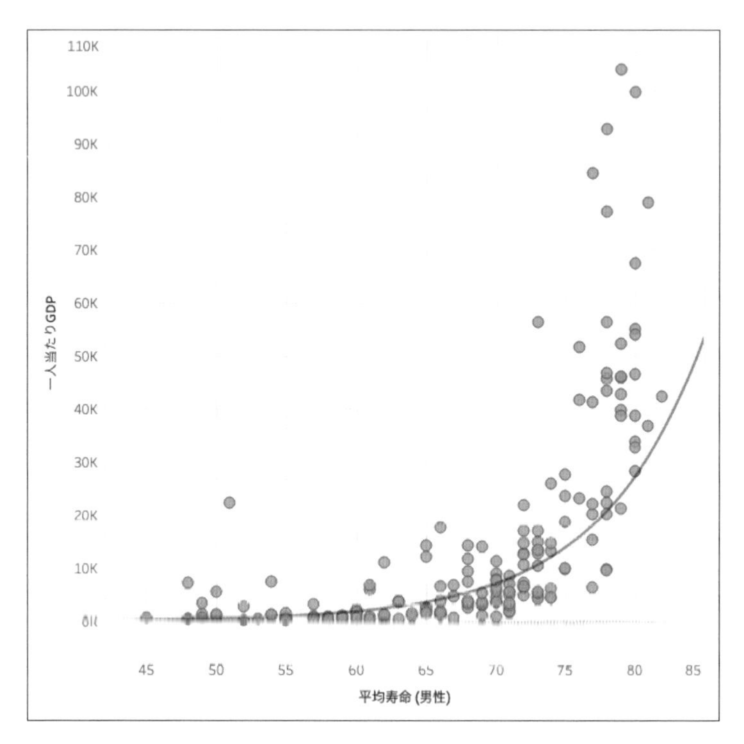

■色をなくしたグラフ

A 確かに、私が読み取ったことはこの図でも読み取れますね。色の凡例もなくなって、傾向に集中できるようになった気がします。

M 先ほど形状と色相のかけ算でパターンが増えると識別が難しくなる例を見ました。色数単体でも同様に、種類が多すぎると識別は困難になります。もし、色ごとのパターンを読み取れないならば、色など落としてしまったほうが良いのです。では、せっかくの色をもっと有効に使う手段はないのでしょうか。こんな例はどうでしょうか。国をアジアやヨーロッパなどの地域で色を塗ります。

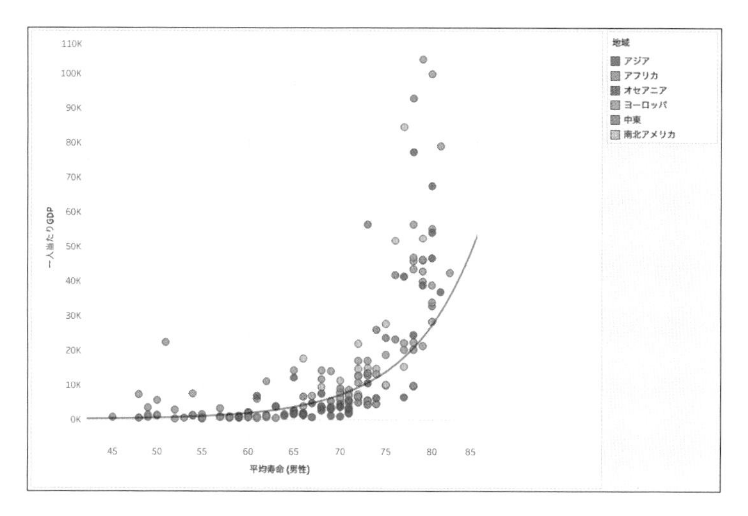

■ 地域ごとに色分けしたグラフ

A　左下にオレンジ色（アフリカ）の国が集中していますね。平均寿命が若く、1人当たりGDPも他国より低い国が集まる地域のようです。

M　同じ円に色を付けただけですが、色数を6色まで減らすことで、それぞれの地域ごとに単に位置だけでなく、空間グループも活用できるようになりました。
多くのアフリカの国では平均寿命が65歳以下の人が多く、GDPも低い状態です。アジアの国は、そこから少し平均寿命が高くなり、GDPが上がってきているところも増えています。ヨーロッパは70歳手前から80歳でGDPが高い国と低い国でばらつきがあります。このように、それぞれの地域的な傾向を読み解けます。同じ円に付ける色でも、読み解ける内容をまったく異なるものに仕上げられました。
視覚属性は強力です。だからこそ、有効な示唆を与える使い方をしなければなりません。意味が読み取れない視覚属性は使わないように、常に肝に銘じておく必要があります。

色を有効に使う

M　では、次の例を見てみましょう。この２つの例は、色に意味があると言えますか？

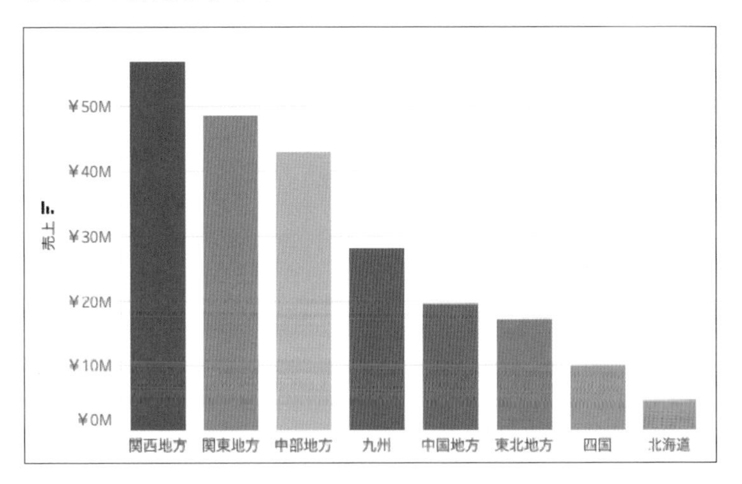

■ 各地方の売上グラフ１（地域を色相で分けた）

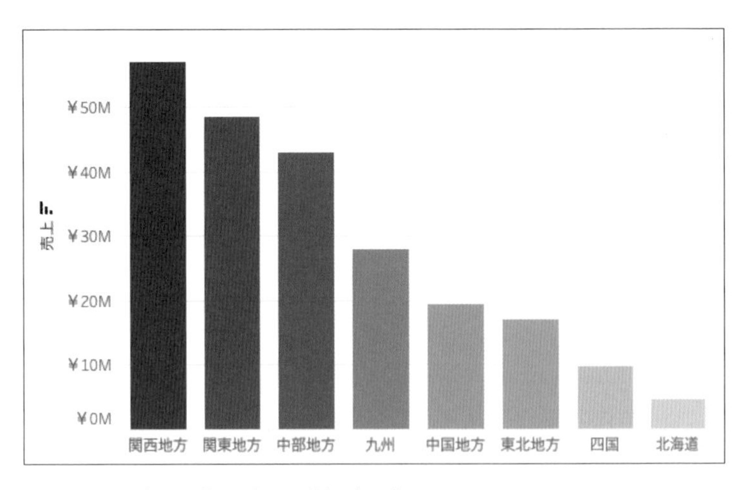

■ 各地方の売上グラフ２（売上の大きさを彩度で表した）

A 1つ目は地域を色相で分けていて、2つ目は売上の大きさを彩度で表現していますよね？ 特に意味がわかりづらい部分はないと思います。

M 地域は位置ですでに分けられ、売上はすでに位置と長さで表現されています。したがって、この図と読み取れる内容に相違ありますか？

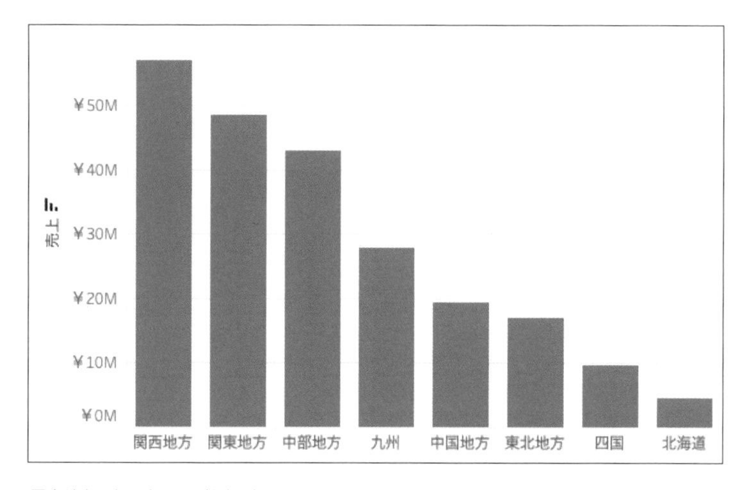

■ 各地方の売上グラフ3（色無し）

A そう言われると、この図以上のことが色付きの図から読み取れるわけではありませんね。

M だとすると、強い力を持つ色をそこで使い切ってしまうのはもったいないです。1つ前の例で見たように、色は強力ですが、色数が多いと途端に見づらくなります。色を使わなくても表現できるものに色をつけてしまっては、肝心なポイントで色が使えなくなり困ります。本当にここで色を付けるべきかどうか、よく考えて設定していくべきです。
もし、地域や売上で色を無駄に浪費しなければ、利益を色に使用してこのように表現することもできますね。

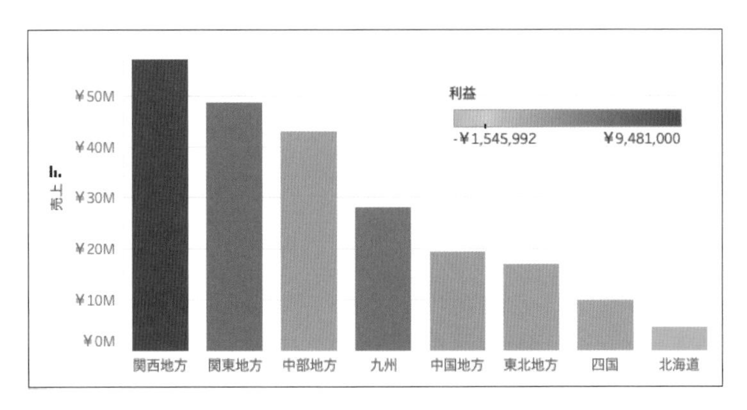

■色で利益を表現した

M　関西は売上も利益もトップです。そのうえで、売上が3位の中部よりも4位の九州のほうが利益は優っているといった情報を付加できました。このように、せっかく視覚属性を入れるなら、それぞれがきちんと自身の役割を果たせるように設定してあげることが肝要です。

なお、最初に見た地域ごとに棒グラフの色を塗る手法は、必ずしも悪いわけではありません。以下のようなケースでは有効に作用します。

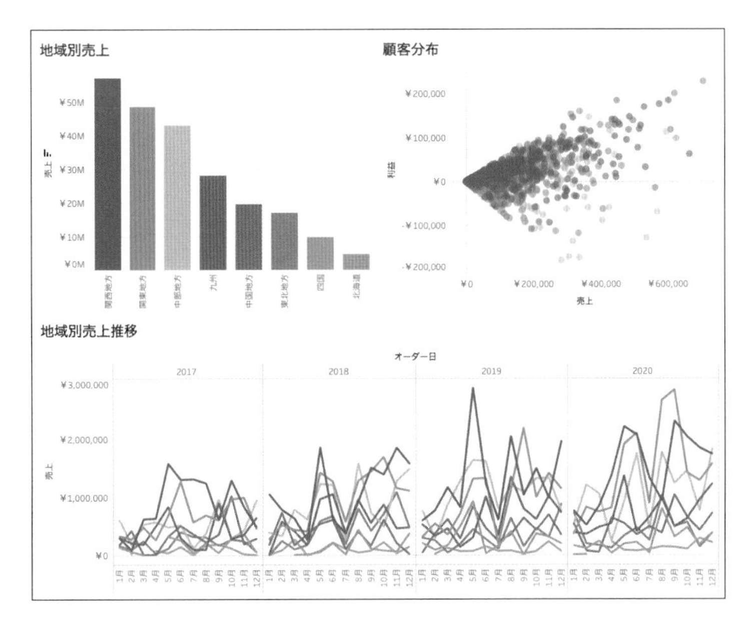

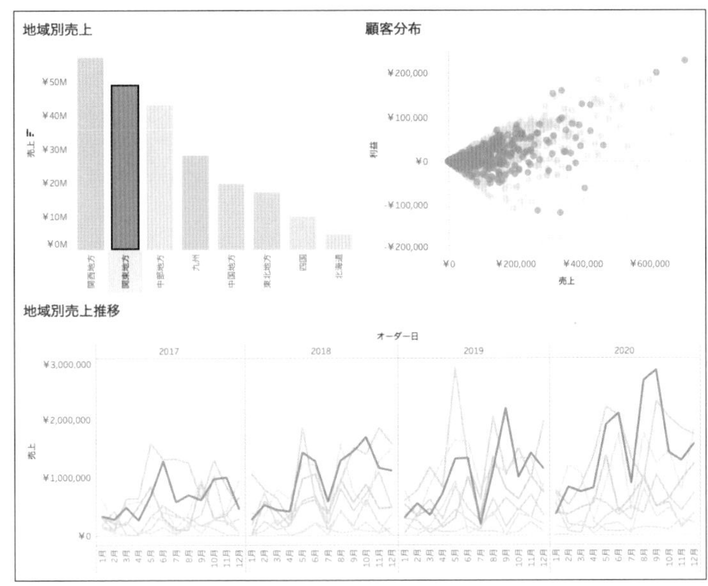

M　棒グラフのヘッダーで色がどの地域であるか識別できるよう

になるため、周囲にあるほかのチャートの色をそろえれば、色の意味を説明する役割を持たせられます。これによって、凡例のスペースを削減し、棒グラフに凡例とコントローラー的な役割を持たせることもできます。

背景色とビジュアルの相性を考える

M 配置するものに何色を付けるかという話を続けてきましたが、じつはものをおく場所、つまり背景色も、色という観点では大変重要です。以下の円は同じ色だと思いますか？　違う色だと思いますか？

■背景色がそろっていない絵

A 微妙な違いに見えますが、左側の円のほうが暗い色でしょうか？

M じつは、ここにある薄いグレーの円はすべて同じ色です。

A え！　右側の円などは光っているようにすら見えます、

M それは当然の反応です。色は強力ですが、一方で相対的に認識されるものでもあります。「隣にある色より濃いか薄いか」「青みを帯びているか赤みを帯びているか」という認識です。

そのため、隣にある色は重要です。
「隣にある」と言うと、隣にある別の色のマークを想像することが多いですが、じつは本当に隣にあるのは背景色です。背景色との対比が強ければ強いほど、ビジュアルは目立って見えます。たとえば、淡い色のパステルカラーを使うとき、白背景ならうっすらとして柔らかな印象になりますが、黒背景に配置すれば対比が大きすぎて光っているように見え、強めの印象になるでしょう。白背景ではそれほど意識をする必要がありませんが、色付きの背景色を使う場合は、色同士の相性も見なければなりません。原色の青い背景に赤い文字を載せると、かなり強烈な配色になってしまいます。

ビジュアルの背景色をそろえる

M さらに重要なことは、背景色をそろえることです。例の絵のように、同じはずの色が、異なる背景色の元では異なる色に見えます。したがって、同じ色で同じ意味を持って設定したはずなのに、別物として認識されてしまうのです。
そのため、1 枚のレポートの中に複数のチャートを用意したとしても、一つひとつを区切るために背景色を変更することは、通常やめておいたほうが無難です。

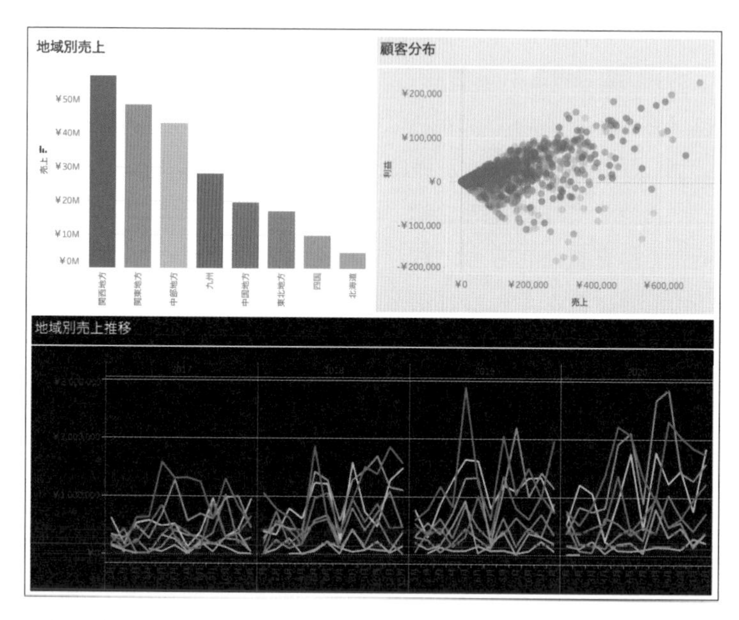

■ 背景色で区切ってしまった例

M　この例では、白地に載っている棒グラフの地域の色より、時系列を表す黒字の先グラフの色が淡い色に見えてしまっています。もちろん、実際には同じ色を設定しています。せっかく意味を持たせてそろえた色が、背景色が異なることによって別物に見えてしまっていますね。
さすがにこのように極端な例はないかもしれません。背景色が統一できないもうひとつの例を見てみましょう。

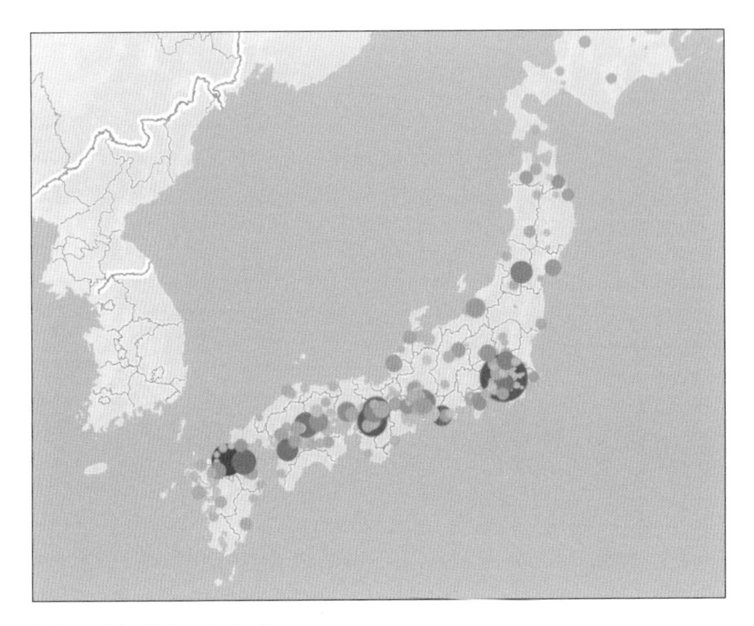

■地図の背景色がそろっていない例

M チャートの背景に図を用いる場合です。よくある例としては、地図を背景にすることが多いでしょう。地図は陸の部分と海の部分、土地被覆をどれだけ精緻に表現するかなどで、背景色が統一できない可能性が高いです。
地図で重要なことは、あくまでデータポイントの位置に意味を持たせるコンテキストとして、土地の情報を利用することです。地図自体を不必要に豊かな表現にすることは、あまり推奨されません。
とはいえ、陸と海の境界線などでどうしても差は出てきてしまいます。そんな時には、以下のように少し工夫をするだけで見やすくできます。

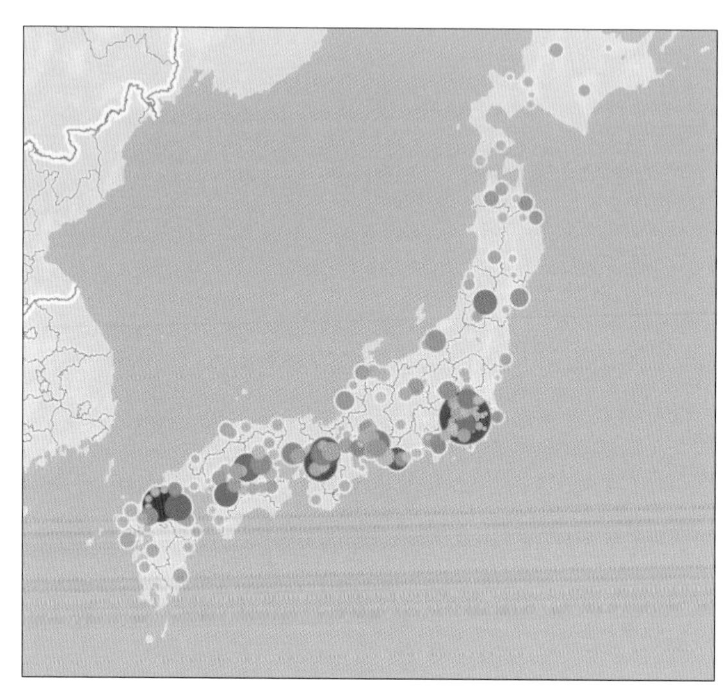

■地図の背景色から円を見やすくした

A　どこが変わったのかわかりませんが、先ほどより円が少し浮き上がって見えているような気がします。

M　わかりやすくするために、変更点を黒で表現してみましょう。

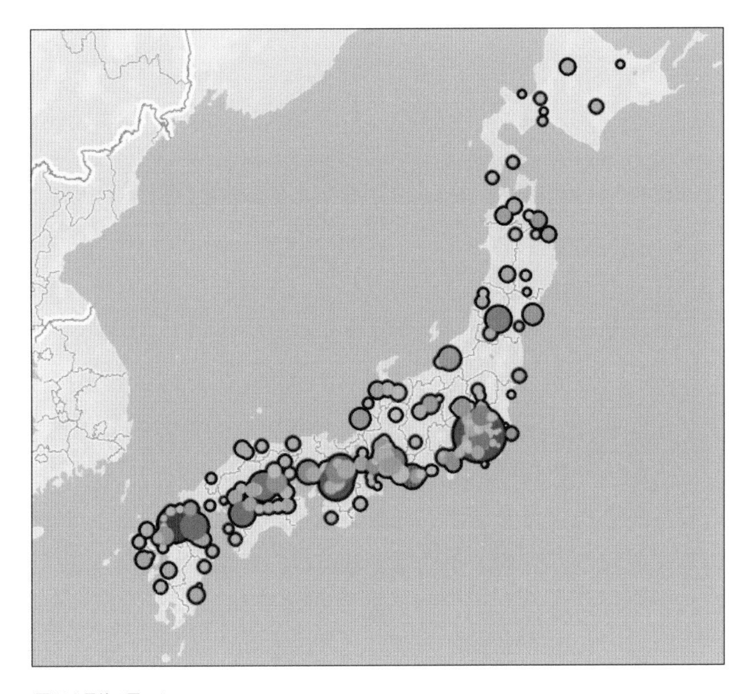

■円を黒線で囲った

A　囲い、枠線ですか？

M　囲いですが、枠線とは少し違います。枠線は、円を一つひとつ区切って囲うものです。ここでは、ハロー（後光）のようなものとして囲いを付けました。くっついているデータポイントをひとかたまりとして、その後ろに枠を入れているような形です。円の後ろから光を当てて、後光のように見せていますね。

データポイントのかたまりを包む囲いでもあると同時に、線より少し太くすることで、ほんの少しだけこの周辺だけ背景色を同一にする効果を持っています。

黒いハローにしてしまうと枠として区切る印象が強くなりま

すが、最初に見た例にように、背景色から大きく浮かない程度に色相の要素を落とした色（今回は白）を入れることで、柔らかく区切りながら、背景色をならす効果を得られます。

色覚多様性に配慮する

M　色についてのポイントをさまざまな視点で見てきましたが、色覚多様性についても考えていきましょう。

A　色覚多様性、初めて聞きました。

M　自分が見ているとおりに相手が色を見ているとは、必ずしも限らないということです。世界では女性の1%、男性の10%の人が色弱であるという統計が出ています。
色弱にはさまざまな種類があり、これらの多様性を持つ人がみなさん同じように見えるわけでもありません。よく知られているのは「赤と緑の識別がしづらい」タイプの色弱です。
赤と緑といえば、多くの人が「KPIで達成を緑」「未達や危険な状況を赤」で表示したりしていませんか？

A　我が社のレポートでは、ほぼすべてのKPIがその色で設定されていますね。

カテゴリ	出荷モード	2017	2018	2019	2020
家具	即日配送	11%	12%	20%	14%
	ファースト クラス	10%	13%	13%	5%
	セカンド クラス	12%	8%	20%	14%
	通常配送	13%	13%	14%	8%
家電	即日配送	33%	-1%	10%	12%
	ファースト クラス	13%	13%	3%	9%
	セカンド クラス	14%	11%	12%	14%
	通常配送	14%	10%	8%	14%
事務用品	即日配送	19%	18%	17%	9%
	ファースト クラス	17%	14%	7%	16%
	セカンド クラス	16%	11%	15%	14%
	通常配送	15%	13%	11%	11%

■緑と赤で表示されたレポート

M　ごく一般的に使われている赤と緑のレポートが、色弱の人には以下のように見えている可能性があります。

カテゴリ	出荷モード	2017	2018	2019	2020
家具	即日配送	11%	12%	20%	14%
	ファースト クラス	10%	13%	13%	5%
	セカンド クラス	12%	8%	20%	14%
	通常配送	13%	13%	14%	8%
家電	即日配送	33%	-1%	10%	12%
	ファースト クラス	13%	13%	3%	9%
	セカンド クラス	14%	11%	12%	14%
	通常配送	14%	10%	8%	14%
事務用品	即日配送	19%	18%	17%	9%
	ファースト クラス	17%	14%	7%	16%
	セカンド クラス	16%	11%	15%	14%
	通常配送	15%	13%	11%	11%

■色弱の人に見えている例

A　同じ系統の色になってしまっています！

M　10人に1人がこのように見えているのだとすると、この色の付け方は、あまり有効であるとは言えませんね。
違う色相の色であることを伝えるには、オレンジと青の対比を使うと良いでしょう。比較的さまざまなタイプの色弱の人にも見分けがつきやすい選択です。

カテゴリ	出荷モード	2017	2018	2019	2020
家具	即日配送	11%	12%	20%	14%
	ファースト クラス	10%	13%	13%	5%
	セカンド クラス	12%	8%	20%	14%
	通常配送	13%	13%	14%	8%
家電	即日配送	33%	-1%	10%	12%
	ファースト クラス	13%	13%	3%	9%
	セカンド クラス	14%	11%	12%	14%
	通常配送	14%	10%	8%	14%
事務用品	即日配送	19%	18%	17%	9%
	ファースト クラス	17%	14%	7%	16%
	セカンド クラス	16%	11%	15%	14%
	通常配送	15%	13%	11%	11%

■青とオレンジで表示されたレポート

カテゴリ	出荷モード	2017	2018	2019	2020
家具	即日配送	11%	12%	20%	14%
	ファースト クラス	10%	13%	13%	5%
	セカンド クラス	12%	8%	20%	14%
	通常配送	13%	13%	14%	8%
家電	即日配送	33%	-1%	10%	12%
	ファースト クラス	13%	13%	3%	9%
	セカンド クラス	14%	11%	12%	14%
	通常配送	14%	10%	8%	14%
事務用品	即日配送	19%	18%	17%	9%
	ファースト クラス	17%	14%	7%	16%
	セカンド クラス	16%	11%	15%	14%
	通常配送	15%	13%	11%	11%

■色弱の人に見えている例

M　このように、強力な色であるからこそ、自分とは違う見え方をしている人にも同じインパクトを与えられるものかどうか、時には振り返ってみることも大切です。特に、赤と緑の問題に関しては、10人に1人には影響があるということを念頭においておきましょう。
もちろん、赤も緑も主要な色なので、まったく使わないというのは難しいですが、せめてこの2色ができるだけ隣り合わせにならない工夫をするだけでも、ずいぶん識別しやすくなるはずです。

場所は必ずしも地図でなくていい

M　感覚記憶を動作させる視覚属性を利用したさまざまな例を見てきました。基本的には、できるだけ説明なしに、その視覚属性の持つ特性から表したいものを解釈できるような表現方法を選択することが重要でした。
ビジュアライゼーションから実際の世界を想像するのが最もかんたんな例は、地図の表現です。地図は場所を表現するのに適した表現方法です。地図の上に直接にビジュアルを載せることで、周辺が海に面しているのか、内陸なのか、隣り合っている場所はどこなのか、集中しているのか閑散としているのかなどを瞬時に把握できます。
では、「場所の属性であれば必ず地図を使うべきなのか」について考えてみます。都道府県ごとの利益の大きさを地図に載せて表現してみました。

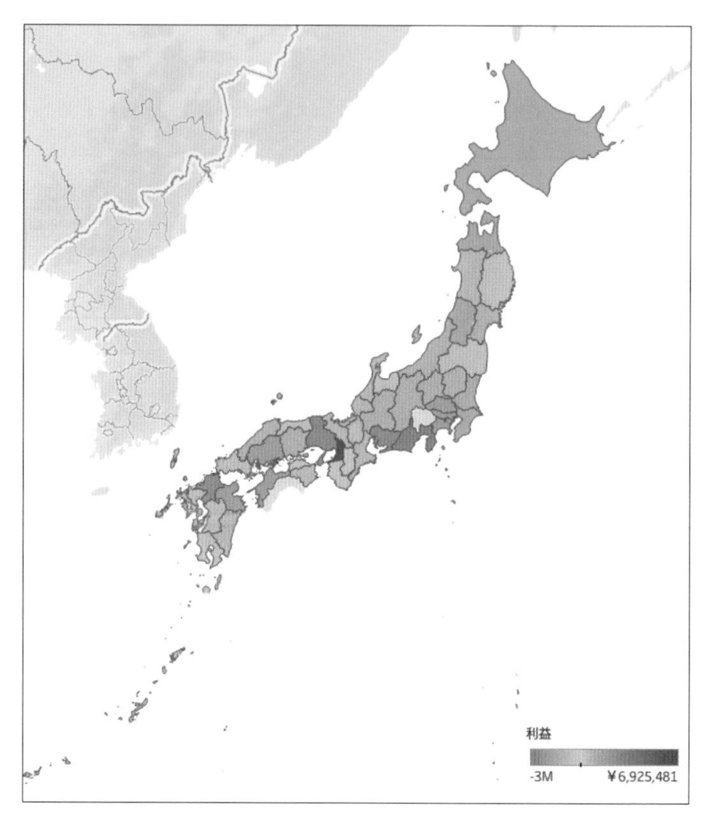

■ 都道府県ごとの利益（地図）

M　さて、利益が第2位の都道府県はどこでしょうか？

A　第1位はわかりましたが、第2位は兵庫か愛知でしょうか。

M　ではこの図ではどうでしょうか？

■ 都道府県ごとの利益（棒グラフ）

A　兵庫ですね。

M　このように、場所の情報を表示したいからといって、必ずしも地図が適切なわけではありません。問いたい内容、示したい内容によって、表現を変えていくべきです。
一方で、最初の地図では理解できるが、棒グラフでは読み取れないこともあります。それは「赤字の都道府県は日本海側にはほぼなく、おもに太平洋側に面している」ということです。
地図表現は、面している場所や位置関係を見ることがとても得意です。表現方法を選択する時、それぞれにぴったりな状況を表すトリガーワード（「面している」など）を覚えておくと、選ぶ時のヒントになります。

比較で伝えたいことを強化する

M　数字は正確だと言われますが、時にその正確な数字が意味を伴って理解できないことがあります。たとえば、君はスカイダイビングをしたことはありますか？

A　残念ながらありません。

M　「128,000ft（39,015m）の高さからのスカイダイビング」と聞いてどう思いますか？

A　とんでもない高さであろうという気はしますが、ピンときませんね。

M　これは、2012年10月にスカイダイブしたフェリックス・バウムガートナーさんの記録で、当時の世界最高記録です。2年後に記録は塗り替えられていますが、いずれにせよ、この「128,100ft」というのがいったいどういう高さなのか、その精緻な数字を聞いても、まったくイメージが湧きませんよね。そこで、これを見てください。

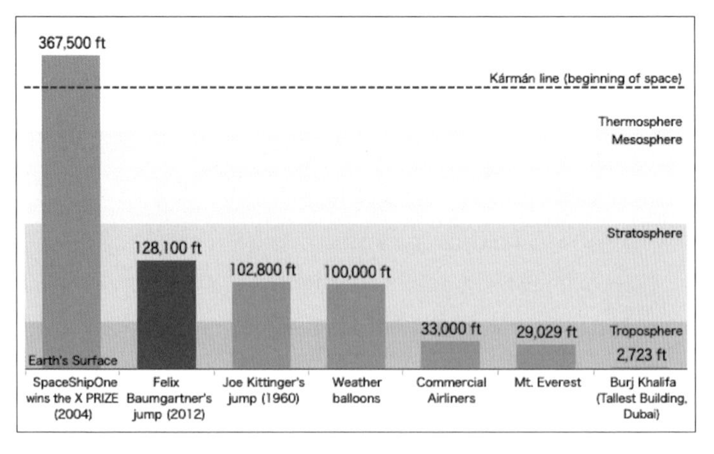

■ スカイダイビング記録の高さの比較

- **Fearless Felix**(Tableau Public): https://public.tableau.com/profile/ben.jones#!/vizhome/FearlessFelix/FearlessFelix

M フェリックスさんの挑戦がいかに勇猛果敢なものであったかを伝える、ベン・ジョーンズさんのデータビジュアライゼーションです。これを見ると、128,100ftがどんな高さなのか、少し想像できるでしょう。
フェリックスさんは、以前の記録を2万ft以上更新し、世界で最も高い山どころか、私たちが乗る旅客航空機の高さの4倍の高さから乗り物にも乗らず、身ひとつで飛び降りました。普通の人間であれば対流圏(Troposphere)の外を出ることはほぼないと思いますが、中間圏に近い成層圏の上部から、飛び降りたのです。気持ち的にはもうほぼ宇宙から地球に向かって飛び降りたようなものだったのではないでしょうか。この挑戦がいかに果敢な挑戦であったのか、そのストーリーが伝わってきます。

A 私は絶対にやりたくありませんが、ものすごい挑戦だということはわかりました。

M このように、伝えたいことのためには、自分の伝えたいことを記録したデータだけ持ってきてもわかってもらえないことがあります。そうした時には、相手が理解しやすい題材を比較対象として持ち込み、相手のコンテキストに寄り添って、きちんと理解してもらうストーリーを構成することも大切です。

2-5 ビジュアルの構成をまとめあげる

Master　視覚属性を駆使してどうビジュアルを構成していくか、さまざまなヒントを出しました。続いてはこれらをどう構成してまとめ上げていくか、大きな方針となる考え方を押さえておきましょう。

ビジュアル（絵）を見た時にどういうことを考えるか、あらためて整理します。

ある風景のすばらしさについて伝えたいとき、言葉を尽くすよりも写真を１枚見せたほうが早く正確に伝わりやすいと言いました。しかし、一方でその景色を見て私がどういう気持ちになったかは情報として含まれていません。その代わり、相手がその風景を見て感じた想いや意見が生まれるでしょう。

私がもし風景のすばらしさと共に自分の意見を伝えたいときは、写真をセピア調にして昔懐かしい雰囲気を出しつつ、その風景が自分の故郷に似ていて、懐かしい気持ちになったことを共に伝えます。こうすることで、「この景色はノスタルジックである」という私の意見を前提に、相手の思考が始まります。

「探索型」か「説明型」かビジュアルのタイプを見極める

M　データビジュアライゼーションでも、中立的な立場で構成するのか、事実に加えて意見を載せて構成するのかで、読み手側のアクションは大きく変わってきます。

ビジュアル分析で見せるダッシュボードは、以下の２つに分けられます。

- **探索型**：現状を伝えて相手に考えさせるダッシュボード
- **説明型**：現状を伝えるビジュアルに自分の意見を載せて伝えるダッシュボード

ビジュアル分析では、まずどちらのタイプのダッシュボードを作るのか明確にする必要があります。

Apprentice　DAY1で見たようなストーリーテリングを用いて何かを伝えるということは、すべて説明型ダッシュボードになるのでしょうか？

M　データストーリーテリングは、あくまで人がスムーズに理解、つまり記憶するための手法です。ダッシュボードを探索型／説明型で構成するのかという視点とは別です。中立的なものを提示するにせよ、自分の意見を明確にするにせよ、ストーリーテリングの手法（4W、起承転結など）で話を構成すること自体は、理解度を高めるために重要です。
探索型ダッシュボードと説明型ダッシュボードの例を見ながら考えていきましょう。まずは、探索型ダッシュボードの例です。

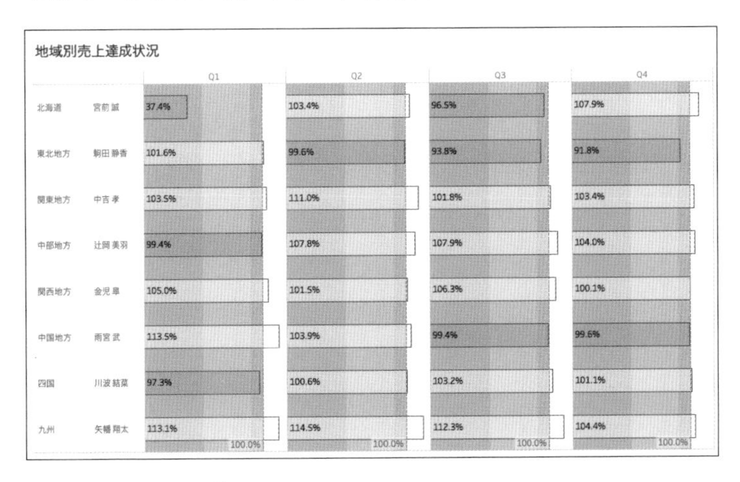

■探索型ダッシュボードの例

M　これは、各地域のマネージャーが四半期ごとに設定されている売上目標を達成しているかどうか確認するためのダッシュボードです。

A　よくあるテーマのダッシュボードですね。

M　はい。だれがいつ達成しているかいないのか、それをシンプルに確認できます。こういったダッシュボードは、オーディエンスによって反応が変わります。たとえば以下のようになるでしょう。

- **経営層：**全体を俯瞰して、達成できていないところがあれば地域マネージャーに連絡を取る
- **各地域マネージャー：**まずは自分の地域の状況を確認し、達成できているかどうか確認する。その後、他地域マネージャーの実績を見て、闘志を燃やしたりする
- **マネージャー配下の現場のメンバー：**他地域に日を向けることは少なく、自地域を確認するに止まる。自分の担当範囲についての説明準備を始める

このように、ダッシュボードそのものに伝えたい意見がなく、見た人が自分の視点で探索できます。
ちなみに、探索型で中立的な視点に立っていても、「いつ（四半期）、どこで（地域）、だれが（地域マネージャー）、何を達成したのか」というストーリーテリングは成立していることがわかるでしょう。
それでは、次に説明型の例を見てみましょう。

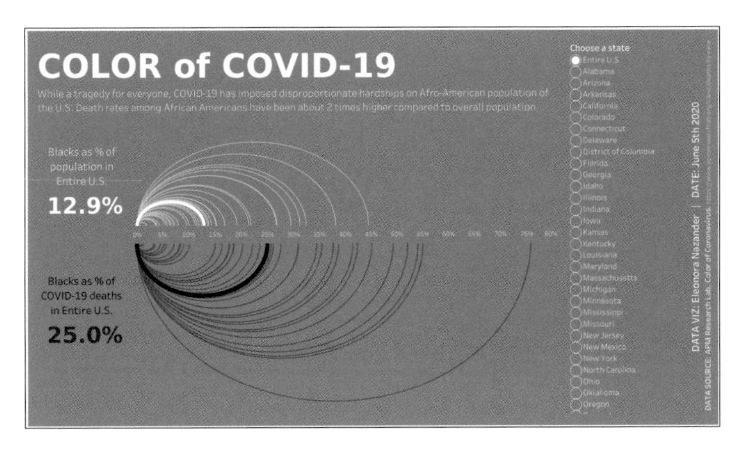

■説明型ダッシュボードの例

- **The Color of COVID-19（Tableau Public）**：https://public.tableau.com/en-us/gallery/color-covid-19?tab=viz-of-the-day&type=viz-of-the-day

M　これは、Eleonora Nazanderさんが作成したデータビジュアライゼーションです。アメリカ国内における新型コロナウイルスで亡くなった方のうち、アフリカ系アメリカ人の割合が、アメリカ全体の人口の割合と比べて約2倍高かったという結果を視覚化しています。
これを見て、君はどう感じましたか？

A　人種によって死亡率が高くなっているという不平等性について、憤りを感じているような、問題提起をしているような印象を受けました。

M　そうですね。このビジュアライゼーションを見て、単なる統計結果の提示だと思う人はいないでしょう。「色」という言葉を使い、アメリカに住む黒人の方々がそれ以外の人たちよりさらに大きな被害を被っているという問題提起、政治や世の中に対しての問いかけをおこなっているデータビジュアライゼーションですね。
このように、説明型ダッシュボードは、データに基づいた事実から自身が提示したい意見や方向性まで明確に表現するものです。

A　このような表現を会社の仕事でするとは思えません。説明型ダッシュボードは、パブリックに公開するインフォグラフィックで使われるものに留まるでしょうか？　私が世の中に対してデータを使って問題提起するような瞬間は、訪れないような気がしてます。

M　会社の現場でも説明型ダッシュボードの手法は効果的に使えます。以下の例を見てください。

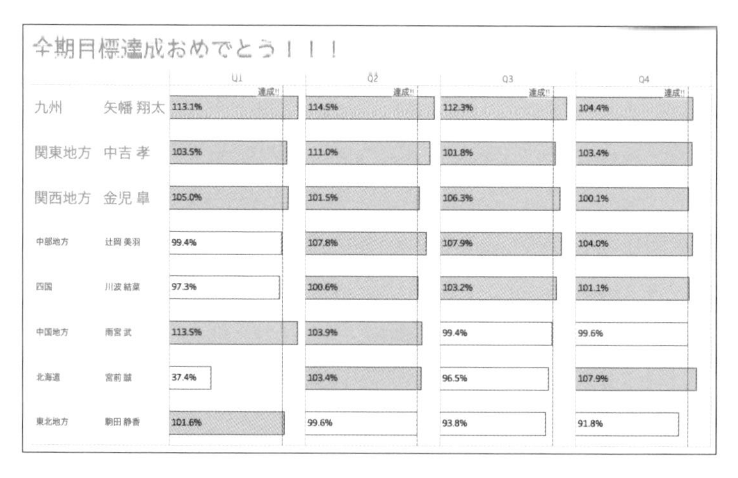

■売上目標の達成具合を説明型にした

M　最初の探索型ダッシュボードと表示している値はまったく同じですが、どう思いますか？

A　四半期を通じて目標を達成した人を褒めるような感じですね。

M　そのとおりです。これを見た人は矢幡さんと中吉さんと金児さんの健闘を称えることになるでしょう。単なる数値の統計ではなく、ここには「頑張った人を称える」という明確な意見が込められています。このように、業務利用のダッシュボードでも説明型ダッシュボードの特徴をうまく活用することができるのです。
実際の現場でこのようなダッシュボードを構築する頻度は少ないかもしれません。しかし、年に一度くらいはこのようなダッシュボードがやってきても良いでしょう。
気をつけるべきポイントは、どういった用途で使うものなのかきちんと考えて作ることです。そうでないと、目的に合わない形で使われてしまいます。
たとえば、このダッシュボードが1年の終わりに全社員宛に届いたら、みんなで健闘を称えあえるでしょう。しかし、まったく同じ数字が出ているからといって、このダッシュボードを毎日見る用途で使って欲しいと言われたら、まだ未達の人はこのダッシュボードを見たくなくなるでしょう。日常的に、自分の進捗確認のために見るようなダッシュボードに、他人の意見がのっていてはいけません。
このように、ダッシュボードが、「誰がどんな時に見るものなのか」をしっかり考え、それに合わせて探索型か説明型か選んで構成することが大切です。

タイトルと色のポイント

M　では、探索型と説明型それぞれのダッシュボードを構成するタイトルと色のポイントを押さえておきましょう。

■タイトルと色のポイント

ビジュアル要素	探索型	説明型
タイトル	表示しているデータの意味を端的に表現する	伝えたい意見を明確に記載する
色	同時に表示されているものが同じ強さで見える色相をあてる。（たとえば、家具に赤、家電を白などにすると家電が弱く見えてしまうのでNG。青とオレンジなど同じ強さの色相にする。また、色相を変えたとしてもどちらかが極端に彩度が薄いなどの色にしない）	目立たせたいカテゴリにのみ色相を割り当てて強調したい箇所を明確にする

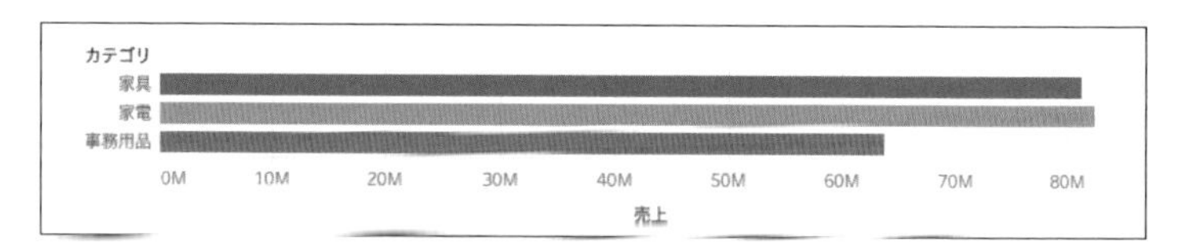

■ 探索型の色設定：良い例（均等な色相）

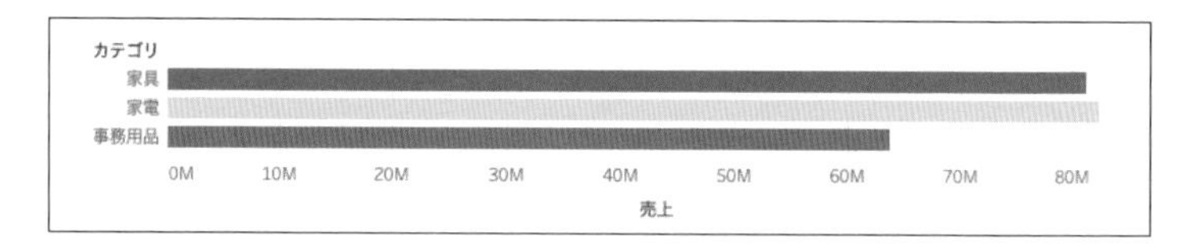

■ 探索型の色設定：悪い例（家電だけ極端に彩度が薄く、重要度が低いと勘違いされる）

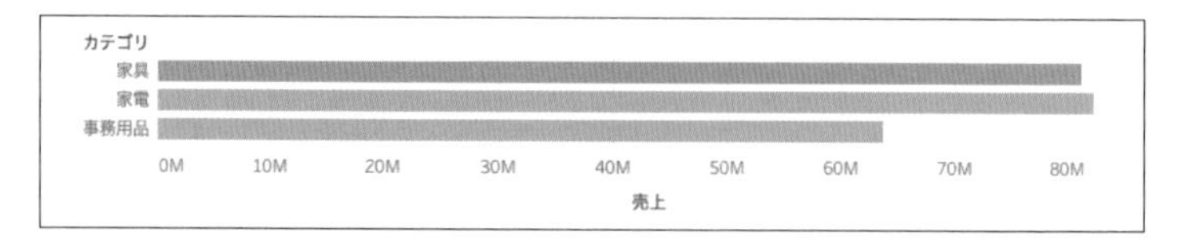

■ 説明型の色設定（家具に注目する場合）：良い例（家具に注目させるため、その他の色の色相を落とす）

M　探索型では、相手が探索できるような余地を少し残しておくことがポイントです。探索型ダッシュボードのほうがフィルターが多くなる傾向にあり、操作ができる箇所が多いです。

説明型では、伝えたい意見に関係ない要素を判断できる最低限のレベルまで削ります。意見を述べるのに必要なデータのみを表示することになります。
先ほどの例の年間達成を祝う説明型ダッシュボードでは、達成しているかしていないかが重要でした。そのため、50%、75% 達成などを表していた背景色を消しています。

相手の「ほしいもの」ではなく「したいこと」をベースにする

M DAY2 では視覚属性を通して人の感覚記憶を有効に作用させ、短期記憶を有意義な考察に使うためのビジュアル表現方法や考え方を学んできました。さまざまな例を見てきましたが、ひと言でまとめるなら「考えなくてもわかる自然なデザインを目指す」ことです。
見てわかるものは読まなくてもわかります。私たちが持つ記憶の力を十分に発揮し、読まなくていいものを読ませず（見てわかるようにする）、覚えなくていいものを覚えさせないことによって脳の力を思索に振り向ける、これが重要です。
残念ながら、このような基本的な視覚の反応については、多くの人が学んでいないのが現状です。したがって、さまざまな視点を学んだ君が、これからダッシュボードを作ろうという時には、相手に「何がほしい？」と聞いてはいけません。

A 使ってもらう人に聞かないで勝手に作ってしまっては、相手にニーズに応えられず、使ってもらえないダッシュボードにならないでしょうか？

M 相手のニーズに合わせないのではなく、「何がほしい？」と聞いてはいけないのです。
たとえば、極端な例ですが、明治時代から現代にタイムスリップした人がいたとしましょう。困っている様子だったので、「何がほしい？」と聞いてみたところ、「馬車が欲しい」と答えました。現代で馬車を用意するのは非常に困難ですね。その馬車を使って「何をしたい」のか尋ねると、「東京から横浜までの間を急いで移動しなければならない」とのことでした。その目的であれば、新幹線のほうがはるかに高速に目的を達成できます。
「何がほしい？」と尋ねた時、返ってくる答えは、相手が知っている知識の範囲から出てきます。新幹線を見たことがない明治時代の人が、新幹線と答えられるはずがありません。しかし、相手の知らない範囲で、より効率的に目的を達成できる手段があるのです。
今日学んだようなビジュアル表現の意義を知らない人がイメージするデータのレポートは、きっとこういうものでしょう。

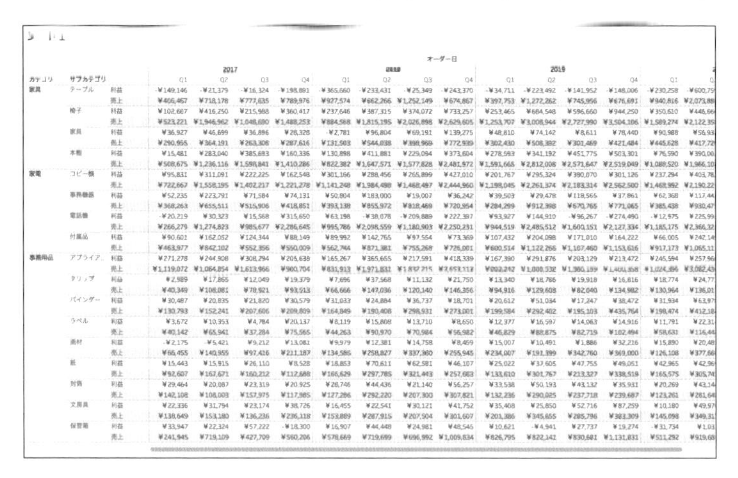

			オーダー日													
			2017				2018				2019					
カテゴリ	サブカテゴリ		Q1	Q2	Q3	Q4	Q1	Q2	Q3	Q4	Q1	Q2	Q3	Q4	Q1	Q
家具	テーブル	利益	-¥149,146	-¥21,379	-¥16,324	-¥198,891	-¥365,660	-¥233,431	-¥25,349	-¥243,370	-¥34,711	-¥223,492	-¥141,952	-¥148,006	-¥230,258	-¥600,79
		売上	¥406,467	¥718,178	¥777,635	¥789,976	¥927,574	¥662,266	¥1,252,149	¥674,867	¥397,753	¥1,272,262	¥745,956	¥676,691	¥940,816	¥2,073,88
	椅子	利益	¥102,607	¥416,250	¥215,988	¥360,417	¥237,646	¥387,315	¥374,072	¥733,257	¥253,465	¥684,548	¥596,660	¥944,250	¥350,610	¥446,66
		売上	¥523,221	¥1,946,962	¥1,048,690	¥1,488,253	¥884,568	¥1,815,195	¥2,026,898	¥2,629,605	¥1,253,707	¥3,008,944	¥2,727,990	¥3,504,106	¥1,589,274	¥2,122,35
	家具	利益	¥36,927	¥46,699	¥36,896	¥28,328	-¥2,781	¥96,804	¥69,191	¥139,275	¥48,810	¥74,142	¥8,611	¥78,440	¥90,988	¥56,93
		売上	¥290,955	¥364,191	¥263,308	¥287,616	¥131,503	¥544,038	¥398,969	¥772,939	¥302,430	¥508,392	¥301,469	¥421,484	¥445,628	¥417,72
	本棚	利益	¥15,481	¥283,040	¥385,693	¥160,336	¥130,898	¥411,881	¥229,094	¥373,604	¥278,593	¥341,192	¥451,775	¥503,301	¥76,590	¥390,00
		売上	¥508,675	¥1,236,116	¥1,598,841	¥1,410,286	¥822,382	¥1,647,571	¥1,577,828	¥2,481,972	¥1,591,665	¥2,812,008	¥2,571,647	¥2,519,049	¥1,088,520	¥1,966,10
家電	コピー機	利益	¥95,831	¥311,091	¥222,225	¥162,548	¥301,166	¥288,456	¥265,899	¥427,010	¥201,767	¥295,324	¥390,070	¥301,126	¥237,294	¥403,78
		売上	¥722,667	¥1,558,195	¥1,402,217	¥1,221,278	¥1,141,248	¥1,984,498	¥1,468,487	¥2,444,960	¥1,198,045	¥2,261,374	¥2,183,314	¥2,562,500	¥1,468,992	¥2,190,22
	事務機器	利益	¥52,235	¥223,791	¥71,584	¥74,131	¥50,804	¥183,000	¥19,007	¥36,242	¥39,503	¥29,478	¥118,565	¥37,861	¥62,368	¥117,44
		売上	¥368,263	¥655,511	¥515,906	¥418,851	¥393,138	¥855,972	¥818,469	¥720,954	¥284,299	¥912,398	¥670,765	¥771,065	¥385,438	¥930,47
	電話機	利益	-¥20,219	¥30,323	¥15,568	¥315,650	¥63,198	-¥38,078	-¥209,889	¥222,397	¥93,927	¥144,910	-¥96,267	-¥274,490	-¥12,975	¥225,99
		売上	¥266,279	¥1,274,823	¥985,677	¥2,286,645	¥995,786	¥2,098,559	¥1,180,903	¥2,250,231	¥944,519	¥2,485,512	¥1,600,151	¥2,127,334	¥1,185,175	¥2,366,32
	付属品	利益	¥90,601	¥162,052	¥124,344	¥88,149	¥89,992	¥142,765	¥97,554	¥73,369	¥107,432	¥204,098	¥171,010	¥164,222	¥66,005	¥242,14
		売上	¥463,977	¥842,102	¥552,356	¥550,009	¥562,744	¥871,381	¥755,268	¥726,001	¥600,514	¥1,122,266	¥1,107,460	¥1,153,616	¥917,173	¥1,065,11
事務用品	アプライア..	利益	¥271,278	¥244,908	¥308,294	¥205,638	¥165,267	¥365,655	¥217,591	¥418,339	¥167,390	¥291,876	¥203,129	¥213,472	¥245,594	¥257,96
		売上	¥1,119,072	¥1,064,854	¥1,613,966	¥900,704	¥831,913	¥1,971,831	¥1,832,215	¥2,653,113	¥902,242	¥1,088,532	¥1,380,159	¥1,400,358	¥1,024,496	¥3,082,43
	クリップ	利益	¥2,989	¥17,865	¥12,049	¥19,379	¥7,696	¥37,568	¥11,132	¥21,750	¥13,340	¥18,786	¥19,918	¥16,816	¥18,774	¥24,77
		売上	¥40,349	¥108,081	¥78,921	¥93,513	¥66,666	¥147,036	¥120,140	¥146,356	¥94,916	¥129,608	¥82,040	¥134,982	¥130,964	¥136,01
	バインダー	利益	¥30,487	¥20,835	¥21,820	¥30,579	¥31,033	¥24,884	¥36,737	¥18,701	¥20,612	¥51,034	¥17,247	¥38,472	¥31,934	¥63,97
		売上	¥130,793	¥152,241	¥207,606	¥209,809	¥164,849	¥190,408	¥298,931	¥273,001	¥199,584	¥292,402	¥195,103	¥435,764	¥198,474	¥412,18
	ラベル	利益	¥3,672	¥10,353	¥4,784	¥20,137	¥8,119	¥15,808	¥13,710	¥8,650	¥12,377	¥16,597	¥14,063	¥14,916	¥11,791	¥22,31
		売上	¥40,142	¥65,941	¥37,284	¥75,565	¥44,263	¥90,970	¥70,984	¥56,982	¥46,829	¥88,875	¥82,719	¥102,494	¥58,631	¥116,44
	画材	利益	-¥2,175	-¥5,421	¥9,212	¥13,081	¥9,979	¥12,381	¥14,758	¥8,459	¥15,007	¥10,491	¥1,886	¥32,216	¥15,890	¥20,48
		売上	¥66,455	¥140,955	¥97,416	¥211,187	¥134,585	¥258,827	¥337,360	¥255,945	¥234,007	¥191,399	¥342,760	¥369,000	¥126,108	¥377,66
	紙	利益	¥15,443	¥15,915	¥26,110	¥8,528	¥18,853	¥70,611	¥62,581	¥46,107	¥25,022	¥37,605	¥47,755	¥49,061	¥42,965	¥42,96
		売上	¥92,607	¥167,671	¥160,212	¥112,688	¥166,629	¥297,785	¥321,443	¥257,663	¥133,610	¥301,767	¥213,327	¥338,519	¥165,575	¥305,74
	封筒	利益	¥29,464	¥20,087	¥23,319	¥20,925	¥28,746	¥44,436	¥21,140	¥56,257	¥33,538	¥50,193	¥43,132	¥35,931	¥20,269	¥43,14
		売上	¥142,108	¥108,003	¥157,975	¥117,985	¥127,286	¥292,220	¥207,300	¥307,821	¥132,236	¥290,025	¥237,718	¥239,687	¥123,261	¥281,64
	文房具	利益	¥22,336	¥31,794	¥23,174	¥38,726	¥16,455	¥22,541	¥30,121	¥41,752	¥35,408	¥25,850	¥52,716	¥87,259	¥10,180	¥49,97
		売上	¥138,649	¥153,180	¥136,236	¥236,118	¥153,889	¥287,915	¥207,504	¥301,607	¥201,386	¥345,655	¥285,796	¥383,309	¥145,098	¥349,31
	保管箱	利益	¥33,947	¥22,324	¥57,222	-¥18,300	¥16,907	¥44,448	¥24,981	¥48,545	¥10,621	-¥4,941	¥27,737	¥19,274	-¥31,734	¥1,03
		売上	¥241,945	¥719,109	¥427,709	¥560,206	¥578,669	¥719,699	¥696,992	¥1,009,834	¥826,795	¥822,141	¥830,681	¥1,131,831	¥511,292	¥919,68

■ DAY2 冒頭のわかりにくいデータレポートの例

A　私が宿題で作ったものですね。今となっては恥ずかしいできです。

M　知らなかったことを恥ずかしがる必要はありません。大切なのは、常に新しい知識を吸収する機会を逃さず、新たに得た知識を自分のものとすることです。そして、その知識を周囲のまだそれを知らない人に伝える努力をすることも重要です。君は「このレポートからは読み解けないことがある」と周囲に正しく伝えていく必要があります。そのためには、相手が求めていることを君が考え抜いたデータビジュアライゼーションで表現し、相手に理解してもらう必要があります。それを達成するために君は、相手にこう質問してください。「あなたは何がしたいのですか？」と。

ビジュアル化の表現は無限

A　とんでもない1日になってしまいました。これから私の視界に飛び込んでくるすべてが、Preattentive Attributeのうちのどれか、考えながら生活する日々になってしまいそうです。

M　それは大変良い傾向です。頭がパンクしてしまいそうだと思いますが、今日の最後は、データビジュアライゼーションについてもっと知りたくなるという気持ちが高まるような言葉で締めくくりましょう。
データを表現するために使うチャートは、何種類あると思いますか？

A　えっと、棒グラフとか線グラフとかですよね？　20とか？　もっとありますかね？　思い浮かびませんが。

M　無限です。

A　無限？！

M　感覚記憶が認識できるPreattentive Attributeの組み合わせで視覚的効果が成立しているとすると、それらの組み合わせを自由自在に取り扱うことができれば、ビジュアライゼーションのパターンは実質、無限だということです。

私たちは、データを使ってデータが記録された瞬間の世界と対話しようとしています。人と人との対話のパターンは無限でしょう。それと同じで、対話のパターンは無限に広がることができるようになっていなければいけません。

「無限の表現を生むために10種類の原子的な表現を使う」なかなかおもしろいでしょう。

君がこれから作り出す無限の表現がどんなものになるか、楽しみにしています。

HOMEWORK

❶ビジュアル分析の考え方を自分の組織でどうやって広めていくか計画を練る

- 現在の状況を整理する
  - 関係者を整理(ダッシュボード作成者・参照者)
  - 関係者ごとのビジュアル分析に対しての考え方(ポジティブ? ネガティブ?)
  - ダッシュボード作成者の技術力・知識
  - ダッシュボード参照者のデータの読み解き力(慣れ)
- ビジュアル分析が浸透すると働き方はどう変わるか?
- 浸透させるためにどのようなアクションを取るか?
  - 具体的なアクションとスケジュール
  - 障害になりそうなこと

❷今日学んだことをふまえ、これまでに作成した自分のデータビジュアライゼーションを修正する

- どこをどう変更したのか、なぜ変更したのか
- どのデータタイプに対してどのPreattentive Attributesを使ったか

DAY 3

分析
プラットフォーム

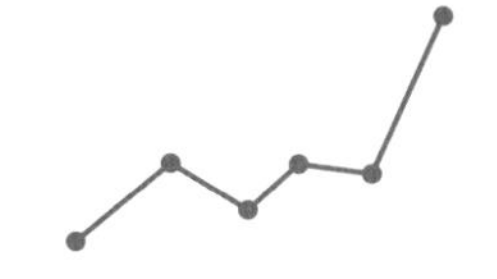

3-1 データを使える環境を共有する

Master　今週もよく来てくれました。宿題もきちんとやってくれたようですね。ディスカッションした結果はどうでしたか？

Apprentice　はい。ディスカッションの前に、まずはマスターから教わったビジュアライゼーションを使う効果、つまり脳の記憶のしくみから考えるPreattentive Attributeの話から始めました。だれもが聞いたことのない話でしたので、みんな熱心に聞いてくれたと思います。

M　さっそく周囲の人に伝えてくれたのですね。すばらしい行動力です。

A　ありがとうございます。しかし、困ったことがあります。

M　なんでしょう。

A　ストーリーとビジュアルの力を使って、私自身は以前より強くデータから伝えたいことを伝えられるようになりました。それで周囲の人も喜んでくれています。しかし、それだけなのです……。何と言えばよいか、独りよがりな気がします。私は変わりましたが、会社が変わったわけではありません。

M　君は文化醸成の本質を見ようとしているかもしれません。非常に重要なポイントなので、明確に言語化していきましょう。なぜ独りよがりのような気がするのでしょうか？

A　私自身は、毎日データを見てその結果何が起こっているのか、以前より格段にわかるようになりました。この効果をみんなにも体験してもらえるように、勉強会も開催しました。参加者の理解度は決して悪くなかったと思います。

しかし、その場で「おもしろかったね」と言っていても、翌日に私が教えたことを活用してデータを見ている人は誰もいないのです。
そして、データについて知りたいことがあると、みんな私のところに来て「こういうことがしたい」と言ってくるようになりました。欲しいものではなく、やりたいことを言ってくれるのは良いのですが、私はとにかく毎日人から言われたものをこなすだけで精一杯の日々です。これがデータドリブン文化なのでしょうか？

M 文化とは、集団の中で共通した振る舞いのことです。君の振る舞いが変わっただけだとしたら、それはデータドリブン文化を醸成したということにはなりませんね。

A やはりそうですよね。今の状態だと、私がいなくなったり別の仕事に割り当てられたりしたら、途端にだれもデータを見られなくなってしまいます。

M 君は学習と実践の連鎖の中ですばらしい気づきを得ているようです。ストーリーテリングやビジュアライゼーションの手法をどれだけ学び、実践したとしても、1人だけでおこなわれている状態では、単に個人が専門スキルを向上しただけです。周囲の人が同じようにそれを実践して活用できなければ、文化にはなり得ません。

データドリブン文化に必要な3つの要素

M 周囲の人が君のように実践できるようになるためには、何が必要だと思いますか？

A 私がマスターに教わったように、教わる環境を持つことでしょうか。

M 正しいですが、それだけでは不足しています。現に君は人に教えましたが、まだ文化づくりには至っていません。
文化を作り上げるためには、3つ必要なものがあります。

- **教育**
- **プラットフォーム**
- **コミュニティ**

君の言うとおり、教育は1つの重要な要素です。しかし、これから文化を育んでいくためには、教育だけでなくプラットフォームやコミュニティも作っていく必要があります。
プラットフォームとは、データドリブンを実践する人たちを支える土台となるものです。また、コミュニティは、データドリブンを実践している人たちが情報交換したり助けあったり切磋琢磨しあったりする場所、文化の発信地とも呼べる場所です。
今日は、データドリブンを実践する人たちを支えるプラットフォームが、いったいどういうもので、なぜ必要なのか、どうやって作っていくのかについて考えていくことにしましょう。

分析後のデータ共有の課題

M　君が会社でデータに基づいた分析を行ったあと、その結果をどのように共有しましたか？
A　どのように、というと？
M　分析した結果のファイルができたと思います。それをどうやって相手に見えるように共有しましたか？
A　えっと、人によって使える環境が違ったので、さまざまですね。

- **会議で画面上に見せただけ**

- メールで分析した結果のファイルを送った
- Tableauライセンスを持っていない人のためにファイルをPDFに変換して送った
- どうしても紙資料が良いという人に印刷して渡した

うちの会社では、フルカラー印刷に承認が必要だったので白黒で印刷してしまいましたが……。

M　色がもたらす視覚効果についてDAY2であんなに時間をかけたのに、白黒印刷では意味がありませんね。しかし、プラットフォームの問題が解消すれば、これも自然と解決する問題です。
さて、ここでの最大の問題は「共有すべき相手が同じ土台、つまり同じ環境に載っていない」ことです。データドリブンな組織では、人によって使える環境が違ってはいけません。
君の直面したこの問題は、新しい道具を手にして、個人単位ではデータがこれまでよりわかりやすい形で見られるようになり、処理が容易になった直後に、よく見られる光景です。
個人の範囲を超えて組織に浸透させていくためには、共有する土台（プラットフォーム）を整える必要があります。
プラットフォーム作りに成功すれば、データドリブン文化醸成への道は大きく開かれます。逆にいうと、プラットフォームが無く、独りよがりなデータ分析と共有を続けていれば、組織としての成果を出せません。データドリブンプロジェクトは失敗のレッテルを貼られることになるでしょう。
これまで学んだストーリーテリングやビジュアライゼーションのポイントを押さえた分析レポートは、周囲の人にこれまでより強いインパクトを与えているでしょう。しかし、レポートが君の手を介して共有されている場合には、その効果はあくまで「瞬間風速的なもの」となってしまいます。特別な専門家（たとえば君のような知識がある人）が作る資料という位置付けになってしまい、常に思考のよりどころである文化として根付くものになりません。
君が挙げてくれた現在の共有方法を図にして、課題点を洗い出してみましょう。

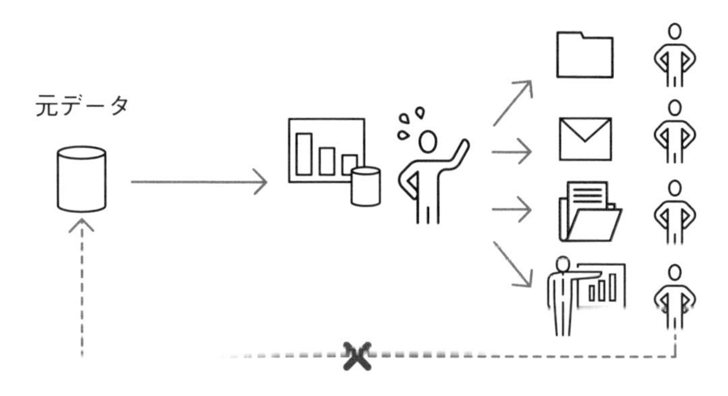

■課題があるデータ共有方法

M　まずデータを分析する時に、君自身はビジュアル分析のサイクルにおけるGet Dataのプロセスに従い、データに接続します。この接続しているデータのことをデータソースと呼びます。レポートの元となっているデータという意味です。
ここでの課題は、データソースにきちんとアクセスできているのが君だけであり、君の手を通して周囲の人にデータが共有されているという点です。
ファイルサーバーに分析結果のファイルを置いて共有するのであれば、君はデータが更新されるたびに、上書きしてファイルサーバーに置き直さねばなりません。メールならファイルを直して何度も送信する、紙に印刷するなら印刷・手渡しの手間もあります。プレゼン資料として使ったら、会議後に相手は見られなくなってしまいます。
いずれの手法も、君の人的工数を借りないとデータを参照できない状態になっています。君が共有したと思っていた相手は、実際にはデータを共有されているのではなく、君から断片的な情報を共有されているに過ぎません。彼らがデータを参照しようと思っても、直接データに参照できない状態です。

A　メールや印刷資料については確かにそうかもしれません。しかし彼らの中には、自分でもデータを見たいからといって、私にデータそのものを要求してくる人たちもいます。それなら、データを共有していることになるでしょうか？

M　データを見たいと要求してきた人たちに、君は何を提供しているのですか？

A　すべての人がデータに直接アクセスできるしくみになっていないので、CSVファイルをダウンロードして渡しています。

M　それであれば、先ほどの例と変わりません。
ここで重要なのは、データソースから切り離され取り出されたものは、元のデータソースとは異なる複製品であり、もはや別物になっているとしっかり認識しておくことです。
元のデータソースには、データの追加、変更、削除が起こることがありますね。その際、ダウンロードしたCSVはどうなりますか？

A　毎日更新されているデータなので、古いデータは使えません。私が毎日ダウンロードして新しいCSVファイルを提供しています。

M　つまり、君が渡しているCSVデータはデータソースとは別物ですね。君自身が手動で、更新・管理・運用しています。
ここには、大きな問題が隠れています。何となくデータをダウンロードして提供しているかと思いますが、一度切り離れたデータというものは、本来以下のような検証がされるべきものです。

- **本当に最新データか？**
- **正しく値が入っているのか？**
- **更新はだれがおこなったのか？　など**

こうしたことをしっかり検証しておかないと、見ているデータを誤る結果になってしまいます。正しいデータを参照しているかどうかが担保されていなければ、データに即した意思決定など恐ろしくてできません。
ストーリーテリングとビジュアライゼーションの力を使うと、レポートの理解度とインパクトが大きく向上しているため、それに比例してデータソースの信頼性はより重要度を増します。不明瞭なデータで分析してしまうと、せっかくのインサイトが信頼できないということになりかねません。
最悪のケースでは、経営層へ新しいレポートのお披露目のタイミングで信頼度の低いデータを使ってしまうことにより、とばっちりでストーリーテリングやビジュアライゼーションの評価まで下げてしまうかもしれません。
今自分が見ているデータがいったいどんなデータなのか、信頼できるデータなのか、それを担保した状態で分析を進めることは、必要不可欠な要素と言えるでしょう。
そもそも、データが欲しいという依頼が来ること自体も問題です。その人は、だれかに依頼しなければ必要なものを得られない状態になっているのです。
データは、データがある場所とシームレスにつながった場所で、見る必要のある人に共有されていなければ、真に共有されているとは言えません。ここでは、安全で正しいデータを提供している土台となる場所のことを「分析プラットフォーム」と名付けましょう。今回の例では、分析プラットフォームに乗っているのは君だけで、ほかの人たちはこぼれ落ちてしまっていたのです。

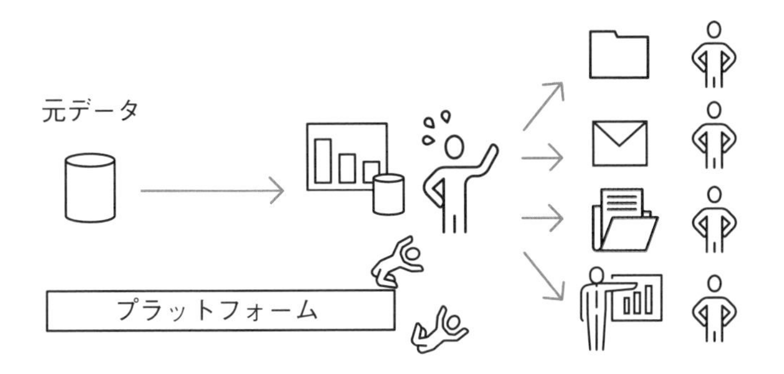

■ほかの人はプラットフォームからこぼれ落ちている

すべてのデータと人を同じ土台に乗せる

M　分析プラットフォームは、データを使うすべての人を支える土台です。つまり、データドリブン文化を目指す君は、すべての人がこの分析プラットフォームの上に乗る環境を提供しなくてはなりません。

最初のレポートは君が作るかもしれません。しかし、その後は分析プラットフォーム上でほかのメンバーにも直接参照されます。データが直接参照できたり自動更新されるレポートは、君がいちいち手を入れなくても、データが常に最新で正しい状態になっています。君が何か手を加えるのは、レポートに新たな要素を追加する場合です。新しい分析視点を加えたり、説明やデザインを改修して、より閲覧する人が使いやすくなるような工夫を凝らしたい時ですね。

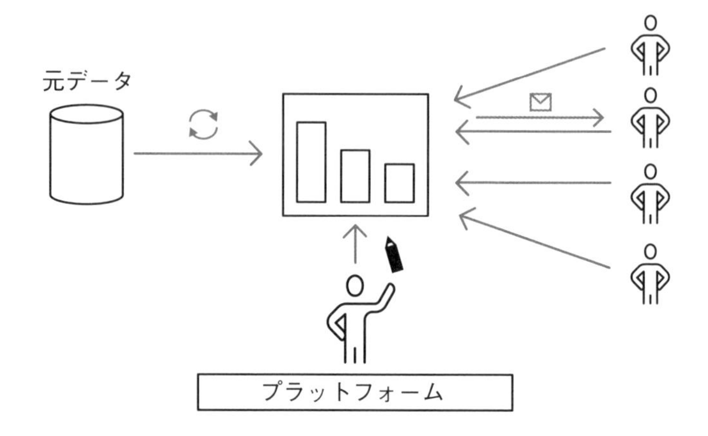

■プラットフォームにすべての人を乗せる

M　閲覧した人が最終的に会議資料として使おうが、見忘れないように自動でメールを送ってくるように設定しようが、印刷しようが、それは持っている権限の範囲で使う人の自由です。いずれの使い方にせよ、自分の意思で接続したいと思ったときにデータソースをすぐに参照できる環境が必要です。

データベースと分析プラットフォームは別物

A　ちょっと待ってください。組織全体をデータドリブンにするためには、社員全員にデータベースへのアクセス権限を渡さなければならないということですか？　それは危険すぎて、とてもじゃないですが無理です。

M　データベースへのアクセス権限は不要です。必要なのは、「データソース」へのアクセス権限です。また、当然ながら部署や役職によって参照できる権限は管理してください。

A　データベースへのアクセス権限とデータソースのアクセス権限は同じではないのですか？

M　違います。データベースシステム（データが格納されているシステム）は、これまでデータを管理してきた人にとってはそれほど難しいものではないかもしれません。しかし、それ以外の人が、データベース、スキーマ、テーブルといった概念を理解しないとデータにアクセスできないのでは、すべての人がデータを使えるようにはならないでしょう。
肝心なのは、次の２つです。

- **必要なデータが揃ってリストアップされていること**
- **データが正しいものと担保され安全であること**

そのデータがどこに格納されているか（サーバー名やデータベースのユーザー名とパスワード、格納されているスキーマ名やテーブル名など）は、使いたいデータを参照するという観点では、本来的にはどうでもいい情報のはずです。さらに言うと、データは生成される場所が異なることによってバラバラに散在しており、欲しいデータを探しても到達できずに諦める人も多いと思います。
こうした情報を集約し、データを使いたい人が集まって必要なデータやインサイトを見つけることができる場所、これが分析プラットフォームです。

理想的な分析プラットフォーム

M　分析プラットフォーム構築の初期の段階では、先ほどの絵のような状態で、参照者が増えていくようなイメージになると思います。しかし、データドリブンな組織の進化の過程で、次のような形に進化していくことでしょう。

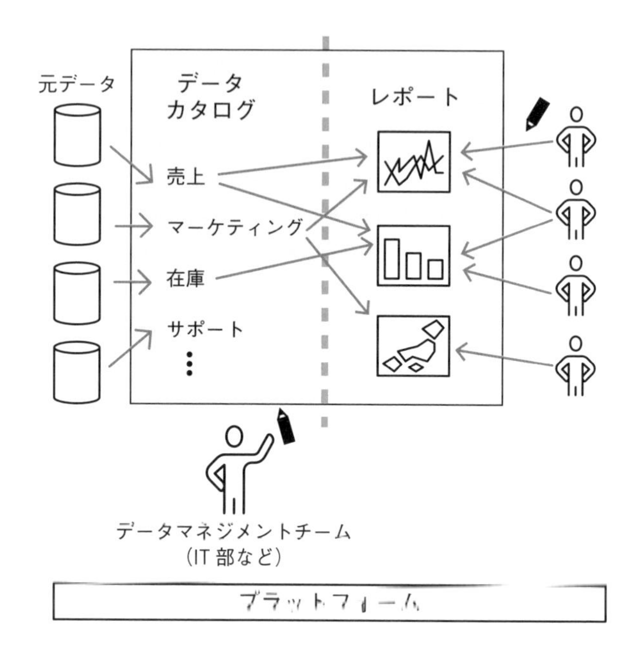

■理想的な分析プラットフォームのイメージ

M　データドリブン文化が広まってくると、分析したいデータの量と種類が増え、データを参照する人も増えていきます。その進化に合わせて、君が１人でレポートを作る状態からもっと多くの人が自分自身で分析をおこないレポートを作成するようになります。場合によっては、君のように最初にレポートを作っていた人は現場でレポートを作る役割から退き、個人が作成したレポートを全社利用のために承認したり、データソースを管理する役割へシフトすることもあるでしょう。
増え続けるデータと人、それらを残さずすべて分析プラットフォームの土台に乗せる必要があります。これは、流動的に変化し続けるデータと人を対象にしているので、非常に難しいことです。実現するためには、柔軟性（アジリティ）の高い分析プラットフォームを用意しておくことが必要です。

データカタログを用意する

A この絵の中にある「データカタログ」とは何でしょうか？

M データを元にしたレポートは、用途に合わせて増えていくでしょう。しかし、そのデータソースになるものは、レポートの数よりは少ないはずです。たとえば、「地域別の売上レポート」と「製品別売上レポート」は視点の異なった別のレポートですが、元データはいずれも売上データです。
このようなケースで、データ接続設定を1からやり直していると手間がかかります。必要なデータを事前に選択し、あらかじめ解釈した階層構造、よく使う計算、書式設定など事前に定義したデータソースたちを「データカタログ」に登録しておくことで、分析までのリードタイムを短縮できます。このカタログを見れば、自分の欲しいデータがリストされているという状態になるのが理想です。
さらに、このデータカタログにはもうひとつ良い利点があります。どのレポートにデータが使われているのか、何回参照されているのかがデータソース単位でわかるので、どのデータにより投資してパフォーマンスを上げていくか、あるいは有用なデータを追加していくべきか、など次のデータ戦略の検討材料になります。

A レポートの閲覧数ランキングとは違うのですか？

M 似ていますが、違います。たとえば、以下のような閲覧数のランキングがあったとします。

- **1位（閲覧数10,000）**：残在庫レポート（在庫データから作成）
- **2位（閲覧数6,000）**：地域別売上レポート（売上データから作成）
- **3位（閲覧数5,000）**：製品別売上レポート（売上データから作成）

レポート単位で見ると在庫がトップですが、参照元のデータ単位で見ると在庫データの閲覧数は10,000で、売上データは11,000（6,000 + 5,000）です。売上に関しては、閲覧者の視点が異なるため見るレポートが異なるのでしょう。しかし、最もよく見られているデータは売上であることがわかります。こうしたインサイトは、データがきちんとカタログ化されていないとわかりません。接続定義をレポートに埋め込んでしまうと得られないインサイトなのです。

分析プラットフォームの上での行動を明確にする

A　分析プラットフォーム上ではすべてのデータソースとレポートにアクセスできる、というのは確かに便利です。
しかし、一方でだれでも同じ分析プラットフォームにアクセスしてデータが丸出しになっている状態というのは少し恐ろしい気がします。

M　もちろん、データは貴重な資産なので、だれにでも見える丸出し状態は絶対に避けねばなりません。分析プラットフォームでは、「個人単位でだれがアクセスしてきているのか」という点は明確になっている必要があります。

A　なるほど。この分析プラットフォームに個人単位でログインしておけば、その人の権限に合わせたデータのレポートやデータのカタログが参照できるということですね。

M　そのとおりです。分析プラットフォームは、個人単位が識別できる状態でアクセスできることが必須要件です。だれが何を扱えるのかという権限管理の面でも有効なうえ、実際にどんなレポートやデータが使われているのかという分析にも使えます。

A　分析プラットフォームそのものをデータドリブンにせよ、と。

M　もちろんです。ユーザーIDをグループで共有して管理しようとする組織があります。たとえば「BI運用管理者」のような名前で運用する例ですが、とても危険です。監査などの観点で個人レベルでのアクセスを管理、報告しなければならない時にあいまいな情報になってしまいます。

また、個人単位のアクセスを管理することは、だれが何を見て意思決定を下しているのかを知る重要な手掛かりになります。このレポートはトータルで何回見られ、ユニークユーザーが何人いるのか、といった統計情報を活用することによって、「どのレポートを集中して改善していくべきなのか」「改修時にどのくらいの範囲に影響があるのか」といったプラットフォーム上に置かれたコンテンツを発展させる指針も与えてくれるのです。

分析プラットフォームに必要な要件を押さえる

M　それでは、これまで説明したことも含めて、あらためて分析プラットフォームに必要な要件を押さえましょう。

■分析プラットフォームに必要な要件

要件	説明
セキュリティ	セキュリティ・コンプライアンス要件への遵守。暗号化や個人情報保護など。外への漏洩を防止しデータを守る。
データアクセス	さまざまな場所にあるデータにアクセスでき、サーバー情報や認証情報を一元管理する。
データ準備	必要に応じてデータ更新やデータ加工のフローを管理・運用する。
ガバナンス	使える範囲を管理（参照権限・操作権限）、データを正しく割り振る。
コンテンツ探索	使い手が必要なレポートやデータソースを探索できる。
分析	使い手にとって必要な分析ができる。
コラボレーション	適切なコミュニケーションを促し、新しいアイディアを創出する。

■要件を押さえることで得られる効果

得られる効果	説明
オートメーション（自動化）	データ更新や通知通知が自動化される。考えなくてもいいことは人間がやらない。
パフォーマンス	複数人・複数回に渡って再利用されるデータを何度も問い合わせないように、コンピューターのリソースを有効に使える。
トランスペアレンシー（透明性）	使用頻度、使用ユーザーなどを知り、今後の施策決定の材料にできる。
リコメンデーション	分析プラットフォーム上に蓄積されたデータから、AIなどを通して使い手側に還元できる。

A　リコメンデーションとは何でしょうか？

M　近年、AIや機械学習による予測や推奨の機能が数多く活用されてきています。たとえば、Eコマースのサイトで君が買ったものを買っている人が他にどんなものに興味があるか推奨してくる表示がありますね。分析プラットフォームにもそれを活用できます。すなわち、普段自分や同じ部署や役職などの身近な人がよく使用しているレポートやデータソースは何かというデータが蓄積されていくことによって、ログインした人にとって有用と思われるコンテンツや潜在的に探しているであろうコンテンツを分析プラットフォーム側から提案します。これは、データを活用している人が同じプラットフォームに乗っていなければ実現できません。すべての人をプラットフォーム上に配置したことで対価を得ることができるのです。もちろん、AI・機械学習にせよ、元々データを生んだのは人間ですから、こうしたリコメンデーションというのは人と人とのコラボレーションの結果であると私は考えています。

分析プラットフォームを活用する

M　データに携わるさまざまな役割のメンバーは、できるだけそれぞれの役割に集中できることが望ましいです。分析プラットフォームは、それを手助けします。ここでは分析プラットフォームの活用について、役割ごとの視点であらためて整理していきましょう。
まず、ここではメンバーの役割を3つのタイプに分類します。

- **閲覧者**：作成したレポートを見て下された意思決定に基づきアクションをおこなう現場メンバーや経営層
- **分析者**：データを元に深い分析をおこなうメンバー
- **管理者**：データや環境を管理・運用するメンバー

それぞれの分析のメンバーがどのような課題を抱えているのか、分析プラットフォームでどう解決できるのか、以下の3つのケースで考えてみます。

- **ケース1**：それぞれの分析結果をどう提供するか？
- **ケース2**：このデータは更新されているか？
- **ケース3**：データはきちんとセキュリティとコンプライアンスが守られているか？

■ケース1：それぞれの分析結果をどう提供するか？

役割	課題	ソリューション
閲覧者	毎回決まった自分の見たいフィルター条件を手動で設定するのが手間	定型レポートのフィルター条件のみを自分専用に保管してレポートをカスタマイズする
分析者	フィルター条件ごとの分析結果を事前準備して提供すると修正コストが膨大になる	閲覧者はカスタマイズができるので汎用レポート1つで事足りる
管理者	同じような分析結果が大量に保管されると容量を圧迫する。まったく同じデータを更新する羽目になり、データベースに余計な負荷がかかる	実質のレポートは1つしかないのでレポートもデータも一元管理できる

■ケース2：このデータは更新されているか？

役割	課題	ソリューション
閲覧者	データ更新が正しくおこなわれているのかわからないと不安、使いたくなくなる	データの更新日時や管理者が明記され、安心して利用できる。万一データの更新が滞っていたとしてもその情報を元に判断できる
分析者	手動更新の場合、作業を忘れる危険性がある。更新作業の時間がもったいない	更新作業に煩わされることがない
管理者	だれがいつ更新しているのかわからない。データが本当に必要なものか、メンテナンスしなければいけないかどうかもわからない	いつだれによって配置されたデータで、だれに使用されているかが明確なためメンテナンスの方針が立てられる

■ケース3：データはきちんとセキュリティとコンプライアンスが守られているか？

役割	課題	ソリューション
閲覧者	見た目上送付しても問題なさそうな集計済の統計レポートに見えていたが、実際には未集計のデータが含まれており、機密情報をそのまま外部に送付してしまう	データがダウンロードできないしくみにし、まちがいが起こらないようにする
分析者	まちがったデータを送付されないようにすべて事前集計したデータを用意するのに膨大な時間をかけるも、現場からは分析にまったく使えないと突っぱねられる	同上
管理者	データの利用状況を手動で追う必要がある（実質不可能）	分析プラットフォーム上に残ったアクセスログを追えるようにし、調査できるようにしておく

3つのよくあるケースを見てきました。分析プラットフォームを活用することで、現在のデータ利活用の状況と利用者と責任者が明示されます。信頼できる環境を構築することがなにより大切です。

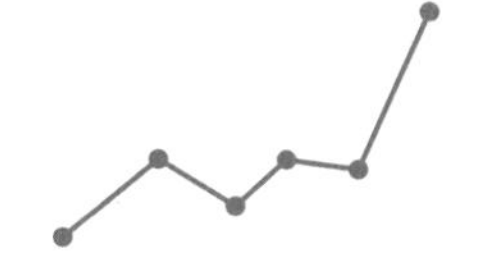

3-2 データの自由化と保護のバランス

Apprentice　これまではデータによる自由な表現について学んできました。ですが、やはりデータを扱う以上、守ることも必要だとマスターは言いました。

Master　そのとおりです。しかし、データを守るためにガバナンスを固めすぎると、多様な人が自分自身で分析をおこないたいニーズに応えられなくなってしまうこともあります。データガバナンス（データの保護）とセルフサービス分析（データを自由に使える）は、よく衝突するものとして語られています。しかし、本来はどちらも必要で重要な視点であり、この両輪をどちらも止めることなく回していかなければなりません。
これを実現し、ガバナンスとセルフサービスの間を柔軟につなぐことのできる場所こそが、すべての人がデータを活用する舞台にふさわしい、モダンな分析プラットフォームであると言えます。

昔と今のプラットフォームの変化

M　現在の分析プラットフォームの前身にあたるものは、エンタープライズレポーティングプラットフォームと呼ばれるものでした。かつてのデータレポーティングツールは、データを瞬時に集計すると同時に視覚化したりするようなソフトウェアではなかったため、データから1つのレポートを作るだけでも、事前のモデル定義やレポート開発に専門の知識と膨大な工数が必要でした。したがって、IT部門や開発受託企業などに任せて作らせるという形式が主流でした。
しかし、現在はどんな人でもかんたんな操作でデータを瞬時に視覚化し、自分自身で分析をおこなえるようにする道具が台頭してきました。自分でデータを分析する人が格段に増えているのです。そうなると、ビジネスドメインの知識を持った人が直接データを見られるようになります。
レポートを作る専門知識だけでは、データの背後に潜むストーリーを見つけることは困難です。従来型の難解なレポーティングツールによる分析の問題点は、データの背後に潜む実際の世界や事象を知りようがない専門家（ツールを操作する人）に、分析を任せてしまうことでした。知りたいことがある依頼人とレポート作成者の間でレポートが行ったり来たりすることになり、データから得られるはずの情報が、常に「又聞き」のような状態です。
しかし、モダンな分析プラットフォームはITの専門性が高くなくともデータを分析できるようにしました。だれでも分析ができるということはITの専門家ではないが、データが生成された時の状況をよく知る、ビジネスドメインの知識を持っている人がデータを分析することができるようになるため、より深く有用な洞察を得やすくなるのです。

データを保護するだけではかえって危険になる

M　かつてのエンタープライズレポーティングプラットフォームでは、データを強固なガバナンスで固めることができていました。しかし、きつい縛りがあったために、結果としてデータが流出してしまった例が「Shadow IT（影のIT）」の問題です。
先ほども述べたとおり、データの扱いは、一般の人にはわかりにくい専門性の高いものでした。さらに、データの流出は非常に大きな問題なので、データを管理する人たちは、データを自由に触れないようにロックしていました。管理者は、「データを使いたい人からリクエストを受けたら必要な情報を提供する」という手法で対処していたのです。
その結果、データから知りたいこと、つまり質問を持っている人（依頼人）と、その答えを持っている人（データ管理者）が別になっていました。
データ管理者は質問の当事者ではないため、提示するデータや分析レポートが的確ではないケースも多くなります。何度も修正を重ねたり、また依頼がデータ管理者に集中することで、作成するべきレポートは山ほど溜まっていきます。まるでレポートの依頼を受けて作り続ける工場……レポートファクトリーです。依頼人の待ち時間がどんどん増えていきました。データを活用している人たちは、この環境だと必要な情報が必要な時に得られない、と感じるようになっていきます。
そんな時に、現場では「IT部門ではないが、ITにくわしい人」がデータを提供してくれるようになりました。提供されるデータは、アクセス制限があるデータウェアハウスに入る前の元データのコピーです。管理されるデータの元は入力データなので、大元のデータは入力のためにアクセスできたのです。そこから大元のデータをコピーしていました。
さて、ここでの問題点はなんでしょうか？

A　この行動、問題あるでしょうか？　入力システムはアクセス権限内の範囲ということですよね？　困っている人を放って置けないうえに技術力もある、親切で優秀な人だと思います。私の同僚でもこういう人いますね。

M　この人物が親切で優秀な人物であるということには同意します。しかし、この例ではデータドリブン文化醸成を阻害してしまう大きな問題がいくつかあります。

- **データが管理されたデータソースから切り離され、複製されたファイルとして存在している**
- **複製データは更新されず、メンテナンスされない。また、更新できたとしても本当に正確なデータなのかだれも保証できない**
- **レポーティングプラットフォーム上では適切に管理されていたはずが機能せず、見てはいけない人にデータが参照される危険性がある**
- **だれがそのデータにアクセスしたのかわからない状態になっている**

このように、一見データ活用の英雄のように見える行動の裏で、大切な資産であるデータを大きく危険にさらしてしまう結果になってしまったのです。このように、会社のポリシーとは別に、独自の技術を駆使して勝手なデータフローを作ってしまう人のことを「Shadow IT（影の IT）」と呼びます。

データドリブン文化醸成を進めるうえで、この Shadow IT は危険な存在です。Shadow IT を介して利用されるデータは、どう使われているのか一切わからず、守られてもいない危険な状態だからです。一刻も早く、こうした状況を脱却する必要があります。どうしたら良いと思いますか？

A　アプリケーションからデータをダウンロードできないようにする、でしょうか？

M　それでは、再びデータが活用できなくなってしまい、現場からの不満や怒りはさらに IT 部門に集中するでしょう。そうなってくると、もはやだれも IT 部門のいうことを聞かないという最悪の事態になりかねません。

そもそもの問題は、質問の当事者が自分で答えを探すことができず、その質問の当事者ではない他人に依頼しないと答えに到達できないことです。又聞き、伝言ゲームはコミュニケーションを非常に困難にしてしまいます。

この状況から脱却する方法は、たった1つです。質問の当事者が自分でデータを直接見られるようにすることです。つまり、これまで開放していなかったデータ接続を、より多くの人に開放するということです。ただし、データは守った状態のままでです。

データを守りながら、データを開放する

A　守られていながら自由に開放する……。そのようなことができるのでしょうか？

それができなかったからガチガチに固めていたのではないですか？

M　かつてはそうでした。ですが、今はテクノロジーの進化により、私たちはより柔軟性の高いシステムを手に入れました。それが、モダンな分析プラットフォームです。

しかし、「すべてのデータを開放しました」と突然言っても、だれもがスムーズに使えるような状況になるわけではありません。突如現れる使ったことのない大量データや見たことのない画面に翻弄され、前のほうが必要なものが揃っていたという人が、最初は多いことでしょう。

A　なんて勝手な！

M　日常に新しいものを投入し、人に馴染ませるということはそれほど難しいことなのです。突然大量のデータが開放されても、みんながついて来られなければ意味がありません。その

ため、周囲の成長と組織のステージに合わせて、変化に柔軟でアジャイルなプロセスによってデータの開放を進めていく必要があります。

A　では、いったい何から始めれば良いのでしょうか？

M　難しく考えることはありません。まずは手元に届いたスプレッドシートのファイルをデータビジュアライゼーションとデータストーリーテリングの手法を使って、これまで知り得なかったことを知り、周囲の人と共有するというようなステージから始めましょう。まさに、DAY1～2で私たちが学んできたことです。

その分析結果、つまりレポートの共有場所としてのプラットフォームを指定します。そして分析結果が浸透し、ビジネスの意思決定に使われる頻度や重要な決定事項の根拠としての位置付けの重みが増してくると、レポートだけでなくデータソース自体を管理していく必要性が出てきます。以下のような順番ですね。

❶レポートの共有場所としてのプラットフォームをつくる
❷データソース自体を管理するためのプラットフォームをつくる

データソースを管理する分析プラットフォームの中には、データのメタデータを管理する「データカタログ」が必要になってきます。3-1の理想的な分析プラットフォームでも登場しましたね。

A　メタデータとはなんですか？

M　メタとは「異なった次元からの視点」という意味です。そもそもデータ自体は何らかの値を持ったものですが、そのデータを別の次元から見たときのデータのことをメタデータと呼びます。「データの内容を説明するためのデータ」です。
メタデータにはさまざまな次元のものがありますが、分析プラットフォームに必要なメタデータとしては以下のものが考えられます。

> - **項目名**
> - **項目のデータ型**
> - **データソースをどこから持ってきているか（データベース、スキーマ、テーブル情報、ファイル名、それらを複数結合しているかどうかなど）**
> - **項目のカーディナリティ**
> - **データの更新スケジュールと更新履歴**
> - **管理者の連絡先　など**

A　カーディナリティですか？　知らない単語を調べるたびに知らない単語が出てくる連鎖に陥ってきました。

M　データにまつわる基本的な知識についてはDAY4に学習することにしましょう。ここでは、分析プラットフォームに必要なメタデータとは、データを見る人がデータを使いたいと思った時に助けになるデータのことと定義しましょう。

A　つまり、次のようなことがわかるデータということですね。

> - **このデータは何を表したものか**
> - **どうやって使えばよいか**
> - **だれがいつどうやって管理メンテナンスしているか**

M　そのとおりです。

データドリブン文化の初期を支えるプラットフォームは、まずはだれかが作ったわかりやすく表現したものを見てもらうためのプラットフォームとして出発しました。しかし、文化の拡大は参加する人の増加をもたらします。今日君が最初に持ってきてくれた課題のように、人が増えていく中で、誰か1人がデータを理解して代わりに作ってあげている状態では、本質的には過去の状態と大きく変わりません。データビジュアライゼーションの表現力が増しただけです。
最終的にすべての人がデータからインサイトを得られるようにするには、より多くの人が自分で自分の質問にデータから答えられる必要があります。そのためには、データをどうやって使うべきかの指針となるメタデータ、データのカタログも非常に重要な役割を果たすことになるでしょう。

分析プラットフォームはウォーターフォールよりアジャイル

M　旧来のBIプラットフォームでは、データモデルの作成、レポート作成、アドホックな集計と可視化、これらがバラバラのツールで実装されており、それぞれに専門性の高い知識を学んだ経験者しか操作できませんでした。したがって、何か新しい分析をおこなおうとすると、そのたびにそれぞれの専門家とのスケジュール調整から始まり、決めたスケジュールどおりに順番を決めて進めていくウォーターフォール型開発の手法を取っていました。
しかし、データ分析の視点においては、売上データを見てみたらマーケティングのデータも欲しくなったとか、棒グラフで見ていたけれども線グラフのほうが状況を把握しやすいとか、やってみた結果変更したい、追加したいと思うことが山ほどあります。そのプロセスそのものがインサイトを得る過程なのであって、行ったり来たりできることが非常に重要です。そのため、こうしたアジャイルな過程を柔軟に包み込んでくれるプラットフォームが求められるのです。

文化醸成の最初のステップを進めるパイロット部門を選ぶ

M　データに対する質問を持つ人と答えを持つ人が別という構造は、組織内の各地で起こっています。とはいえ、最初に手を広げてすべてを一気にテコ入れすることは難しく、欲張って一気に展開しようとすると、動き始めた人たちの課題をフォローしきれずに「使えない」というレッテルを貼られ、失敗してしまいます。

そこで、いきなり全社展開するのではなく、データドリブン文化醸成を進めるパイロット部門を選び、そこからスモールスタートします。

A　パイロット部門はどんな部門が適切でしょうか？

M　想像力、計画力、実行力があり、ポジティブな気質を持った部門が良いでしょう。

自分で自分の質問に答えられるようにするということは、だれかの指示を待つのではなく、自分の意思で能動的に動くことです。さらに、新しい文化をもたらすという前人未到の地へ向かおうとしているわけですから、強い意思と行動力を持った人たちを選ばなければなりません。自分自身がデータから答えを得ることを強く希望し、実際に能動的に動ける部門を選びましょう。

パイロット部門は、ある程度自分たちの力で不明なところを解決したり、新しいしくみ作りの土台や案を提示しなければなりません。これから彼らの後ろをついてくる人がたくさんいます。そうした人たちのために道を切り開く人々です。パイオニアとなって、データドリブンとはどういう状態なのか試行しながら進め、彼らの成長プロセスを踏まえて組織全体へ展開するときの戦略やプロセス、だれをどう巻き込むか、そしてどんなテクノロジーを選択するのかを決定していきます。

データドリブン文化を全社展開する

M　パイロット部門とともに作り上げたプロセスを横展開して、全社規模へ広めていきます。

A　パイロット部門はポジティブな人たちでしたが、組織の中にはそうでない人も現れるかもしれません。たとえばShadow ITの人たちは現場でもとても慕われているので、彼らの仕事を奪って別の分析プラットフォームを提供するとまずいことが起こりそうです。

M　それは目の付け所がいいですね。
Shadow ITの活動は現場業務には重要なことが多く、頭ごなしに彼らの仕事を否定してしまうと、反発を受ける可能性が高いです。元々は自身の技術を人のために活用しようとするメンバーであり、現場の実態もよくわかっているので、現状のデータ活用における課題を説明し、早いうちに彼らをうまく味方につけるのはどうでしょうか。彼らをパイロット部門に抜擢できれば、頼もしい存在になるでしょう。

A　技術に明るくなくてネガティブな人たちが現れたらどうしたら良いでしょうか？

M　新しいテクノロジーを学ぶことを放棄し、自分が過去に得た経験だけで変化を拒む人たちの硬直した文化を変えるのが最も大変です。
そうした人に遭遇した際に取るべき方法はいくつかありますが、まずはその人を迂回して別の人と話していくのが一般的です。最初は嫌がっていても、周囲がシフトしていく姿を見てあとから自然とついてくるタイプの人が多いです。

A それでもついてきてくれない人はどうすれば良いでしょうか？

M 多少意見が合わない人がいる程度であれば放っておいても良いと思います。しかし、相手が経営層など、全社展開に障壁のある人物なら真っ向勝負するしかありません。

A 意外とアグレッシブですね。

M 無用な戦いは好みませんが、必要なときにはします。反発されるということは、相手も何らかの世界観を持っているということなので、お互いの信念がぶつかり合います。相手が考えていることを紐解きながら、時に寄り添い、時に自身の考えをぶつけながら時間をかけてわかり合っていくしかありません。

しかし、元々何かの信念を持ち、表現することができる人なので、そのぶん手を取り合って同じ方向に向かえた時には、これ以上心強い仲間はいないでしょう。

文化醸成は終わりのない旅路

M 全社展開が終わり、組織内の質問を持ったすべての人がデータから答えを得られる分析プラットフォームの提供は、目指すべきデータドリブン文化醸成の一時的な目的地になるでしょう。

A ものすごく壮大だと思うのですが、それが最終目的地ではないのですか？

M 進化し続けるテクノロジーと世界、そしてそもそも人の営みの根本である文化にゴールや終わりがあるでしょうか？　もしここに到達したとしても、おそらく次にやりたいビジョンが見えていることでしょう。また、世界の進化のほうが早く、私が今ここで伝えたことが歩みの途中で古めかしい考えになっている可能性すらあります。

しかし、学ぶことが無駄かといえばそうではありません。私が伝えたいのは、こうした素材を受け取りながら自身で考える土壌を整えることです。さまざまなテクノロジーが風化していったとしても、人間の根本的な好奇心を磨き続けていくことだけは風化したり劣化したりすることはありません。私が伝えたことを君が昇華し、磨き上げ、あるいは時に捨てたり破壊したりしながら、新しい世界を作り上げていく素材になれば良いと思っています。こうした人間の活動は、私も君も、一人一人が命を終えるその日まで、終わることはないでしょう。

3-3 データを開放して人々を動かす活用例

Master ここまでの分析プラットフォームについての概念的に説明してきました。これは理想論的で、少し空想のような感があることも否めないと思います。そこで、実際に分析プラットフォームを活用したおかげでデータドリブンになったある組織の話をしましょう。

理想的な青写真を掲げたうえで、実際に現像される姿はそれぞれの組織やそこに所属する人によって違う色を帯びていくものだろうと思います。私の体験した事例を聞くことで、青写真と実際の姿の間を感じていただき、君の組織で理想の分析プラットフォームを具体的に展開していく時にどうしたら良いかのヒントになれば良いと思っています。

ゴール達成のためにハンズオンセミナーを改善した例

M 例に挙げる組織では、お客様へ製品の良さを知ってもらうために、2時間程度で基本的な操作を学ぶことができるハンズオンセミナーを開催していました。これは2年ほど開催されていた伝統的なものでした。

そのセミナーはマーケティングイベントとして開催され、ハンズオンのコンテンツ改善と営業活動に活用するために、終了後には必ず受講者からアンケートを取得していました。アンケートは紙に記入してもらい、その後回収して担当営業に手渡されていました。

しかし、当然のことながら紙アンケートのデータは共有が難しいものでした。コピーして全社員に配るというほどのデータでもないので、基本的には終了後に担当する営業に手渡されて終わりという状況でした。

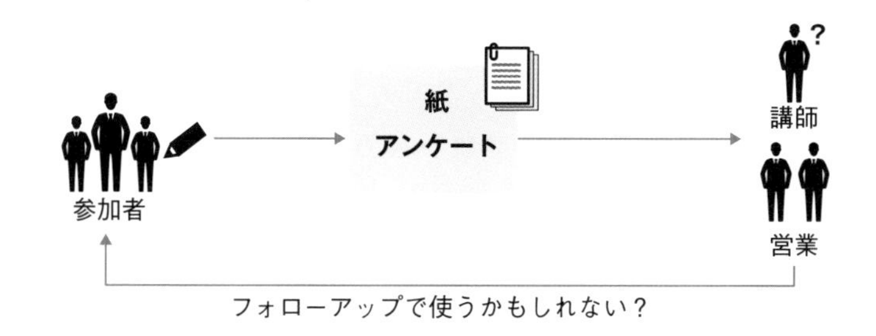

■紙アンケートのデータの流れ

M　アンケート項目には、講師やコンテンツに対する評価の項目と今後の営業支援についての連絡可否などがあり、大きく分けると次の2つのデータが含まれていました。しかし、実際にデータを見ていたのは、じつは営業だけだったのです。

- **講師が見るべきデータ**
- **営業が見るべきデータ**

そこに、「現行のハンズオンコンテンツは少しやさしすぎるのではないか」「2時間という時間の中でもっとたくさんのことを伝えられるのではないか」という質問を持った講師が現れます。ハンズオンの内容は当時から「とても丁寧でわかりやすい」と評判のコンテンツでしたが、どんなレベルの人でもわかる内容だったため、伝えられることは限られていました。しかし、このハンズオンは、多くの人にとってこの製品と初めて出会う最初の機会です。何となくできたという体験よりも、強烈な第一印象によってどれだけ強く記憶に残るかがとても重要であると講師は考えていました。
そこで、彼女は既存のハンズオンを２点のコンセプトで変更しました。

> **❶クイズ形式にして自分で考えさせる時間を設け、自分の思考を助けるものであることを印象づけながら初見でもなんとなく触れるものだと体感してもらうこと**
> **❷クイズの解説の中で多くの機能やコンセプトを紹介し、その製品の良さや可能性を感じてもらうこと**

それまでの「手取り足取り教える」というやり方とは一線を画していたので、本当にちゃんと参加者がついてこられるのかという疑念もありました。しかしそれでも彼女はレベルを上げるべきだと考えていました。
かんたんなハンズオンだと、講師の言いたいことをある程度理解した参加者は緊張感が途切れ、メールをチェックしたりなどセミナー自体に集中が向かなくなってしまっていました。
このハンズオンは、マーケティングイベントの１つであり、あくまでも製品の紹介の場です。ここで聞いてくれた人が「自分の組織に戻ってアクションしてくれる」ことがゴールです。そのためには、かんたんなハンズオンで満足してもらうより、可能性を感じる機能をできるだけ紹介し、たくさんの知見を持って帰ってもらうほうが、後続のアクションにつながるでしょう。
このハンズオンに参加する人は、基本的に組織を代表して製品選定をするメンバーのはずです。となれば、２時間の時間内に伝えられる極限のレベルを追求することで、以降の営業により貢献できるコンテンツに仕上げられると考えていました。

周囲を説得するデータを分析プラットフォームに乗せる

M しかし、新しいやり方に対して、一部からは反発がありました。その講師のやり方は難しすぎて、ほとんどの初心者はついて来られないであろうと言われたのです。
講師自身は、自分の講義が終わったあとの受講者たちの晴れやかな表情を見て、そんなことはないだろうと感じていましたが、自分の講義が難しすぎて受講者の満足度が低くなっているということに反論することはできませんでした。なぜなら、受講者の表情や雰囲気は、決してその場にいなかった人に伝えられるものではなかったからです。
現在の講義内容でも受講者の満足度が高いことを証明するために、講師はまず、率直なフィードバックである受講者からの講師やコンテンツへの評価を得たいと考えました。しかし、それを実現するためには、営業がアンケートを回収する前に、講師がデータを回収しなければなりません。このデータを講師が活用するためには、いくつかの要求があります。

- **各回の受講者全体の評価の統計情報**
- **統計情報を経時的に見た変化（改善しているのかどうか）**
- **特別に良い評価や悪い評価をした一人ひとりをフォローする詳細情報**

そこで、営業にアンケートを手渡す前に、データをどこかに記録し、見えるような形にしたいと考えました。そこで彼女は紙で受け取ったアンケートをすべて、Smartsheetというスプレッドシートに手動で入力し、データ化したうえで集計・視覚化しました。

こうして、初めて視覚化されたアンケートデータは、Tableau Serverという分析プラットフォームに乗せられました。必要な人が見られるような形になったのです。

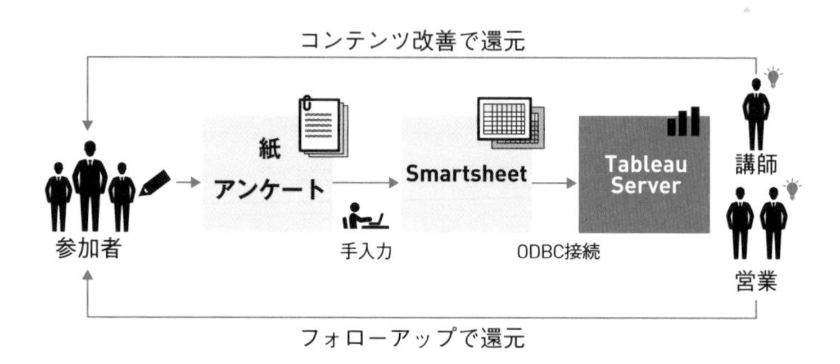

■アンケートデータがプラットフォームに乗った

M　ここで特筆すべきは、じつはこのアジャイル型分析プラットフォームの管理者であるIT部門の存在です。当時この分析プラットフォームには2つ課題がありました。

❶権限設定上、日本国内のメンバー全員に共有すべき分析結果を表示できる場所がない（グローバル企業のため、世界の営業やマーケティング部門すべてが見られる場所はあったが、日本国内の営業とマーケティングがデータを共有化して見られる場所がなかった）

❷Smartsheetは、分析プラットフォームであるTableau Serverに特殊なドライバーを導入しないと接続できなかった

これら2つの問題を解決するために、講師であった彼女はIT部門に直接交渉しました。その時、どうなったと思いますか？

A　それは、当然断られたのではないでしょうか？　本番環境をいじるということですよね？　全社プロジェクトでもないのに、一般ユーザーがリクエストを上げただけで変更できるようなものではないでしょう。

M　もしそうなっていたとしたら、この物語はここで終わってしまいますね。君の考え方はまさにウォーターフォール式のプロジェクトの考え方です。綿密なプランを練っていつ何を適用するか計画してから実装するという方式です。
しかし、その組織の IT 部門は、現場の利用者の限定的なニーズに柔軟に応え、新たな権限設定を付与した枠を用意し、Smartsheet に接続するためのドライバーも導入してくれました。こうして、自分と他の講師、すべての担当営業にデータを共有することに成功したのです。
成功のために重要だったのは、現場が質問となる Task を持ち、それを解決して実行していくことです。IT 部門は現場の質問者を助けることはできますが、そもそも「何がやりたいか」を現場が発信しなければ何も生まれません。分析プラットフォームを真に活用するためには、現場のメンバーが自分の質問を持ち、それをデータで答えるためにアクションし、データドリブンに向けてまい進していく意思と技術を持たなければなりません。IT 部門は、そうした現場を支える良き友となるべきなのです。
さて、こうしてハンズオンのアンケートの結果が約 1 か月ぶん溜まり、その期間におこなわれた集計結果を見て、今後どのようなハンズオンを提供していくべきかについての議論がいったん完了しました。結果としては、彼女が見ていた受講者の表情という感性は正しかったということが証明されました。データが示した結果は、さまざまな手法で試験的におこなわれたコンテンツの中で、ある程度高度な技を伝えるところまで踏み込んだ講義のほうが評価が高いということでした。

データは人を動かすことができる

M こうしたデータの視覚化を通して、当初彼女のやり方に反対していたメンバーもデータを見て納得し、支援してくれるようになりました。それまでは、どちらの意見にせよ良いか悪いかを自分の感覚で会話していましたが、感覚のぶつかり合いは議論が平行線でまったく建設的ではありません。さらに、受講者側の視点を講師の空想で補うのは、結局のところ講師側がどんなコンテンツを望んでいるかという主体の挿げ替えが起こりやすいです。
しかし、そこにデータという、受講者の考えていたことが数値化された世界の写しが介在することによって、お互いに理性的な判断ができるようになりました。データのおかげで、正しく受講者のことを考えられるようになったのです。これは、どちらかが妥協したり多数決とはまったく別次元の話で、全員が理解して同じ方向を向くのにデータが一役買ったのです。
たった2か月のことですが、彼らは大きな教訓を得ました。データはわかるように見せたら人を動かすことができるのだということです。

手作業が多いデータは廃れてしまう

M データを活用し始めると起こる不思議な事象があります。それは、一度見たデータはその後もずっと同じ、あるいはより高いクオリティで見続けたいという要求が出てくることです。しかし、このデータを介してハンズオンセッションを改善していくプロジェクトには、このままデータを収集し続けていくのにあたって非常に大きな問題がありました。それは、データが手入力であったことです。
アンケートは紙だったので、どうしても手入力をしなければいけませんでした。当時、すでにオンラインのフォーム等で入力させることは技術的には可能でしたが、ハンズオン会場のインターネット接続環境が劣悪だったため、参加者がアンケートに回答しない状況を危惧していたのです。
紙であれば、だれでもその場で記入できるため、無料のハンズオンセミナーを受講して回答しないで帰る人というのはほとんどいませんでした。しかし、オンラインで回答させる方式だと、接続できないことを理由に、その場で回答してもらえない人が増えることになります。帰宅後に後から回答してもらえる可能性は限りなく低いので、受講者の一部だけが回答したデータ、つまり欠落した値の多いデータは意味がないだろうという判断です。
この紙アンケートからの手入力は、受け取った担当営業が入力する約束でした。しかし、彼らもほかの仕事に追われてしまうと、即効性のある仕事ではないデータ入力作業は、優先度が低くなっていきました。
その結果、欠落したデータは講師自身が確認し補完する状況になってしまいました。アンケートの情報数（受講者が何名いて、アンケートが何枚回収されたか）、つまりデータのレコード件数が何件あれば正しいのかを把握しているのは講師だけだったためです。
しかし、アンケートはいったん目的を達成しており、次のアクションは、「今後も機会があればコンテンツを改良する」程度の副次的なサイクルでした。そのため、大きな目的を失ったアンケートデータは、データをそろえることそのものがTaskになってしまったのです。「ハンズオンのコンテンツをより良くしていきたい」という本来のTaskが忘れられ、まったく不毛な作業です。
必要なデータが正しくそろっていないデータを視覚化しても意味がありません。ならば、このアンケート結果のダッシュボードを使い続ける意味はあるのかと疑問が浮かぶのは当然です。次第にデータが入力されなくなっていきました。
このように、自動化できるような作業を手作業にすると、データ活用そのものが廃れてしまうのです。

データは見られるほど美しくなる

M 多くの人に使われ、たくさんの視点があると、データそのものも進化します。
先ほどのハンズオンセミナーの例では、インターネット接続の問題が解消したため、紙からGoogleフォームへ形式を移行しました。
ここでは、アンケートの内容がそのまま移行されたわけではありません。おおまかに2つの変更がありました。
1つは、自動化がむずかしいデータ項目を削ったことです。
じつは、その集計値は有用性があるもので、データ集計・メンテナンスを担当していた講師の彼女は、それを削除することを渋っていました。しかし、チームメンバーの1人から、「この内容が有用であることはまちがいないが、毎回目視で見て集計・メンテナンスする時間ほどの価値は、ここから得られるインサイトにはないと思う」と助言があり、そこで初めて、データをメンテナンスすることそのものにこだわっていた自分に気がついたのです。
もうひとつは、アンケートの5段階評価内容について、以下のような変更です。これは、データの統計にくわしい別のメンバーからの提案でした。

【変更前】コンテンツの分量：とても良い←妥当→良くない
トピックの難易度：とても良い←妥当→良くない
【変更後】コンテンツの分量：多い⇔ちょうどよい⇔少ない
トピックの難易度：難しい⇔ちょうどよい⇔易しい

この評価軸は明らかに有用でした。しかし問題は、変更することで過去の集計値との整合性が取れないことです。
この組織では、集計し始めてから3か月だったこと、これからの改善にそれほど過去との比較値が有用ではなさそうだったことから、アンケートデータを自動化するこのタイミングで変更することになりました。
この意見をきっかけに、チーム内から活発でそれぞれの知見を寄せ集める非常に有意義なディスカッションがおこなわれ、評価軸の変更と評価のスコア化のルールなども新設されることになりました。
こうして、フォーム化にともなって単にデータ登録が自動化されるだけでなく、よりハンズオンコンテンツの改善に役立つ使いやすいデータに変化させることができました。
これまで約2年間、誰も疑問に思わず使い続けられていたアンケートの評価軸が、なぜ突然変えるべきだという結論に至ったのでしょうか？　それは、たくさんの人の目につぶさに見つめられたからです。たくさんの人に見られることで、たった2か月間でデータは美しく成長したのです。

道具と共に進化する分析プラットフォーム

M　こうして、参加者が入力したら自動的にデータの更新される簡易なシステムが誕生しました。講師はハンズオンに集中し、終了したら自動的に参加者からのフィードバックを受け、営業は担当する顧客に次どうアプローチするべきかのヒントを得られるようになりました。

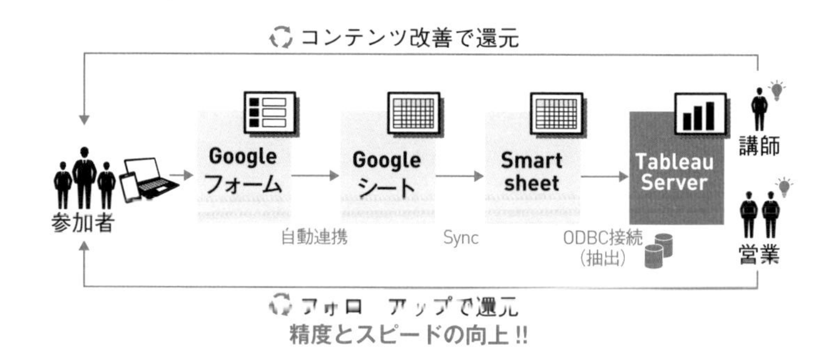

■アンケート自動化後のプラットフォーム

A　この図を見ると、Google Sheet から Smartsheet への同期はなぜおこなっているのでしょうか？　Google Sheet から Tableau Server へ直接つなぐことはできなかったのでしょうか？

M　良い指摘です。当然彼らも、ここの間の同期が冗長であることには気づいていました。しかし、当時の Tableau Server が Google Sheet へのドライバーを持っていなかったので接続できなかったのです。冗長な構成ではあるものの運用上は自動で連携できていたので、まずはこのまま進めるという判断になりました。

こうして自動で更新されるデータの結果をうまく活用しながら、講師を担当していたメンバーで基礎的なハンズオンだけでなく上級者向けへ新しいコンテンツを作成して提供するなど、ハンズオンコンテンツの進化や拡充がおこなわれていくことになりました。
しかし、ある時からSmartsheet→Tableau Serverの接続が不安定になってきました。IT部門でも詳細がわからず、Tableau Serverのアップグレードが終わるまで待ったほうが良いという判断で、しばらくデータ更新があまり機能しませんでした。
もうこの頃には、みんながハンズオンアンケート結果のデータを見ることにかなり慣れていたので、「データが更新されていない」と分析結果を作成した彼女のもとに大量の問い合わせが来るようになっていました。
ここで、また大きな転機が訪れます。Tableauのバージョンアップで Google Sheetとの直接接続コネクターが追加されたのです。
こうして晴れてアンケートとして入力された結果が記録されている Google Sheetに直接接続してデータを直接見られるようになりました。

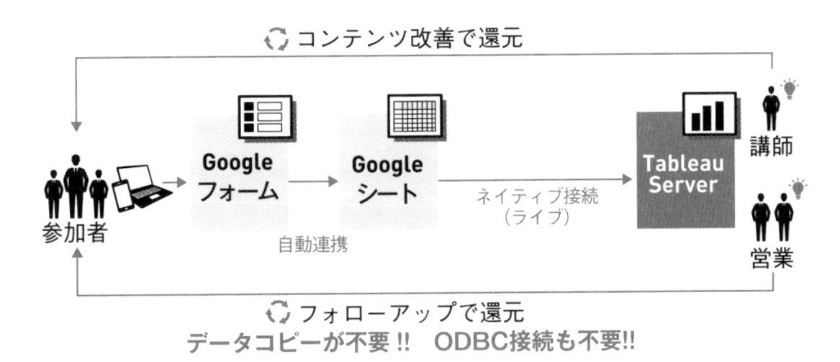

■道具の進化でより理想的な分析プラットフォームに

M　この結果、それまでバッチ処理で更新していたデータを受講者がアンケートを入力した瞬間に参照できるようになり、データの鮮度も向上することになりました。

これは、分析プラットフォーム自身が時代とともに進化したことで助けられた例です。共に歩むテクノロジーを選ぶとき、常に進化し続けているプロダクトであるかは重要な視点となるでしょう。世の中で良く使われているデータをいかに高速に取得できるか、新たなビジョンを持って私たちをデータ活用の次のステージに連れていってくれるような進化にコミットしているか、その道具自身が進化しているかどうかも良く見て選定することが大切です。

分析プラットフォームが支える3つの役割

M　さて、この一連のアンケート分析の中で、分析プラットフォームはさまざまな役割を果たしてきました。
この組織の例では、アンケート結果の分析をしたレポートの置き場所は、じつは最初に紙アンケートを手動で入力していた頃から1度も変わっていません。つまり、レポートの配置されているURLは1度も変わっていませんでした。
このように、データやレポートが進化していったとしても、変わらず支えてくれる土台であることが分析プラットフォームの必要条件であるといえます。
そして、この分析プラットフォームではさまざまな役割を持った人たちを柔軟に支える場所でもありました。
では、分析プラットフォームに関わる人々にはどのような役割があるのでしょうか。今回の例ではさまざまな登場人物が現れましたが、彼らが果たした役割を整理してみましょう。

クリエイター＝データ準備・初期分析設計者

自分だけではなく、周囲の人たちにとってどんなデータが分析に必要か考え、データソースの接続定義から準備するメンバー。ダッシュボードの初期の設計や全社展開で利用するダッシュボードの構築などにも携わるような、いわゆる「パワーユーザー」です。彼らは、この分析プラットフォームにおいて接続するデータの先を設定変更できるので、データがどこに保管されているか、またそのデータがどのように入力されているかを意識する必要があります。
今回の例では、最初にハンズオンコンテンツ改善を提案した講師です。

エクスプローラー＝ダッシュボード作成者・データ探索者

用意されたデータで自分の知りたいことを問いかけるために、自分用のデータビジュアライゼーション、ダッシュボードを作成するメンバー。彼らはカタログ化されたデータを参照しているため、データ取得の方法については気にせずダッシュボードのレイアウトに専念することができます。
今回の例では、講師がクリエイターと兼務しています。

ビューアー＝閲覧者・実行者

クリエイターやエクスプローラーが作成したダッシュボードを見て判断し、実際のアクションを起こすメンバー。彼らにとっては、毎日同じダッシュボードを見ていただけなのに、気づいたらデータ更新が早くなったり、見た目が改善されている状態です。だからこそ、より利用しようという気になっていきます。
今回の例では、営業やハンズオンのその他講師たちです。

M　どうですか。君の組織でも適用できるイメージが湧いてきたでしょうか。

A　そうですね。ちなみに、このあとはどうなったのでしょうか？

M　じつはその後、アンケートの結果だけの分析では顧客満足度は上げられますが、営業活動への貢献が見えなかったため、大きく方向転換することになりました。その結果、受講者のフィードバックと営業成績を完璧にリンクさせるために、顧客から指名した選抜メンバーを3か月かけて育成するという前代未聞のブートキャンプを編み出す、という新しい物語のプロローグでもあるのですが、その話はまたの機会にしておきましょう。

さて、分析プラットフォームは以下のような効果をもたらします。

- **データが常に見られることで必要とされ、美しくなる。**
- **視覚化されたデータは人を動かす。アイディアを生み、ビジネスを変え、またアイディアが生まれ、ビジネスを変えていく。**
- **優れた分析プラットフォームはそんな人々と共に進化していく。**

データと共に歩む終わらない進化の旅の始まりです。

A　なるほど。マスターの貴重な実体験を聞けてよかったです。

M　ん。なんのことでしょうか。

3-4 データを見るだけの人は存在しない

Master　さあ、理想像と過去の事例から、分析プラットフォームがどのような環境を指しているのか、君の組織に必要な分析プラットフォームがどんなものかイメージが湧いてきたでしょうか？
今日の最後は、世界中のデータを取り巻く環境の歴史的な変遷を見ながら、未来の分析プラットフォームが何を目指すのか考えながら締めくくるとしましょう。
そもそも、今から20年前くらいに遡ると、まだデータを活用しようという人は稀であったと思います。もちろん、その当時からデータを使いたいと考えている人はいました。しかし、いまだ専門職の域を出ていなかったでしょう。
しかし、テクノロジーの進化によってより簡易に、だれでもデータを見ることのできる道具が台頭してきました。しかし、簡易に使える道具でさえも、ターゲットとしていた人たちは、自分の手でデータを使いたいビジネスユーザーです。IT開発者としての専門知識はないものの、データの力を通して課題を解決できるという情熱と行動力を備えた人をターゲットにしたのです。「だれでも使える」は真実であり、嘘でもありました。操作がかんたんなことはまちがいありませんが、すべての人がその道具を使って変革を起こせるかというと、それはまったく別の話なのです。
こうした柔軟でかんたんに使える分析プラットフォームは、そのプラットフォーム上で人を育てます。結果的に、必ずしもデータを使って何かを成し遂げようとする意志を最初から持っていない人をも支え、データドリブンの意識を育む土台へと進化する必要に迫られ始めたのです。

3つの役割すべての人を分析プラットフォームに乗せる

M　分析プラットフォームに乗っている人々の3つの役割をおさらいしましょう。

- **クリエイター＝データ準備・初期分析設計者**
- **エクスプローラー＝ダッシュボード作成者・データ探索者**
- **ビューアー＝閲覧者・実行者（クリエイターとエクスプローラー以外のすべての人）**

かつて分析プラットフォームは、自分で能動的に分析するクリエイターやエクスプローラーのための場所として作られていました。ビューアーのような存在は分析プラットフォームでは支え切れておらず、別のレポーティングプラットフォームに外出しにされるか、悪くすればデータを見ないでアクションする人たちでした。
すべての人がデータを見て理解できる世界を作るならば、一部の人を支え切れていないのは問題です。そもそも、データを見て理解するためにデータを使って探索ができるような、つまり自分でダッシュボードを作れるようなメンバーだけをデータドリブン化のターゲットにしていた経緯が問題でしょう。
しかし、すべての人がデータのことを知るためにダッシュボードを作成する世界が、本当にデータドリブンな世界といえるのでしょうか？　本当に大切なことは、データを元に下した意思決定を実際に行動していくことです。
したがって、クリエイターやエクスプローラーが見つけたインサイトにより意思決定をして実行するアクター（＝ビューアー）も非常に重要な役割です。ビューアーに共有されるデータも同じプラットフォームに乗っていなければいけません。データを扱うすべての人を支える分析プラットフォームとして、誰ひとりとしてこぼれ落ちてはならないのです。

3つの役割が担うビジュアル分析のパート

Apprentice 理想はそうですが、分析プラットフォームの上に全員乗せようとすると、ライセンス料もかかってしまいますよね。見るだけの人にお金をかけることを説得するのに苦労しそうです。

M ビューアーを見るだけの人と解釈するのは大きなまちがいです。ビジュアル分析のサイクルでいうと、彼らは以下の役割を担っています。

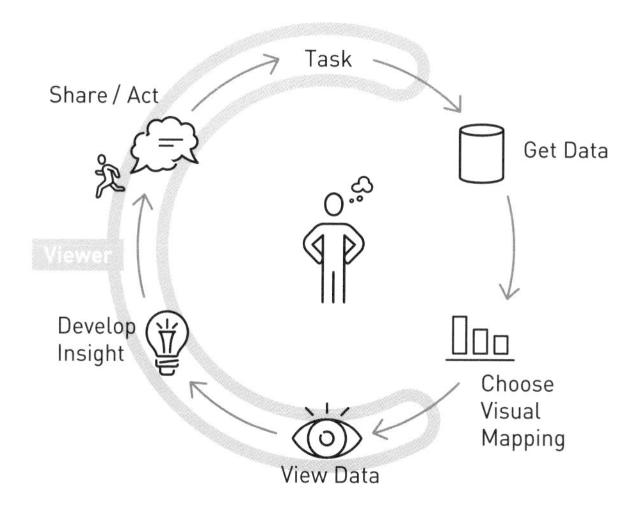

M 重要なのは、ビューアーもまた本来Taskを持ち、Shareされたデータを見てActする責務をおった人間であるということです。決して、ただデータを見るだけの人ではありません。ビューアーたる彼らもこのビジュアル分析のサイクルの連鎖の中に存在しています。

それなのに、同じ分析プラットフォーム上でデータが見れないと、クリエイターやエクスプローラーがビューアーのために都度データを切り出して別の場所に載せ換えるという無駄な作業が発生します。事例でも見たように、クリエイティブでない作業はすぐに廃れるので、共有はまともに働かないでしょう。会社としてやる場合は忘れられることはないでしょうが、人的コストがかかる作業になるので共有される結果の量が激しくカットされることになり、本来共有しなければならないものを共有せずに諦めて終わることもあります。
クリエイター、エクスプローラー、ビューアーすべてがそれぞれの役割をまっとうし、自分が最大限の力を出せる仕事をすることが最も大切です。それを支える土台が分析プラットフォームであるべきなのです。それぞれがビジュアル分析のサイクルのなかで自らが担うパートを把握し、自分の力を発揮するのです。

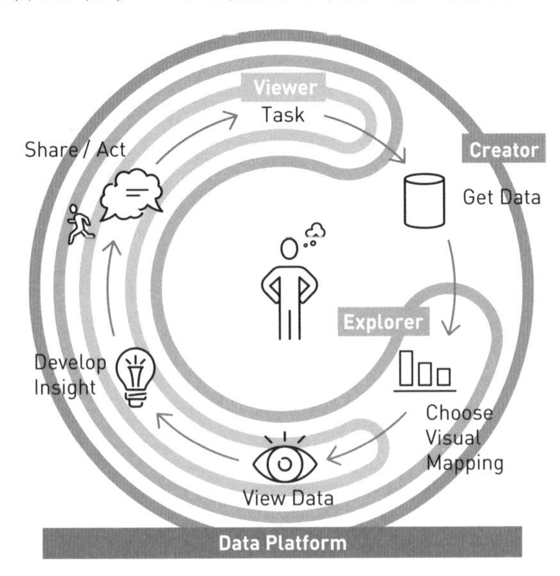

M　もちろん、これにはビューアー自身の決意とクリエイティビティが大きく求められるでしょう。往々にして、自身でデー

タを探索する力を持つクリエイターやエクスプローラーより、ビューアーのデータに関する知識は低くなりがちです。しかし、ビューアーにも最低限データを見て理解できる能力は必要であり、何よりその理解した結果を使って新しいビジネスを生み出していく実行力が大きく求められる役割なのです。
私は、データドリブン文化醸成においてこのビューアーがどういう振る舞いをするかが最も重要であると考えています。ビューアー自身がその自覚を持ち、データドリブン文化を担う決意をするとき、組織のデータドリブン化は大きく飛躍することになるでしょう。

データ原始時代から脱却し、データ文明時代へ

M　私たちは長らくデータを獲得したり、見やすい形に加工することに労力をかけなければデータを活用できないデータ原始時代を生きてきました。しかし、こうした分析プラットフォームによって、データをカタログ化し、分析結果を共有し、多くの人がだれかの用意したものの恩恵を受けられるように進化してきました。
そろそろ用意されたデータを使ってその先のこと、つまりデータを使って何をやるかを考えるステージにやってきているのではないでしょうか。
ITのテクノロジーはいまだに1からすべて準備する概念から脱却できていませんが、これからの時代、データは私たちの意思決定を下す際に必ず必要になるインフラとなるでしょう。
私たちにとって代表的なインフラといえば水道であると思いますが、君は喉が渇いたときのために水を汲みにいく時間を毎日確保していますか？

A　まさか！　いつでも蛇口をひねったら出てきますからね。

M　そういう場所に生きていることは非常に幸運です。人間は水を飲

まなければすぐに死んでしまいますから、水道がない地域に住んでいる人たちは、かめで水を汲みにいく時間を計算して毎日を過ごしています。遠い川まで移動するだけで1日が終わってしまう、そういう地域もあるでしょう。その結果、ほかのことは一切できず、ただ生きるために水を汲みにいく毎日になってしまいます。人のクリエイティビティを発揮する瞬間が訪れることはないでしょう。

データはもう長らくテクノロジーの世界で存在していますが、いまだに水路の整備されていない水と同じです。使うたびに、見るたびに、個々人が準備しないと使えない。その結果みんながデータを準備することをTaskと勘違いしています。本当はその先にあるデータが何を示しているのか、私たちはそれを用いて何を決めようとしているのかが重要なのにも関わらず、です。

データ原始時代から脱却し、データ文明時代へ向かうべきなのです。すべてのデータに関わる人が作業者であることをやめ、創造者とならねばなりません。人は元来、クリエイティブな生き物です。その力を存分に発揮するために、すべての人が安心して生きられる大地（データ）を用意する。これが分析プラットフォームがもたらすべき世界なのです。

HOMEWORK

❶分析プラットフォームを組織に導入する意義を説明する

❷自分の所属している組織の分析環境を整理する

- **現在の自社の分析環境の状態（分析プラットフォームは完成しているか、あるいは構築途中か）**
- **新しい環境へシフトするにあたって、障害になる要素（人、システムなど）**
- **いつを目標（具体的な年月を明記）に、どうやって変えていくかのプラン**

DAY 4

データとは
なにか

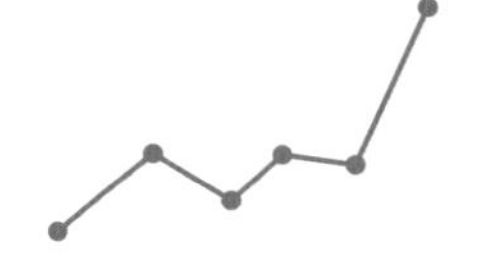

4-1 データの語源と歴史を振り返る

Master　あっという間の1か月でしたね。今日が技術的な講義としては最終日となります。君の組織は変わってきていますか？

Apprentice　はい。マスターのおかげでデータからストーリーを導き、ビジュアルの効果を最大限に活かして伝え、それを多くの人に平等に伝えるための分析プラットフォームの必要性を説き、社内展開が進もうとしているところです。

M　それは何よりです。

A　しかし、私自身は進めば進むほどモヤモヤしてきています。確かにそこにあるデータを見てストーリーを見出したり、どんなビジュアルにすれば自分自身の理解も進み、また人に理解してもらうことができるかもわかり始めてきました。しかし自分がデータを見つめるとき、あと1歩というところでつかみきれないというか、データが表している状況がどういう姿なのかわからずに霧散してしまうことがあるのです。

M　成長というのは終わりのないものです。その悩みは、君が前に進んだからこそ到達できた成長の証と言えるでしょう。まちがいなく言えることは、君はデータを読み解く力を得ました。

A　そうでしょうか。しかし、私はモヤモヤを解消し、あと1歩を踏み込みたい。あと少しでもやが晴れるような気がしているのです。

M　良いでしょう。この1か月の間で君には基礎的なデータリテラシーとデータの向き合い方を学んでもらいました。だれでも理解しておいてほしい基本については、ほとんど伝えることができたと思っています。
最終日の今日、先ほどの瞬間まで、私は君にこれを伝えるか悩んでいました。なぜならこれを伝えることで、終わりではなく始まりの扉を開いてしまうことになろうからです。
しかし、すでに君は覚悟を決めているようです。データと向き合う深淵の旅を進める決意を下したのならば、私も君に伝えねばならないことがあります。
君はデータを見る力を得ました。しかし、いまだ「本質的にそのデータとは何者なのか」わかっていないのです。

A　なんですって？　これだけデータを見る力を鍛えても、データがなんだか知ることはできないと？

M　はい。しかし、多くの人にとってデータを見て意思決定に使用するだけであればそれで十分です。ただし、その先に進みたいと思うならば、どんなデータがやってきても瞬時に自分の力で対話できる力を得たいのならば、さらに前へ進まなければなりません。
君はどうしたいのですか？

A　いいでしょう。ここまで来て、もう引き下がれません。ここまで来たら、意地でもデータが何物とやらなのか理解してやりますとも！

M　すばらしい心構えです。では、今日は君がこれまでずっと向き合ってきたデータとはいったい何者なのか、じっくり遡って探っていくことにしましょう。

データ(data)の語源から意味を考える

M　さて、私たちはそもそも「データ」という言葉について真剣に考えたことがあるでしょうか。君はデータとはいったい何という意味だと思いますか？

A　データはデータですよね？

M　言葉の意味を深く理解しているとき、私たちはその単語を類義語などを駆使しながら言い換えて説明できます。データを言い換えて説明するなら、何ですか？

A　ううむ……。

M　では質問を変えましょう。データは元々何語ですか？

A　英語です。data ですね。それくらいは知っています。

M　そうですね。外国語は日本でカタカナ語になると意味が変わるケースもありますが、データについては同じ意味で使われています。元々の語源である data がどういう意味であるのか理解しておくのは重要な手掛かりになるでしょう。
では、この data は単数形か複数形、どちらだと思いますか？

A　意識したことはありませんでしたが、単数形ではないのですか？

M　data は複数形です。単数の場合は datum（データム）となります。
データ分析は複数の値の集合を比較したり集計するものなので、単一の datum を見て何かすることはないでしょう。したがって、data としてしか知られていないのは仕方のないことかもしれません。日本語はかんたんに外国語をカタカナで輸入できてしまうので、その意味を正しく理解しないまま何となく使えてしまいます。これだけたくさんの人が「データ活用だ」と騒いでいるのに、その意味の根本的なことが理解されていないのは問題です。
言葉が無いということは概念が無いということです。たとえば、明治時代に西洋からやってきた Society は、日本語に「社会」という新しい言葉を作りました。その結果、私たちは社会という概念を知りました。

新しい概念を自分たちの文化に取り入れるプロセスとして、言葉の意味を真剣に考えることは大変重要なのです。

さて、ではもしこのデータを言い換えるとしたらどのような言葉が良いのか、もう少し考えてみましょう。

英語のdataの語源をさらに遡っていくと、ラテン語の「dare（ダーレ）」という言葉に起源を見ることができます。このdareというラテン語は「与える」という意味を持つ言葉です。

A　では、マスターはデータとは「与える」という言葉だと？

M　言葉は使われ続けることにより、時代と共にその意味もまた変化していくものです。無論、現代社会において「データ＝与える」という意味だとは言いません。

しかし、dataが動詞の与えるを語源とした名詞であるということは、私たちから見たデータという存在は、常に与えられるものであるという意味だと考えられます。

データが与えられるものであるというのは、納得できる部分があるでしょう。データとは常に与えられるものですが、与えられたもの（データ）に何か意義や価値を見出すのは、いつでも私たち自身の役割なのです。

「データ」と「情報」の区別

M　データについての興味深い考察は、dataが英語からカタカナ語のデータという日本語として使われるようになってからもおこなわれてきました。すなわち、「データ」と「情報」の区別です。

A　データと情報とは同じではないのですか？

M　混同されがちですが、違います。

- **データ：**ある事実や、それを記録した資料のこと

- **情報**：データを元に意味の解釈できる形にまとめて発信されたもの

データは与えられるものであり、そこに特に意味や意図はありません。ただの事実です。しかし、情報はデータから必要なものを取捨選択し、そこに相手に必要な解釈を加え、届けられたものです。単体では特に意味がない「データ」を、活用できる形にしたものが「情報」であると言ってよいでしょう。

A　もしかして、私はデータビジュアライゼーションを通して「データを情報化」しているのでしょうか？

M　そのとおりです。私たちは、これまでデータを情報にする技術を学び続けてきたのです。私たちがやりたいのは、データの値を隅から隅まで知ることではありません。目の前で起こったわけではない事象をデータという形で与えられたとき、目の前で起こったことと同じように即座の反応で理解し、次のアクションの意思決定に活かす……。それが私たちが目指している世界です。

与えられたものを「記録」したものがデータとなる

A　では、データとは世界で何か事象が起こるたび勝手に与えられて、情報はそこに意図的を付加したものになるのでしょうか？

M　データが勝手に与えられるというのは、明確に否定しておかねばなりません。データと情報は異なると言いましたが、人が介在しているという点では同じです。情報は取捨選択され価値が付加されたものですが、データもまた、何もしなくても自然に溜まっていくものではありません。

A　確かにそうでした。私たちは、増え続けたり種類が多すぎるデータをどう保管するかについても苦しんでいます。

M　もし、世界で起こるさまざまな事象をすべてデータ化できれば、私たちはこれまでより多くのことを知る可能性を手にするでしょう。そして、データから情報を生み出す技術を得る人が多くなればなるほど、その可能性を高められるでしょう。
データそのものに意思や意図はありませんが、世界の事象を何らかの媒体を使って記録するには、人間の意思と力が必要なのです。
データとは、起こった事象そのものではありません。世界で起こった事象を、後から参照できるように記録したものです。私たちはテクノロジーの進化の中で、この記録と実際の事象を限りなく近付けるように努力してきました。すなわち、より細かく精緻に、かつリアルタイムに記録することです。その結果、データの種類や量が増えたのです。
もしも、データを日本語で言い換えるとしたら、私は「記録」であると考えています。「記録」から「情報」を生み出す技術を、私たちは学んでいるのです。

人類最古のデータとは

M　データ（data）という言葉の意味について掘り下げてきましたが、続いてはデータがいつから生まれたかについても考えてみましょう。
人類最古のデータはいつ登場したと思いますか？

A　コンピューターが生まれた時でしょうか？

M　データを見ることによって当時の状況を想像できる記録と捉えると、約3万5000年前に描かれた世界最古の洞窟壁画は、今残る人類最古のデータと言えるかもしれません。

A　洞窟壁画ですか。

M　紀元前3300年頃には文字が登場し、粘土板に記録されるようになりました。いずれもある時点で起こった事象を後からも参照できるように保管した記録ですね。
粘土板の後はパピルスや羊皮紙や紙が登場し、さまざまな媒体に書き記すことでデータは記録されていくことになります。かつてすべてのデータは、記録されたものをみんなで一度に共有できませんでした。複製を作ろうと思ったら、丁寧に1文字ずつ書き写さなければならないものでした。そのため、データというのは、基本的にだれかの手に渡ったら、その人だけが保管できるものでした。共有すべきデータもあったと思いますが、それは非常にコストがかかることだったのです。
印刷技術が登場し、同じものがたくさん複製できるようになったとき、その様相は少し変わりました。同じデータをたくさんの人に同時に届ける技術が広まったのです。印刷技術により本を手に入れられる人が増え、文字を読み書きできる人が増えました。こうして紙に記されたデータは、それまでより増えることになりました。

紙媒体によるデータの4つの問題点

M　しかし、複製技術が進歩しても、紙という媒体に記されたデータにはいくつかの制約がありました。

❶保管場所

紙に印刷できるデータは限られています。どんなに文字を小さく印刷したとしても、人間の目で読める限界というものはあります。結果的に、文字量（データ）が増えれば、紙の量は増えていくことになります。たくさんの紙を保管するには、広いスペースが必要になります。
また、紙は破れたり汚れたり燃えたり湿気たり虫に食われたりと、さまざまな危険にさらされている繊細な媒体なので、保管方法にも気を付ける必要があります。

❷共有方法

いかに同じものがたくさん印刷されているとはいえ、「印刷された数＜見たい人の数」になれば、私たちはそのデータを共有することができなくなります。
図書館の本の返却待ち、在庫の郵送待ち、出版の増刷待ちなど「待てば手に入る」という考え方もありますが、データに関しては、その瞬間に見なければ意味がないものが多く、そのタイミングで見られるものでなければ、あとから印刷が追いついても手にとってもらえないことになります。

❸検索方法

同じものをたくさん印刷されるようになり、欲しいと思った人にできるだけ届くようになってきました。しかし、紙は多くなればなるほど、当人が欲しいと思える情報に到達するのが非常に難しいです。まず、どんな本があるのか、本の中のどこを見るべきか、目次や索引を駆使しても、量が多くなればなるほど大変になり、見逃してしまうことも多くなるでしょう。

❹データの鮮度

紙に印刷されたものは、新しいデータを追加したり更新したりすることが難しいです。印刷当時のデータという観点では確固たるものですが、データとは基本的に経時的に増え、更新や誤りの訂正なども必要になります。そうした時に、一度印刷された紙では対応できず、差し替えなければなりません。

 コンピューターとデータの進化

M　紙媒体の特性とは、根本的には印刷されたものが1人に手渡され、その1枚の紙はほかのだれとも同時に共有できないものでした。そして、増えれば増えるほど探すのが難しく、鮮度を保つことも難しい媒体でした。これを解決することになったのが、コンピューターです。

「鶏が先か卵が先か」のような話ではありますが、コンピューターが生まれたことによってデータが増え、またデータが増えたからコンピューターも進化しました。

現代まで続くテクノロジーの革新の原点となったコンピューターは、1946年に誕生しています。英語のdataが「記録」という言葉に翻訳できなかった理由は、今私たちが考えるデータというものは、おもにコンピューターによって生成されたものであると考えられているからだと思います。データとコンピューターは、切っても切れない関係にあります。

1940年代に生まれたコンピューターは非常に巨大かつ高価で、ごく一部の人たちが使えるテクノロジーでした。1956年のIBM製のハードディスクドライブは5MB（メガバイト）だったそうです。今君のPCにあるファイルをいくつか見て欲しいのですが、ちょっとした画像や資料のファイルが軽く5MBを超えているでしょう。当時はコンピューター全体の最大容量が5MBだったのです。

しかし、進化に伴ってコンピューターは小型化し、汎用化され、多くの人が身近に使う存在になりました。現在では、個人が所有するコンピューターでも1TB（テラバイト）以上のデータが保管できるようになりました。コンピューターなどの端末以外にも、クラウドストレージに保管するなどの技術

も発展しました。
なお、ビジネスの世界ではPB（ペタバイト）クラスのデータが保管され、世界中のデータを合計するとZB（ゼタバイト）クラスのデータが保管されていると言われています。

■データ容量を示す単位

単位	容量
B（バイト）	1B＝8b（ビット）
KB（キロバイト）	1KB＝1000B
MB（メガバイト）	1MB＝1000KB
GB（ギガバイト）	1GB＝1000MB
TB（テラバイト）	1TB＝1000GB
PB（ペタバイト）	1PB＝1000TB
EB（エクサバイト）	1EB＝1000PB
ZB（ゼタバイト）	1ZB＝1000EB

データ飽和状態の現代

M　DAY2で学んだように、人間は数が少なく見えるものを認識する方が得意です。そしてDAY1で学んだように、人間は物事をストーリー立てて認識しようとする生き物です。数少なく即座に認識できたものの間をストーリーで埋めるように想像していきます。つまり私たちは、根本的には少ない断片的な事実から意味を見出していくことが得意な存在なのです。
粘土板も、紙も、飽和状態になるほど私たちにデータをもたらすことはありませんでした。やっとたどり着いたデータはごく少量で、その間を必死に創造力で埋め、検証し、文明や文化を築いてきました。それが、これまでの人間です。

しかし、私たちは今、人類史上初めてのデータが飽和状態になった世界に突入しています。必要かわからない大量のデータが突然押し寄せてきています。これまでデータは希少なものだったので、突然現れた大量のデータも私たちはすべて必要なデータだと思い込んでしまいがちです。私たちはデータを捨てることに慣れていません。そのため、すべてのデータを使おうとしてしまったり、多すぎるデータをどう扱っていいか迷っている間に、大量データの荒波に溺れてしまっているのです。

A　多すぎるデータに慣れていない……。確かに私たちの抱えている問題を言い当てているような気がします。

M　飽和状態に慣れていないために、私たちは本能的に目の前にあるものを掴み取ってしまおうとするものなのかもしれません。捨てる勇気というものはいつでも大変難しいものです。

4-2 データを管理・活用するシステムのしくみ

入力を正確に早くおこなうために生まれたデータ

Master コンピューターとデータは、切っても切れない関係で進化してきましたが、それはデータを正確に効率良く記録するのに、コンピューターが非常に適していたからです。

コンピューターは、人間に指示された計算を何度でも指定された回数だけ正確におこないます。人間は複雑な手順や同じことを何度も同じようにやるのが不得意なので、それをコンピューターに任せると効率が良いのです。逆に、コンピューターが自分の意思で何かを選び取ったり判断したりすることはできないため、判断は人間がおこなうことになります。

コンピューターに計算をさせるためには、その計算の元となるデータを渡す必要があります。処理は何度もおこなわれ、元となるデータや計算結果のデータは再利用されます。さらに、ビジネスで使うのであれば、これらのデータをまちがいなく記録、保管し守られなければなりません。しかも、処理効率を下げないままにです。

そこで、データベースが誕生しました。現在たいていのデータが格納されているのは、リレーショナルデータベース（関係データベース、RDB）と呼ばれているものです。ここに至るまでには若干の変遷がありますが、かなり初期からあったものといっていいでしょう。

リレーショナルデータベースは、「行と列という二次元の枠の中にデータを格納する」「必要に応じて顧客や製品などのマスター情報を関係づけて、動的に参照する」という考え方を生み出しました。
こうして、コンピューターが処理をおこなった結果を記録したデータが誕生することになったのです。
コンピューターから最初に生まれたデータは、まず、処理した結果を正確に、起こったことを確実かつ迅速に記録できることを第一に考えて登場しました。
たとえば、君が銀行のATMに行って、10万円を入金したのに、コンピューターの不具合で記録されていなかったら困りますよね。入金後にはお金は手元になく、先ほど入金した10万円が君のものだとだれも証明できなくなってしまいます。

Apprentice　もし、そうなったら暴れますね。

M　あたりまえのように使っていると思いますが、じつは私たちの周りではさまざまなデータが生成されています。たとえば、SuicaやPASMOで電車に乗ったときなどをイメージしてみてください。以下の3つを瞬時におこなうために、非常に精密で高速に動くテクノロジーが使われています。

- **カードが機械に触れた瞬間に残高があるかどうか検知する**
- **ゲートを開ける**
- **出場時、区間に合わせた費用を引く**

特に、お金に関わるデータは絶対にまちがえられないうえ、遅延して記録することも許されません。銀行の取引、クレジットカードやキャッシュレス決済などですね。非常に繊細で高度な技術を要求するデータなのです。
正確無比な処理を求められるお金の情報だからこそ、処理にムラがある人間の手入力より、コンピューターに決まった処理をさせて便利にしようと考えついたのは必然かもしれません。私たちは、まずこのお金にまつわる情報をコンピューターに処理させ、データ化していきました。

購買履歴の情報は、最もわかりやすいデータです。売れる商品は決まっているので、あとはいつ（場合によってはだれが）何個買ったのかというお金と商品の情報を正確に記録するだけです。イレギュラーなデータが発生しにくいので、パターン化するのが最も容易な種類のデータです。

コンピューターとデータの進化は、こうした形のデータを最もかんたんに入力する方法をまずは模索することから始まりました。いかに効率よく入力するか、入力特化の考え方でデータは誕生したのです。

正規化で入力するデータ量を極限まで減らす

M 入力を効率よく実現するにはどうすればいいでしょうか。コンピューターの性能を上げることも1つの方法ですが、使える技術やコストには限界もあります。データ処理そのものを効率化するために、「入力する量を極限まで減らす」という考えが生み出されました。リレーショナルデータベースによるデータの正規化です。

A 正規化、ですか？

M たとえば、スーパーストアのデータを見たとき、同じ人が何度も商品を購入したり、同じ商品が何度も購入されたりしますね。

A それは、もちろんそうでしょう。

M そのたびに製品名や製品カテゴリ、顧客名や顧客の住所を毎回データに登録する必要があったらどうでしょうか。入力しなければならない列が増えてしまいますね。つまり、データ量が増えます。
しかし、製品が属しているカテゴリや顧客の住所情報というのは、基本的には毎回変わるものではありません。そういう場合、正規化することによって、必要最小限のデータだけを登録し、その他に必要なデータがあれば、関係する別のテーブルを作ってそちらを参照するという手法を取ります。
たとえば、今の例であれば以下のような形です。

- **売上テーブルの項目：**
  製品ID、顧客ID、購入日時、数量、売上金額
- **製品マスタテーブルの項目：**
  製品ID、製品名、サブカテゴリ、カテゴリ
- **顧客マスタテーブルの項目：**
  顧客ID、顧客名、住所、郵便番号、都道府県、エリア

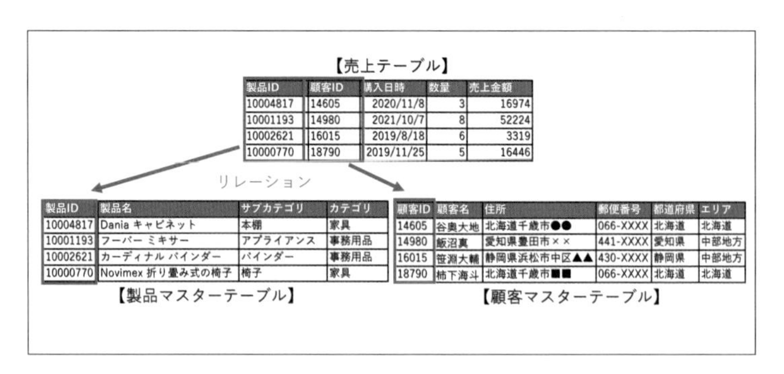

【売上テーブル】

製品ID	顧客ID	購入日時	数量	売上金額
10004817	14605	2020/11/8	3	16974
10001193	14980	2021/10/7	8	52224
10002621	16015	2019/8/18	6	3319
10000770	18790	2019/11/25	5	16446

製品ID	製品名	サブカテゴリ	カテゴリ
10004817	Dania キャビネット	本棚	家具
10001193	フーバー ミキサー	アプライアンス	事務用品
10002621	カーディナル バインダー	バインダー	事務用品
10000770	Novimex 折り畳み式の椅子	椅子	家具

【製品マスターテーブル】

顧客ID	顧客名	住所	郵便番号	都道府県	エリア
14605	谷奥大地	北海道千歳市●●	066-XXXX	北海道	北海道
14980	飯沼真	愛知県豊田市××	441-XXXX	愛知県	中部地方
16015	笹淵大輔	静岡県浜松市中区▲▲	430-XXXX	静岡県	中部地方
18790	柿下海斗	北海道千歳市■■	066-XXXX	北海道	北海道

【顧客マスターテーブル】

■第 2 正規形のイメージ

M　実際には、カテゴリやエリアのような名称にも ID を振りますが、ここでは割愛します。
こうすることによって、売上が発生したときは売上テーブル

に行を追加すれば良いことになります。「いつ、どこで、だれが、何を、どれだけ買ったか」という情報を必要最小限で記録することができますね。その顧客がどこに住んでいるか、その製品がどんな製品なのかは記録するときには必要なく、あとで参照できれば良いので効率が良い方法です。

ちなみに、先ほどの例は「第2正規形」と言い、さらに正規化を進めた「第3正規形」もあります。

第2正規形では、サブカテゴリの親カテゴリが変更になったとき、製品マスターにある該当するすべてのサブカテゴリの親カテゴリを更新しなければいけません。

更新を極限まで効率化した第3正規形は、以下のような形です。

- **売上テーブルの項目：**
  製品ID、顧客ID、購入日時、数量、売上金額
- **製品マスターテーブルの項目：**
  製品ID、製品名、サブカテゴリ
- **製品サブカテゴリマスターテーブルの項目：**
  サブカテゴリ、カテゴリ
- **製品カテゴリマスターテーブルの項目：**カテゴリ
- **顧客マスターテーブルの項目：**
  顧客ID、顧客名、住所、郵便番号
- **郵便番号マスターテーブルの項目：**
  郵便番号、都道府県
- **都道府県マスターテーブルの項目：**都道府県、エリア
- **エリアマスターテーブルの項目：**エリア

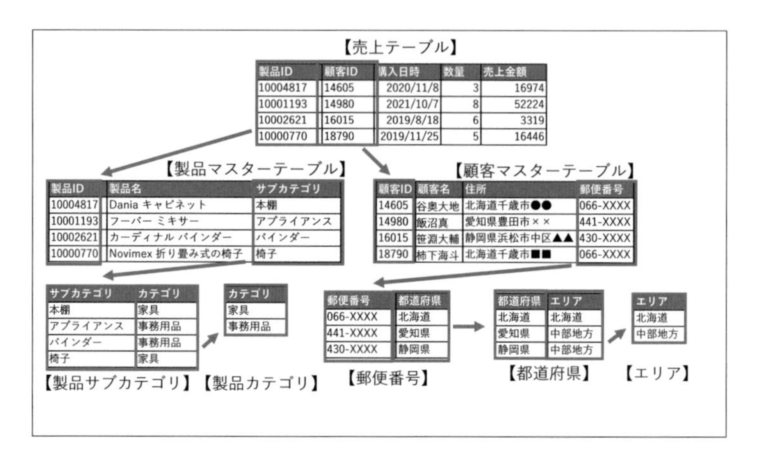

【売上テーブル】

製品ID	顧客ID	購入日時	数量	売上金額
10004817	14605	2020/11/8	3	16974
10001193	14980	2021/10/7	8	52224
10002621	16015	2019/8/18	6	3319
10000770	18790	2019/11/25	5	16446

【製品マスターテーブル】

製品ID	製品名	サブカテゴリ
10004817	Dania キャビネット	本棚
10001193	フーバー ミキサー	アプライアンス
10002621	カーディナル バインダー	バインダー
10000770	Novimex 折り畳み式の椅子	椅子

【顧客マスターテーブル】

顧客ID	顧客名	住所	郵便番号
14605	谷奥大地	北海道千歳市●●	066-XXXX
14980	飯沼真	愛知県豊田市××	441-XXXX
16015	笹淵大輔	静岡県浜松市中区▲▲	430-XXXX
18790	柿下海斗	北海道千歳市■■	066-XXXX

【製品サブカテゴリ】

サブカテゴリ	カテゴリ
本棚	家具
アプライアンス	事務用品
バインダー	事務用品
椅子	家具

【製品カテゴリ】

カテゴリ
家具
事務用品

【郵便番号】

郵便番号	都道府県
066-XXXX	北海道
441-XXXX	愛知県
430-XXXX	静岡県

【都道府県】

都道府県	エリア
北海道	北海道
愛知県	中部地方
静岡県	中部地方

【エリア】

エリア
北海道
中部地方

■第３正規形のイメージ

正規化されると、データ入力時の労力が減るのと同時に、名称が揃うというメリットもあります。入力されたデータを参照したときによくある問題である名前のズレ（同じ住所なのに全角・半角が違ったり、明らかに同じ名称なのに余計なスペースや入力ミスにより同じデータとして認識されないこと）が起こりづらく、名寄せの技法としても活用できます。

A　では、すべてのデータは第３正規形にしておけば良いのでしょうか？

M　もしそうだとすれば、世界中のデータはすでにすべて正規化されていることでしょう。しかし、実際にはそうなっていないケースも多いです。

正規化にこだわりすぎると、参照時に大量のテーブルを結合しないと必要な情報が得られないため、パフォーマンスが劣化するという問題があります。また、ファクトテーブルとマスターテーブルに厳格な依存関係を作ってしまうと、マスターテーブルに登録されていない製品を登録できないことにより、タイムリーにデータを登録できないなどの課題も出てきます。実際の業務では、必ずしも第3正規形が正解ではなく、やりたいことに合わせて選択していくことになります。

基幹系システムとデータの活用

M 初期に誕生したシステムは、まず迅速かつ正確にデータを記録することから始まりました。コンピューターによる処理とその履歴の記録として保管されるデータは基幹系システムと呼ばれ、企業の中枢に不可欠な存在になりました。

基幹系システム＝コンピューター処理＋記録として保管されるデータ

これらを推進したのは、グローバル化の影響もあったでしょう。それまでは地域密着であり目が届く範囲でのビジネスのみで成立していましたが、多くの人が地域を超え、世界中を相手にビジネスをおこない、関わる人も取引の量も多くなりました。いつまでも紙の帳簿に記録されたデータでビジネスをおこなうことが困難になってきたのです。
基幹系システムは、ビジネスの中心にあり、止まったらビジネスもろとも止まるというようなしくみなので、ビジネスクリティカルなシステムと呼ばれ、多くのテクノロジーの会社がまずは基幹系システムをいかに効率よく、止めずに安定して動かせるかということに注力していました。
ところが、取引記録として処理のために溜められたデータは、ただ溜まっているだけであればストレージを圧迫するだけです。データを格納するストレージが貴重だった時代には、保管するだけでも料金は莫大になってしまうので、古いデータは捨てたくなります。しかし、何かあった時に取引記録を確認しなければならないこともあるため、安易に捨てることもできません。
そんな中、データそのものに注目する人たちも現れました。「どうせ保管しなければならないのなら、何かに活用できないものか」ということです。蓄積されたデータとは、過去の記録です。データを見ることで過去に起こっていたことを把握し、今の意思決定に活かせるのではないか、という動きが高まってきました。
こうして、基幹系システムの隣に、「情報系システム」が立つことになりました。これが、現代にまで続く「データをどう活用するか」という挑戦の日々の幕開けです。

データを情報にするための情報系システム

A　基幹系システムはよく使いますが、「情報系システム」は初めて聞きました。

M　基幹系に対する言葉として、システムエンジニアの間で使われるような言葉ですね。非常に広義な意味を持つ名前なので、使っている人によって具体的に何を指すかが違っているのが現状です。古くには意思決定支援システムと呼ばれていたこともあります。Business Intelligence = BI システムを情報系だと思っている人もいます。次の 3 点セットを情報系システムと呼ぶ人もいます。

- **ETL(Extract Transform Load) システム**
- **DWH(データウェアハウス) システム**
- **BI システム**

A　システムエンジニアの人たちがすぐ 3 文字アルファベットの

用語を使うのには辟易します。

M　おっしゃるとおりですね。
情報系システムとは、よりわかりやすくまとめると「データを情報にするためのシステム」です。データを情報にするには、おもに次の3つのしくみが必要で、それぞれのしくみがシステム名になっています。

- **データを基幹系システムなどから取得する：**ETL
- **取得したデータを溜めておくための場所：**DWH
- **溜めたデータを引き出して参照する：**BI

つまり、これらはすべて情報系システムの一部となるものです。

A　では、情報系システムは「ETL/DWH/BI」の3点セットということですね。

M　それだけとも言い切れません。これら3つがメインのしくみであることはまちがいありませんが、データを情報にするためには、もっとたくさんやらなければならないことも増えてきました。たとえば、機械学習やAIを活用した予測分析などをやろうと思ったら、これら3つにデータサイエンスのシステムも加える必要が出てきます。
情報系システムとは、特定のツールやしくみを指すものではなく、データを情報にするためにその企業が必要としているしくみをまとめた総称と考えておきましょう。

情報系システムがクリアするべきポイント

M　しくみとしては幅の広い情報系システムですが、どのようなしくみを使うのであれ、システムとしてクリアすべきポイントは、大きくわけると以下にまとめられます。

❶使用者がデータを使ってインサイトを得られるしくみである

- **ⓐ できるだけ最新〜過去の長期間にわたるデータを漏れなく使えるように格納しておく**
- **ⓑ 参照したい時にすぐに参照できる（データのありかが明確で、使用者の希望に即した速度でレスポンスを返す）**
- **ⓒ システム側から見るべきものやインサイトの提案がある**

❷ビジネスクリティカルである基幹系システムのデータ入力を絶対に邪魔しない

A たったこれだけなのですか？

M はい。本当にシンプルなことですが、たった2つのこのニーズを満たすために、世界中の人が叡智を結集しながら、今もなお苦労しているのが現状です。

A ❶は良いとして、❷の基幹系システムのデータ入力を絶対に邪魔しないというのはどういうことでしょうか？

M 良い着眼点です。先ほどの銀行やSuicaの例でも見ましたが、ビジネスの取引記録を司るデータが入力される基幹系システムは、非常に繊細で失敗の許されないシステムです。
君は、自分のパソコンやスマートフォンなどで、たくさんのソフトやアプリを同時に立ち上げてしまい、固まってしまってアプリや端末を強制終了したことはありませんか？

A 時々ありますね。固まった時はイライラするものです。

M 固まる直前まで、何か文字を入力していたとしましょう。固まって強制終了した時、途中まで入力していた文字はどうなりますか？

A 消えて無くなりますね……。長々書いていたメールが吹っ飛んだ時には涙目になります。

M 近年は自動保存の技術があり、すべて消えることは減ってきましたが、それでも、いくらかの入れようとしていたデータが消えることがありますね。
いかに正確無比を誇るコンピューターといえど、一度に多くの（特にまったく異なる種類の）処理をおこなわせることは、大変難しいのです。
しかし、取引を記録する基幹系システムでは、入れなければならなかったはずのデータが消えることは許されません。
基幹系と情報系システムがやりたいことは、それぞれ以下のとおりです。

- **基幹系システム：**データを正確に漏れなくその瞬間に記録する
- **情報系システム：**入力されたデータを参照する

シンプルに考えると、入力された基幹系システムのデータをそのまま覗き見ることができたら、わざわざデータをコピーして持ってこなくても良いですね。入力された瞬間に、リアルタイムのデータを参照することができるはずです。
しかし、それをおこなわなかったのはなぜでしょうか。先ほどのパソコンの例で見たように、さまざまなリクエストを受け取るシステムは、リスクが高くなります。もし、入力されたデータを参照しにくる情報系システムの処理が、入力しようとする基幹系システムの処理とぶつかると、基幹系システムが止まったり遅くなることになります。ビジネスクリティカルなシステムに、そのリスクを負わせることは絶対にできなかったのです。

そのため、情報系のシステムは、わざわざデータが生まれたシステムからデータを複製して持ってきて、元データの入力に影響を与えないようにしたのです。

巨大化するデータを保管するためのデータウェアハウス(DWH)

A　データが複製されたことで、基幹系システムのデータ入力を邪魔することは避けられたことになります。あとは、使用者がデータを使ってインサイトを得られるしくみであることに注力することになったのでしょうか。

M　そのとおりです。しかし、たった1つのその要求を叶えるために、さまざまな努力と工夫が凝らされ、今も終わることなく続いています。

情報系システムは、まず基幹系と切り離したコピーのデータベースが用意されることから始まりました。しかし、すぐに問題が起こります。溜め込んだデータの量が多すぎて、必要な結果が期待した時間内にまったく返ってこない、というパフォーマンスの悪さです。過去から現在まで、データにまつわる苦しみのほとんどは、パフォーマンスの問題に起因するといっても過言ではないでしょう。

コンピューターのハードウェアの進化は、それを助けるはずでした。一方で、テクノロジーの進化以上の速さでデータが増加していくので、結局はいたちごっこです。私たちは効率よくデータを参照する術を探す必要がありました。

パフォーマンスが悪い原因の1つは、極端に正規化されたテーブルです。正規化は、テーブルに入力するデータ量を極限まで減らして入力を高速にするしくみでしたが、逆にデータを参照しようとすると、複数のテーブルを参照しなければ目的の値にたどり着けないという問題がありました。

たとえば、第3正規形の例で出した以下のテーブルを使って、カテゴリごとの売上金額を参照したいと思ったらどうなるでしょうか。

- **売上テーブルの項目：**
  製品ID、顧客ID、購入日時、数量、売上金額
- **製品マスターテーブルの項目：**
  製品ID、製品名、サブカテゴリ
- **製品サブカテゴリマスターテーブルの項目：**
  サブカテゴリ、カテゴリ
- **製品カテゴリマスターテーブルの項目：**カテゴリ
- **顧客マスターテーブルの項目：**
  顧客ID、顧客名、住所、郵便番号
- **郵便番号マスターテーブルの項目：**
  郵便番号、都道府県
- **都道府県マスターテーブルの項目：**都道府県、エリア
- **エリアマスターテーブルの項目：**エリア

売上テーブルから「売上金額」と「製品ID」をひっぱり、「製品ID」で結合した製品マスターテーブルから「サブカテゴリ」をたどって、製品サブカテゴリマスターテーブルの「カテゴリ」にようやく到達します。たった2列のデータが必要なだけなのに、ここに到達するために使いもしない項目のテーブルを経由しないと、必要なデータにたどり着けないのです。これでは到底パフォーマンスを上げられません。
そのため、情報系システムでは、正規化されたデータを再び非正規化し、1つの巨大なテーブルを作ることから始められました。この大きなテーブルを「大福帳」と呼んでいる人も

いますね。
正規化を解除するということは、最も大きなテーブルであるファクトテーブルの1行あたりの列数が多くなるということです。製品名やカテゴリなどの列に何度も同じ値のデータが登場します。つまり、同じデータを提供できるはずのシステムですが、データ量は増えることになりました。
さらに、情報系システムとしての役割を果たすためのデータは、そのほかにも大きくなりがちな要因があります。

保管期間

基幹系システムで必要なデータが直近2年ぶんくらいで済んでも、情報系で分析用途で使う場合、過去の季節性トレンドなどを見たければ、5年などできるだけ長い期間のデータが必要です。

データの種類

分析対象のデータは、企業内にある対外的な取引データだけでなく、社内の在庫や工場などの商材に関するデータ、カスタマーサービスへの問い合わせデータや組織内の人事データなど多岐に渡ります。たとえば、取引数、在庫数、予測される生産予定の商品数のデータを掛け合わせて、「あとどのくらい販売できるのか計算したい」といったニーズは容易に想像できるでしょう。情報系システムのデータを複製してくる理由は、基幹系システムの処理を邪魔しないことだけでなく、複数のシステムから発生したデータを掛け合わせて見るために、1箇所にまとめる意図もありました。
このように、情報系システムのデータは慢性的に巨大化しやすいのです。ただでさえ正規化を解除されて、1テーブルあたりのデータが膨大になっているのに加え、期間も長く、種類も多岐にわたるデータを、1つの場所にまとめておかなければならないのです。

こうして、情報系システムのデータを格納する場所のことをデータの倉庫（Warehouse）、データウェアハウス（DWH）と呼ぶようになりました。

膨大なデータを集計・視覚化するBIツール

M 情報系システムに格納されたデータは、種類も量も膨大です。これらのデータを理解できる形にするためには、集計と視覚化をおこなわなければなりませんでした。

そこで、データウェアハウスに入っているデータを見せられる形にするためのアプリケーションが生まれました。それがBusiness Intelligence（BI）ツールです。

基幹システムからデータがやってきてDWHに入り、そのデータを参照するしくみとしてBIがあります。

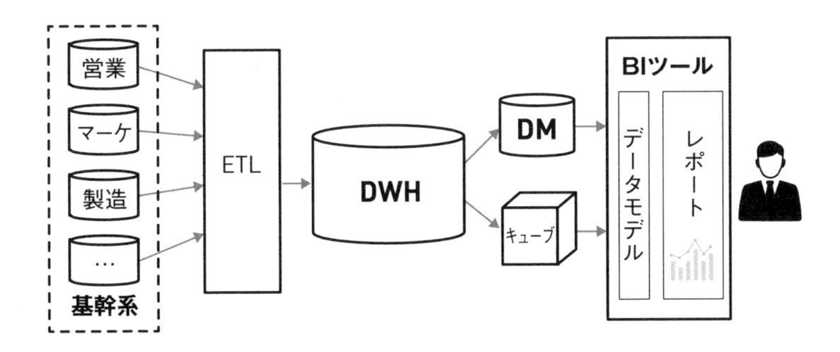

■情報系システムの構成イメージ

M 私たちがDAY3までに学んできたことは、このBIツールがに担う領域をどれだけ効果的にできるかというレポーティングの技術と、データを見る文化を広めるということでした。

基幹系からデータを変換して取り込むETL

M　先ほどの情報系システムの図では、基幹系システムとDWHの間に「ETL」がありました。ETL（Extract Transform Load）は、基幹系システムからデータを抽出（Extract）し、変換（Transform）して、DWHへ流し込む（Load）ためのツールとして登場しました。

A　変換とは具体的に何をするのでしょうか？　そのままデータを入れるのではダメなのですか？

M　それは、非常に的を得た質問です。変換にはさまざまな処理がありますが、代表的な例を挙げましょう。営業が扱っているデータに書いてある商品名と、マーケティングが作成したWebサイトに掲載されている商品名が異なったという経験はありませんか？

A　あります。なぜ営業データに合わせた名前にしないのかといつも思っています。

M　マーケティングの人たちも、君に対して同じように思っていることでしょう。名前がシステムによって異なるのは必然です。なぜなら、目的によって付けたい名前が異なるからです。

- **営業部**：社内的にわかりやすい商品名でデータを管理したい
- **マーケティング**：お客様が見たときに魅力的に感じてもらえる名前を付けたい

名称をそろえることは現実的ではありませんが、要するに同じ商品であることがわかれば良いのです。そこで、同じIDを付与することが一般的です。

しかし、まったく異なる2つのシステムで生成されたデータで、同じ商品に同じIDが割り振られていることは、よっぽど最初に緻密な設計をしておかなければ稀です。そもそも、近年は営業やマーケティングのしくみをSaaSサービスなどでアウトソースしていることも多く、IDを自由に付けること自体が不可能であるケースも多いでしょう。

すると、営業とマーケティングが扱っている商品データはどれとどれが一致しているのか、突き合わせる必要が出てきます。

また、入力時のデータが自由であったために、同じ名前が違う値で入力されたりすることもあります。たとえば、入力ミスや漢字変換の誤差、余計なスペースなどです。こうした、いわゆる汚いデータをまとめたり分類したりして、きれいにしなければなりません。

このような処理のことを「データクレンジング」や「名寄せ」と呼んだりします。

- **データクレンジング**：汚いデータをまとめたり分類する
- **名寄せ**：同じ意味なのに登録が異なっているデータを直して名前を寄せて使いやすいデータにしていく処理全般のこと

A　データの変換は「名寄せ」であるということでしょうか。

M　いいえ。そのほかにもたくさんの変換が想定されます。たとえば、次のようなものですね。

- **ある条件を満たした行にだけ番号を割り振る**
- **不要なデータをフィルターして削除する**
- **正規化されたテーブルを結合済みにして非正規化する**

DWHはリレーショナルデータベースで作られているので、SQLという専用の言語を使って、これらの変換をおこなうこともできます。しかし、SQLなどのコーディングに依存すると、高度なスキルを持った人が書いたSQLを再現できず、作業が属人化したり、逆に、あまり上手に書けない人が手を加えたSQLをもう二度とだれも読み解くことができず、改修不可能なブラックボックスシステムになってしまうことがあります。
そこで、こうした複雑な処理をGUIベースで処理を平準化・可視化しようとするのが、ETLツールの役割です。

ETL/DWH/BIの各ツールは明確に分けられるものではない

M 「ETL」「DWH」「BI」という、君が嫌いでシステムエンジニアが大好きなアルファベット略称について解説してきました。これらを解説した意図は、君にこの用語使って人に説明して欲しいということではありません。
これらは、世の中にあるさまざまな製品群を取りまとめる「カテゴリ」のようなものです。一般的には以下のように分けられたりしますね。各製品がそれぞれのカテゴリの配下にくくられているように紹介されているわけです。

- **ETL**：Informatica PowerCenter、Talend Data Fabric、DataSpider Servista　など
- **DWH**：Amazon Redshift、Google Cloud BigQuery、Snowflake　など
- **BI**：Microsoft Power BI、Qlik Sense、MotionBoard　など

しかし、じつは各製品は、自分たちをそのカテゴリの配下に収まっていると思っていないことが多いです。自分たちが割り当てられた役割の位置を中心としながらも、隣に広がる領域に手を出していくケースがあります。
たとえばTableauの例を見ると、元々BIとしての機能を中心に据えて開発されてきました。ですが、データ抽出の機能を向上させてDWHを補完したり、データを取り出して変換してロードするETLのような「Tableau Prep」を出したりしてきました。私はTableauのこれらの機能がDWHシステムやETLシステムを完全に代替するものだとは思っていませんが、一方で一部でも機能的に代替するものとして活用する人々もいます。非常に便利な機能であることはまちがいなく、データ活用における新たな在り方を提示しているのだと思っています。
いずれにせよ、単なるBIというカテゴリの範疇を明らかに超えてきています。ごく小さな規模のしくみであれば、TableauのPrepとHyper（データ抽出）を使って、情報系システム全般を満たそうとしてしまう人もいるでしょう。
もちろん、各製品の特性と限界も理解しておくことは大切です。Tableauの抽出ファイルはデータベースではないので、トランザクション管理や行レベルの上書き更新はできません。そうした限界をふまえたうえで、DWHのようなものとして使うか否かは、使用者が決めなければならないことです。
ETL/DWH/BIの3つカテゴリがどういった役割なのかを正しく理解し、以下のような観点で考える必要があります。

- **今自分がおこなおうとしている処理はどこに属する処理なのか**
- **その処理をどの製品にやらせようとしているのか**

- **それはその製品が可能な範囲の処理であるか**
- **世の中に日進月歩で現れる製品たちがどのカテゴリへ進出していこうとしているのか**

情報系システムを１から自分で開発する時代は、おおむね終焉を迎えています。自分のやりたいことに最適な製品を迅速に選択して、次のアクションへ進んでいくことが求められる時代です。
こうしたことに目を向けておくことは、より効率よくデータを使いテクノロジーを駆使した意思決定を下すことに力を貸してくれるでしょう。

データの入力値を制御する

M　ところで、少しばかり横道に逸れますが、「データの入力値を可能な限り自由にさせない」ということも、入力を司るシステムでおこなわれてきた努力の１つでした。
たとえば自分の名前を入力するときでさえ、自由入力にすれば氏名の間のスペースの有無、スペースが半角か全角か、漢字入力かローマ字か、あるいは入力ミスなど、入力者全員に同じように入力してもらえることのほうが稀です。自由入力は、自由な反面そろえるコストが高すぎます。
そこで、入力フォームに入力のルールを付加して、それ以外の形式では入力できないようにするしくみなども整えられてきました。たとえば、電話番号は全部半角数字だけか、ハイフンありにするのかなど、ある程度法則性のあるデータであればフォームで制御できるようになりました。
最も困るのは名称です。これを完璧に制御しようとすると、事前に登録されたリストから選択させる必要があり、過去に登録がない値は登録できない問題が発生します。とはいえ、選択制と自由入力どちらも容認すると、登録がすでにあるのにうまくヒットせず、重複して入力してくる人もいます。データ入力とデータクレンジングの課題は常に尽きません。
最も理想的なのは、「人が入力しなくても自動的に検知して入力される」データです。売れたら自動的に登録される、メールを送ったら自動で登録される、最近はフリーテキストで送られてきたメールからスケジュールのデータ入力を提案してくるようなことも増えてきました。入力制御か、自動化か、あるいは似たような言葉を自動的に名寄せするしくみも登場しています。
データ入力に関しても、データ参照と同様に課題は尽きないですが、これらも今後発展していく分野になるでしょう。

DWHのパフォーマンスを上げるデータマートとキューブ

M　DWHにやってきたデータは慢性的に量が多く、かつてのコンピューターリソースでは高速に処理することに限界が見えていました。データの量が多くて処理しきれないのであれば、できることは1つだけです。

A　データの量を減らすということですか？　しかし、それでは大量のデータを分析するためにたくさんのデータを格納した意味がないですよね。

M　データを減らすには、おおまかに分けると2つの方法があります。

- **データをフィルターする**
- **データの粒度をあげる**

A　データの粒度、ですか？

M　かんたんに言い換えると、集計するということです。
たとえば、1秒に1回記録されるデータが2年分入っていたとしたらどうでしょうか。2年×365日×24時間×60分×60秒＝63,072,000件になりますね。しかし、見たい粒度が1日単位だったとしたら、「24時間×60分×60秒」の部分は不必要です。2年×365日＝730件のデータで済むわけです。これで、86,400分の1まで圧縮できることになります。
1日単位で集計した730件の情報が欲しいだけなのに、毎回6300万件のデータから集計していたら、コンピューターのリソースがひっ迫してしまいます。
このように、DWHのデータは集計されて使われることが多くなりました。
参照で使われる場合、どちらかというと細かい粒度のデータより、ある程度集計された全体感が見えるデータのほうがニーズがありました。そのため、データをあらかじめ集計して保管することが増えていきました。
このようなデータのことを「データマート（DM）」と呼びます。DWHに大量に保管されたデータをそのまま使うことは難しいので、データが倉庫（ウェアハウス）から小売店（マート）に出品されて使えるようになるという意味です。
長期間にわたるデータは集計値で参照しながらも、直近2週間のデータは秒単位の最小粒度で参照したい、といったニーズもあり、このような場合は、フィルターされた最小粒度のデータでデータマートが作成されることもあります。
DWHはたくさんのシステムからデータを集めた統合データベースですが、参照の要件に合わせて切り出されたたくさんのデータマートが作成されることになりました。

そして、DAY1で見てきたように、多くの分析者が複数の切り口（ディメンション）を使って分析をしたいと思っていたので、複数の切り口の掛け合わせであらかじめ集計されたデータを格納する「マルチディメンショナル（多次元）データベース」も誕生しました。「キューブ」とも呼ばれます。

A　キューブ、ですか？

M　リレーショナルデータベースは列と行の二次元です。キューブではあらかじめ地域と時間と人などの複数のディメンションで区切って集計したデータを格納しているため、「多次元」と呼んでいます。多次元なので、必ずしも三次元というわけではありませんが、平面的な二次元のリレーショナルデータベースの対義語として、立体的な「キューブ」をイメージした通称ですね。選択されたディメンションに応じた結果を返すことに特化した「分析用データベース」のことです。
DAY1で説明したドリルダウンやドリルスルーは、これらの考え方と同じくらいにできた言葉です。キューブの中をドリルで進んで行ったり、スライス&ダイスなんていう言葉も、明らかにキューブ（正立方体）をイメージしていると思います。
元々DWHは、あらゆる場所にあるデータを統合するために用意されました。しかし、パフォーマンスが悪いために、せっかくまとめたデータを再度複製してまたバラさなければならなかったことは悲劇的でした。
とはいえ、私たちは時間がかかってしまえば、思考のフローは途切れ、インサイトは得られません。人がデータからインサイトを得るために、パフォーマンスはどうしても捨てられないのです。

データマートとキューブの処理の限界

M　データマートやキューブは、パフォーマンス向上に貢献していましたが、すぐに限界が訪れました。データマートやキューブは、事前集計処理が必要なものです。したがって、事前の要件定義・設計・実装・テストというシステム開発が不可欠です。

しかし、分析者はデータを見ていくうちにさまざまな質問にぶち当たります。

「カテゴリごとの売上は家電が1番か。家具も頑張っているな。サブカテゴリまでドリルダウンしたらどうだろう。さて、これらのサブカテゴリはどの地域で売れているか？　中部地方での売上が良いようだ。では、都道府県まで深掘りしたみたい……。いや、都道府県のデータはないぞ！　どうしたらいい？」このように、集計された値では、その先を深堀りしたくてもできませんね。

これらの要求は、Tableauのようにだれでも自由に分析できるモダンなBIツールの台頭と共に、より顕著になってきました。こうした疑問に応えるには、すべてのあり得るディメンションの集計値を持っているのが理想です。しかし、それではほとんどDWHに入っている超巨大データと変わらない粒度、範囲、件数になってくるでしょう。

最初の設計で、分析ではここまでできればいいと要件定義で合意していたとしても、実際に使っていくうちに新たな項目に依存した質問が表出します。もちろん、データ分析というものはそうあるべきものです。分析を進めるうちに新たな疑問を持つことで、今まで自分の経験だけではわからなかった新たな発見や意思決定に役立つインサイトを得られるのです。

情報系システムは、このようなその場その場で登場する疑問に答えてこそ有用なものとなるはずです。そもそも入力値として存在していないデータならともかく、明らかにDWHに存在しているはずのデータに到達できないという、大きなジレンマを生み出してしまったのです。

新たな要求があるたびに開発されるデータマートによって、分析に使う1テーブルあたりのデータ量は減るでしょう。しかし、DWHシステム自体に格納されるデータ量は、複製が重なり、同じ意味を持つデータに対して使用されるストレージ容量がどんどん増加していきます。開発工数も増大するばかりです。

そこで、大きなデータをなんとかそのまま処理できないかとする工夫が生まれました。

巨大なデータを直接処理するためのインメモリデータベース

M システムの進化はデータ量の増大とのいたちごっこでしたが、ハードウェアも大きな進化を遂げる時代になってきました。コンピューターのストレージ容量だけでなく、今まさに処理しようとする対象のデータを載せるメモリの容量も、格段に増大したのです。メモリは元々大変高価なもので、ほんのわずかな容量しか搭載できなかったのですが、技術革新により個人のパソコンでも16GBくらいは平然と載るようになり、サーバーになるとTBクラスのメモリも載せられるようになってきました。

メモリとは、HDDなどのストレージと違って、書き込みと読み込みの速度が格段に早いしくみです。その瞬間に処理したいデータを全部メモリに載せきることさえできてしまえば、システムを高速に動かせるのです。

こうして、処理するデータをメモリをふんだんに使って処理する「インメモリデータベース」が登場しました。今も多くの最新のデータベースが多かれ少なかれ使用している技術です。

列指向と行指向

M メモリの容量が大きくなったとはいえ、できればメモリに載せるデータは極限まで少なくしたいものです。そこで、参照を効率化する「列指向」の方法も誕生しました。
データベースは、元々入力に特化したものです。そのため、以下のように、ごく一部の行に対して行にある全列をなめる「行指向」のものでした。

- **新しいデータの入力は基本的に末端の行をポイントして新たな行を追加する**
- **追加するときは行にあるすべての列一つひとつに書き込みする**

しかし、DWHの用途は参照特化です。私たちは参照するとき、行にあるすべての列のデータを見るケースは少ないです。たとえばカテゴリごとの売上であれば、「カテゴリ」と「売上」の2列を参照するというように、列ごとの参照をおこないます。その代わり、末端の行だけではなく、全行にまたがって参照・集計することが多いです。
このように、いくつかの列に対して全行を縦に参照するのに効率化できる方法が、「列指向」です。現行の多くの代表的なDWH特化型データベースがこのしくみでデータを格納しています。
さらに、列指向に特化した圧縮方法を適用していきます。

カーディナリティが低ければより小さく圧縮されるため、より高速にデータ集計を実現できるようになりました。

カーディナリティ

A DAY3でも出てきましたが、カーディナリティとはなんでしょうか？

M データと向き合うにあたって、カーディナリティは非常に重要な概念です。ここでしっかり押さえておきましょう。
「カーディナリティが低いデータ」というのは、具体的にはカテゴリのようなデータのことです。DAY1のデモでは、カテゴリには「家具」「家電」「事務用品」という3種類のデータしか入っていませんでしたね。
逆に、「カーディナリティの高いデータ」というのは、製品IDやオーダーIDなど、数多くの種類が入ったデータです。
カーディナリティの高さは、データの粒度の大きさで言い換えることができます。

- **カーディナリティが低い＝粒度が大きい**
- **カーディナリティが高い＝粒度が小さい**

たとえば、「年」のデータはカーディナリティが低く、「年月」になればよりカーディナリティは高くなります。
ストーリーテリングでは、まず大きな粒度のデータ（カーディナリティが低いデータ）から把握していきます。私が見せたDAY1のデモでも、まずは「カテゴリ」からデータを見ましたね。カーディナリティが高い「製品名」でいきなり分析しようとすると、粒度が細かすぎて全体がつかめません。
ビジュアライゼーションとして最適な視覚化を選ぶ時にも、

カーディナリティの考え方は重要です。カーディナリティが低いデータをディメンションに選ぶと、表示するマーク数が少なくなり、1データポイントに対して画面のうちより大きな面積割り当てることができます。たとえば棒グラフで分けたり、色相に設定するのも相性が良いでしょう。

DAY2に、国ではなく地域を色相に設定したことによって傾向を把握しやすくなった例がありました。これはまさに、カーディナリティが高いものより低いものに設定したおかげで、よりデータを把握しやすくなった例です。逆に、カーディナリティが高いデータは分布図や箱ひげ図または散布図などを使って、1データポイントあたりのスペースを削減することによって、画面にうまく収めて表現することが可能です。

処理効率の面では、カーディナリティが低いデータによる集計は比較的高速に処理できます。カーディナリティの高いデータを参照したいときは、いきなり全データからそのディメンションで集計せずに、まずカーディナリティの低いデータを参照します。その中から少数の値に絞ったデータを対象に、カーディナリティの高いデータでドリルダウンすることによって、処理対象のデータ量を抑え、より効率的に処理できるでしょう。

A こうして聞くと、ストーリーテリングもビジュアライゼーションもそれを処理させるコンピューターをどう使うかも、ベストプラクティスは同じなのですね。

M 良いところに気づいてくれました。そのとおり、すべてつながっているのです。

4-3 現代の情報系システムの進化

Master ここまで、システムの歴史的な部分も話してきましたが、近年の情報系システムについて、あらためて考えてみましょう。

データの保管・変換手法の変化

M 現在の情報系システムを構成する要素は、以下のような形にシフトしてきています。

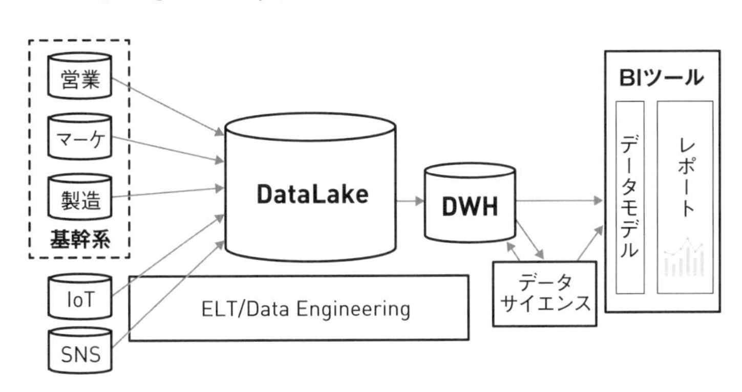

■現在の情報系システムの構成

Apprentice あ、マスター。「ETL」が「ELT」になっていますよ。

M いえ、これは「ELT」でまちがいありません。

A なんと。また新たな3文字アルファベットですか。

M 「ETL」のTとLが逆になっただけで、略されている単語は変わりません。以下のように、データを取り出す手法が従来から変わりつつあります。

- **従来**：データを抽出（Extract）し、変換（Tranform）してからロード（Load）する
- **現在**：データを抽出（Extract）し、ロード（Load）してから変換（Transform）する

A　なぜですか？　変換でデータをきれいにしたり、不要なデータを排除したりするという認識でしたが、汚かったり不要だったりするデータを全部入れてしまうのですか？

M　君はいつも鋭い視点を持っていますね。はい。そのとおりです。

これまでDWHは、大量ですが、ある程度整えたデータを集める場所として活用されてきました。しかし、先ほどデータマートやキューブがうまくいかなかった例を思い出してみてください。

A　多様な分析軸を自由に切り替えて分析したい……、でしたよね。

M　そうです。そして、データ分析というのは、実際に見てみるまでどんなデータが必要になるかはわからないものでした。

従来のDWHも粒度が細かく網羅的にデータが入っているものではありますが、どんなデータが必要か要件定義して開発したデータベースであることは、データマートやキューブとそれほど変わりません。

基幹システム以外にも、現在はIoTのログデータやSNSなどで発信された半構造化データなども登場し、データの種類と量は増える一方です。そんな中、どのように分析されるかわからないデータに対して、事前に先回りして変換処理をおこなってDWHに格納しておくことが、コストに見合わなくなってきました。

そこで、DWHの前にデータレイク（Data Lake）を置く以下

のような考え方が台頭してきました。

> - **まずソースデータから未加工のデータ（rawデータ、生データ）をまとめて置いておく**
> - **必要な時が来たら、その時に応じて変換して使えるように準備する**

「倉庫（ウェアハウス）」に対して「湖（レイク）」というのは、管理して整えて収納する倉庫と、何が入っているかわからない自然な湖の対比ということなのでしょう。
このようなシステムが実現できるのは、ハードウェアのストレージコストが劇的に下がったためです。「まったく使わないかもしれないけどまあ置いといてもいいか」という考え方ができるようになりました。

増え続けるさまざまなデータの種類に対応する

M　従来まで、情報系システムで扱うデータは、リレーショナルデータベースで扱える構造化データのみを対象としていました。しかし、IoTのログデータやSNSなどで発信された半構造化データなどの登場で、ELTやデータレイクの考え方がさらに広がりました。

A　構造化と半構造化データとは何でしょうか？

M　大まかに言うと以下のようになります。

> - **構造化データ：**列と行で構造化されたデータ。リレーショナルデータベースに格納できる。
> - **非構造化データ：**列と行で構造化できないデータ。

半構造化データは非構造化データの一部と考えてください。非構造化データには、まったく構造化しようのないものや、ある程度法則性のある形式で記録されたデータ（半構造化データ）があります。

- **まったく構造化できないデータ**：画像・動画・音源などのメディアファイル、ドキュメントなどの書類ファイルなど
- **半構造化データ**：ログデータ、JSON形式データ　など

BIなどで参照する時には、構造化されていたほうが使いやすいです。しかし、入力する時の都合でデータが非構造の状態で入力されることがあります。

A　メディアファイルやドキュメントファイルが構造化できないのはわかりますが、ログデータやSNSのテキストなどは文字データですよね。なぜ構造化できないのでしょうか。

M　私も、かつてはこんな参照しにくいデータがいったい何のためにあるのだろうと思っていました。しかし、これはコンピューターがかつてより柔軟性のあるデータを扱えるようになった象徴なのです。
たとえば、Twitterのツイートのデータをイメージしてみてください。人々がツイートに何個ハッシュタグをつけるかは、だれにも予測できません。しかし、そのハッシュタグのデータを記録しておく必要があるとしましょう。
この時、データが構造化されていたらどうでしょうか。ハッシュタグの数だけ列を用意しようとしても、何個ハッシュタグがつくかわかりません。
ハッシュタグの数が想定できないのであれば、ハッシュタグ

が付けられた回数だけ行を増やして記録する方法が考えられます。しかしこの方法では、1件のツイートに対して、ハッシュタグがついたぶんだけデータ件数が増えることになります。1ツイートのデータ量がハッシュタグの数によって増減する状態で記録されると、ただでさえたくさんの人が常にツイートしているプラットフォームに、無駄にデータを増やすことになります。「可能な限り入力するデータ量を減らす」という入力のベストプラクティスからも外れてしまいます。

このようなときに、JSONデータなどのような半構造化データが絶大な効果を発揮します。カッコ{}で囲われた枠の中で、Keyとそれに対応するValue、時に配列も織り交ぜながら、1レコード内に柔軟に複数項目をセットすることが得意な形式です。

半構造化データの魅力は、完全に自由なテキスト文の形式ではありませんが、いくつ登場するかわからないもののために柔軟かつ効率的に枠を用意できることです。

ここまで見てきたように、「入力時には入力時のお作法、参照時には参照時のお作法を適用する」というのが、現時点でのベストプラクティスです。したがって、SNSのようなある程度の法則性はあるが、あいまいで自由な余地を残したデータの入力に適した形式が半構造化であり、それをその後どう参照するかは参照側に一任するべきということです。

■Twitter のツイートデータの参照例

参照要件例	参照方法の例
ある期間にツイートしたユーザーの数	目的の期間のユーザー数を数える。複数入力されたハッシュタグを展開する必要はない。
あるハッシュタグが含まれたツイートの数	そのハッシュタグが含まれたデータにフィルターする。
あるユーザーの1ツイート当たり平均ハッシュタグ使用数	あるユーザーに絞ったデータから半構造化データに格納されたハッシュタグをすべて取り出し、平均を割り出す。

参照の要件に合わせて取り出す方法は適切な形が異なります。そのため、やりたいことが決まってから変換したほうが効率が良いでしょうということなのです。

A　なるほど。やりたいことが決まってから変換したほうが効率が良いですね。データの種類が増えるほど、使うかもわからないのに全部事前に先回りして変換してしまおうというのもナンセンスですね。

M　そのとおりです。
要件が決まってから変換するという手法が可能になったのは、アジャイル型のシステム開発方法が浸透してきたり、柔軟性のあるソフトウェアとその要求を処理できるだけのハードウェアリソースを提供できるようになったという、IT 業界全体の努力の結晶と言えます。
人の動き、思いに近い形で発信されたデータをすべて構造化して入れることは不可能です。だから、非構造化データが増大してきたのです。

A　データの種類が増えている、という意味がようやくわかってきた気がします。

データの利用目的に合わせて保管場所を変える

M データの種類が莫大になってきたことに合わせ、データの利用用途に合わせて保管場所を変えるような考え方も出てきました。データをHot/Warm/Coldの3つに分類して管理する考え方です。

- **Hotデータ**

  高頻度かつ定常的に使われるデータで、定型レポートのデータソースです。そのデータを使ってアドホック分析がおこなわれることがないデータと思ってください。Tableauのような製品は､BIでありながら自分の環境にデータを抽出して持ってくることができます。これが古いデータベースに比べると早いケースも多いので、定型で使われるレポートのデータはTableauの抽出ファイルを使用し、データ件数が多いようでしたら集計済のデータで作成しておくなどの方策をとって、よく使われるHotデータをなるべくストレスなく高速に返すように工夫します。

  問いかける質問は決まっていて、得られるはずの回答はある程度予測できているような定型分析のためのデータという位置付けです。したがって、よく使われるデータでありながらサイズはそれほど大きくありません。しかし使う人が多く、高速な結果を返し多くの人の意思決定を左右する最もマネタイズの効果が出るデータであると言えます。

● **Warmデータ**

問いかける質問は決まっているが、その答えはデータを見ないとわからない、アドホック分析・非定型分析のデータとして用いられます。AWSのRedshiftなどDWH専用データベースなどを使用するケースが多いでしょう。多くの人がイメージするDWHのデータがこのWarmデータに位置していると思います。

● **Coldデータ**

たまにしか使わないデータで、まさにデータレイクがここに相当します。非構造化データ含め、使うかわからないようなデータがすべて格納されているため、安価に管理できるストレージと環境が使われます。Hadoopなどがデータレイクの代表的なしくみとして挙げられます。ここには、このデータに対する質問が明確に決まっていないデータが格納されており、データサイエンスやデータマイニングの計算によって、想像もしていなかった何らかのインサイトが得られる可能性があります。ただし時間がかかります。

しかし、HotやWarmデータのように答えなければならない質問があるわけではなく、「このデータから何かわかるかもしれない」というレベルからのスタートになるため、緊急度は低く、コストパフォーマンスを考えてColdデータとし、パフォーマンスは悪くとも安価な環境で管理する戦略です。

当然ながら、企業がデータ利活用にかけられる資金というのは限られています。すべてのデータを自由に動かすことが理想ですが、使う用途に合わせて最適な場所を選ぶことも視野に入れると良いでしょう。

A　なるほど。進化しているように思えますが、一方でせっかくまとめたはずのデータが再びあちこちにコピーされ、データマートやキューブを作っていた時に近いような感じもしますね。

M　とても鋭い指摘です。Tableauのようにデータソースを自由自在にまたぐことのできるBIを使うことで、Hotデータを参照しながら必要に応じてフィルターをかけ、Warmデータにドリルダウン、さらにColdデータにドリルダウンするという手法があります。分析プラットフォーム側から見たときには、擬似的に1つのデータに見えるという算段ですね。
データのサイロ化を完全に解消するというのは、本当に難しいことです。実際のデータは、使用用途に合わせてコストパフォーマンスが最も良い方法で保管しながら、DAY3で見てきたように分析プラットフォームの力を借りて、使い手側から見るとあたかも1つのデータであるかのように見せるのが、このHot/Warm/Coldデータ戦略の肝でもあります。

すべてのデータ処理を同時におこなう試み

M　Hot/Warm/Coldの3つにデータを分ける戦略がある一方で、データのサイロ化を解消し、可能な限り1箇所にデータを留め置きながら、データにまつわるすべての処理を同時に実行させようとするソリューションも登場しています。

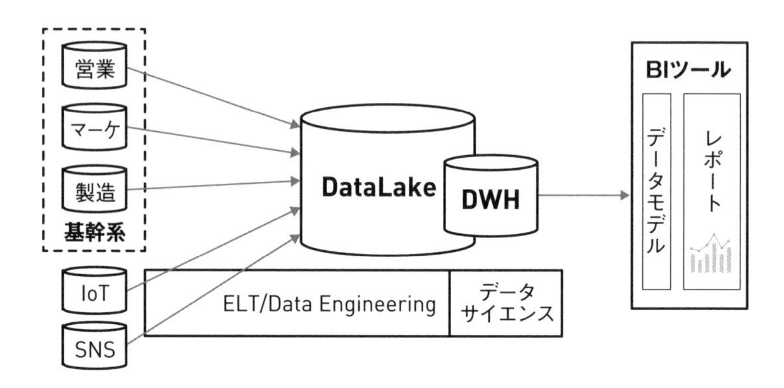

■すべての処理を同時に実行する情報系システム

M たとえば、2015年に登場したSnowflakeは、新しいアーキテクチャを提唱しました。オンプレミス時代に培ってきた上限のあるコンピュータリソースを配分しながら効率的に動かすというしくみから完全に離脱し、クラウドのいつでも必要な時に必要なぶんだけ使えるコンピュートリソースを効率良く使用するというものです。データを1箇所のストレージに格納しながら、いくつでもコンピューターリソースを付加して同じ場所にあるデータを更新すると同時に参照したり、多数の同時接続を難なく処理するマルチクラスタの機能も備えています。

Snowflakeは、当初はクラウドDWHとして誕生しました。その後、半構造化データを取り込み、変換せずとも構造化したかのように参照できるしくみを整えて、データレイクのしくみにも手を伸ばし、ETL/ELT（データエンジニアリング）やデータサイエンスのためのコンピュートリソースも提供し、DWHだけでなくクラウドデータ基盤として活用されるようになっています。

「Coldデータが遅くても良い」という時代も、また終わりを迎えようとしているのかもしれません。私たちのデータを使ったニーズは、集計値から見つめる過去だけにとどまらず、膨大な過去データから計算して予測された未来予測の分析に移行しようとしています。データサイエンティストが予測モデルの作成に試行錯誤する中、1つの処理を回して数時間待つのでは、彼らの思考のフローが途切れてしまいます。巨大なデータに高負荷な計算を要求しても、迅速に結果を返さねばなりません。

データサイエンスによる予測値で意思決定をしている企業は、すでにあります。もし、自分のライバル企業がそうしたデータを活用していたらどうでしょうか。過去の集計値だけ見ている自分たちが後れを取るのはまちがいありません。

データ分析に最適なシステムを選択する

M データ活用の業界は、世界的に躍進している業界です。たくさんの製品があり、既存の製品も進化が激しく、既存領域の性能向上に加え、使える領域を広げる動きも早いです。自分の目でその製品が得意なこと、ロードマップを含めた未来のビジョンを見据えてどこをやらせたら効率が良いか、判断してください。

近年の製品は進化も早く、3か月後にはこれまでにはできなかった革命的新機能をリリースするなんていうことも頻繁にあります。一般企業のシステム開発より速いスピードで新しい機能を追加してくる製品であれば、自分たちの将来やりたいことが今はできなかったとしてもあまり問題になりません。1年後のロードマップに掲げられている計画があるなら、製品とともに進化するという選択肢もあるでしょう。

最先端をリーダーとして走り続ける企業は、ときに君たちの現在のお困りごとを解決するだけでなく、世界中で拾い上げた悩みを吸収して、ブループリントのようなメソッドを共有することでフィードバックしてくることさえあります。自分たちだけでは思いもよらなかった悩みを先回りして解決してくれるコンサルティングのようです。こうしたビジョンを持った製品を選ぶことは、私たちをより高速にデータドリブンな世界を連れて行ってくれる可能性を秘めています。

企業としてさまざまな制約があることも理解したうえで、あえて言いましょう。

君の隣に置く道具は、君のセンスを研ぎ澄ますのに充分な、磨き上げられ鍛え上げられたものを選ぶようにしてください。どんなに剣技を磨いても、剣がなまくらでは切ることが難しいでしょう。すばらしい剣を持っていながら剣技が鍛え上げられていないこともありますが、ここにいる君は、まちがいなくキレのある剣技を身につけるために鍛錬を続けています。その剣技を極め仕上げるためには、美しく切った時の感覚を知らなければなりません。どんなに剣技を極めても剣がなまくらなら対象が潰れる気色の悪い感触しか知ることはできないでしょう。極めた技を最高に研ぎ澄まされた道具に乗せてこそ本当の鋭さがどんなものなのか理解することができ、次のステージに進むことができます。

そのため、技を磨くのと同じくらい共にある道具を選ぶことも大切にしてください。君自身の力を最大限発揮する道具に出会うためには、常に自分の周りに目を配り、新しい技術を受け入れる柔軟性を大切にし、使えるものは何でも使い、新しい考えにオープンでいてください。吸収と自己研鑽を怠らず、周囲の人たちと繋がりいつでも情報を得るマインドと環境を大切にしましょう。

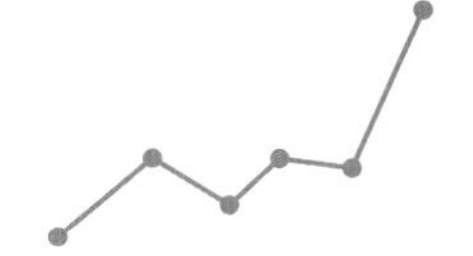

4-4 目の前のデータの正しい知識を身につける

データの価値を見極める3つの指標

Master データの価値は「正確か」「量がそろっているか」「鮮度が高いか」で決まります。これらのうちどれが最も重要かは、データの用途に応じて変わっていきます。データの入力と参照、つまり基幹系と情報系いずれにせよ、ここをイメージしてどんなデータをどう用意するか判断していかないと、使い物にならないシステムを作り上げてしまうことになります。

最初に私が例示したお金の記録は、極限まで「正確さ」と「鮮度」が求められる例です。システムの起源がここからスタートしてしまったので、すべてのデータにこれと同じ精度を求めてしまいがちです。しかし、すべてのデータに正確さと鮮度を求めるのは、あまり意味のないことだと理解しておきましょう。

お金の記録以外にもさまざまなデータがあります。Webサイトにアクセスしたときのアクセスログ、テレビゲームやアプリゲームでの勝敗、GPSなどの移動の記録など、さまざまです。特に、GPSの移動記録などは、細かく精緻にデータを取得するのが難しいデータです。こうしたデータのログを見せてもらったことがありますが、途中まできれいにつながっていた移動行路を表す線が、突然遠く離れたところに出現するといったこともよくあることです。

しかし、「精度が低いからといってデータを取らない」「途切れてしまったデータはすべて削除」という判断にはなりません。ある程度の人数がある時間にある場所に集まっていた、多くの人がこの道を通っていた、などの情報は、欠落したデータからでも十分に把握できます。
欠落したデータを見るとき、私たちはその欠落した値にも考えを巡らせる必要がありますが、集められたデータが多ければ、手持ちのデータから何らかの知見を得ることは可能です。
一方で、精度が大切になる場合もあります。たとえば、逃亡犯の移動ルートをGPSで見ていたのに突然消える、というようなことがあったら、そのデータは使い物になりませんね。
このように、データは入力されるシチュエーションと用途に応じて求められる正確性、量、鮮度が変わってきます。基本的に、クオリティを上げようとすればコストがかかります。やりたいことに合わせて最適な方法を柔軟に選択する必要があります。

分析しやすいデータの形

M　自分が向き合っているデータが適切な形をしているのかどうか見極める方法もお伝えしておきましょう。

Apprentice　正規化されていないデータが参照しやすいのですよね。

M　正規化されているデータは、パフォーマンスが悪い可能性があるだけで、データとしては参照しやすいデータです。問題なのは、変な向きで集計されたデータです。

A　変な向きで集計されたデータ？

M　日付ごとに集計された列を持ったデータを見たことがありませんか？

よくある集計データ

	1月	2月	3月	4月	5月	6月
りんご	100	20	300	50	60	30
みかん	500	600	200	50	20	30
なし	30	40	60	20	10	20

ディメンション　メジャー

※6種類のメジャーができるが、
どれも同じ売上の数値を表している

サンプルストアのようなデータ

品名	月	金額
りんご	1月	100
みかん	1月	500
なし	1月	30
りんご	2月	20
みかん	2月	600
なし	2月	40
りんご	3月	300
…	…	…

ディメンション　メジャー

■左：よくある集計データ、右：分析しやすいデータ

A　ああ！　これはよく見かけますね。そして、このデータを取り込んだ時に、いつも使い方がわからなくて困っていました。

M　Tableauのような BI ツールでは、列を選択してそのタイミングで何によって集計するのかを決めます。データの粒度を自由に決められるのです。
しかし、このように月単位で集計されたうえに列まで分けられてしまうと、もうお手上げです。深掘りすることもできないし、日付ごとの比較ができなくなってしまいます。
この問題点は、列ごとに見ていく方法では1列に同じものを意味するデータが入っていなければならないのに、複数の列に同じ項目がばらけて入っていることです。アンケートの複数項目のデータが扱いづらいのもこれが理由ですね。同じ意味を持つデータが複数列にまたがって入ってしまうことによって、集計を困難にしています。
この図の例では、通常売上の合計を見たかったら「売上」の列を選べば良いはずです。しかし、月ごとに分かれた売上になってしまっているので、単純な売上合計を出すだけでも、

列の値を合計しないとわからなくなってしまっています。
こうしたデータが登場してしまう理由は、すでに参照を前提とした人間に見やすい形のデータを意識して生成されてしまったからでしょう。具体的に言うと、スプレッドシートで人間が目視で見てわかりやすい形にされています。これは、すでにデータではなくてレポートの形式になっているのです。まるで無理やりキューブ化された平面のデータです。
本来のキューブは特殊な形で保管されたデータベースなので、きちんと列として認識してBIツール上で使えます。しかし、平面のデータでこうして入れられても、月をディメンションとして使うことはできません。
こうしたデータを渡されたら、無理にこのまま使おうとしないで、変換して使ったほうが無難です。

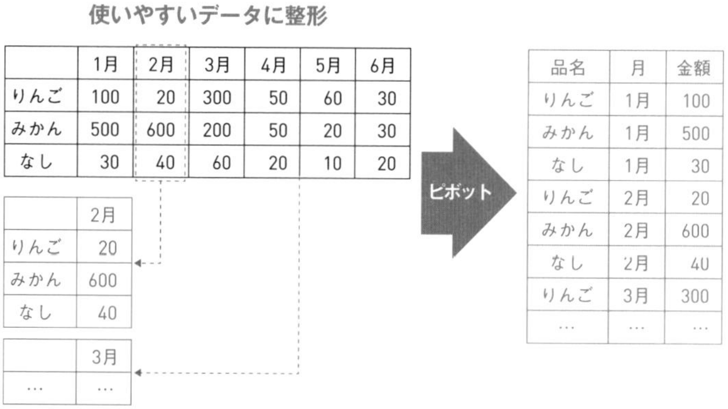

使いやすいデータに整形

	1月	2月	3月	4月	5月	6月
りんご	100	20	300	50	60	30
みかん	500	600	200	50	20	30
なし	30	40	60	20	10	20

	2月
りんご	20
みかん	600
なし	40

	3月
…	…

ピボット

品名	月	金額
りんご	1月	100
みかん	1月	500
なし	1月	30
りんご	2月	20
みかん	2月	600
なし	2月	40
りんご	3月	300
…	…	…

■使いやすいデータへの整形

M 見てのとおり、品名に「りんご」が何度も登場したり、同じ月が何度も登場していて、人間には見づらいデータですね。しかし、BIツールにとってはこれが使いやすいデータなのです。

このように自分の手で整形することもできますが、データベースに入っているデータが元である場合は、集計前の形式で保持されているはずなので、「右のようなデータの形でください」とお願いした方が建設的です。変換したものをもらってまた変換し直すなんてもったいない作業です。可能であれば、データベースに直接接続させてもらえるようにデータカタログに登録してもらう打診をしても良いでしょう。

データが入力された時から左のような形式のケースもあります。それはシステムから登録されたものではなく、スプレッドシートに人間が手入力して作成しているデータです。手軽に作成された臨時のデータでは、そうしたこともあるでしょう。入力をスプレッドシートから直接おこなっている場合は、行を下にどんどん追加していくより、整形された枠のほうが入力しやすいこともあるので、その時はもらった後に変換して使う運用にすれば良いでしょう。こうしたニーズはよくあるので、各種ETL、データベース、BIのどこでも、たいてい変換が自在にできるしくみを整えています。

ありうる値と欠落した値に想いを馳せる

M　データを参照する時、気にしておくと良いことを伝えておきます。それは存在しないデータに想いを馳せることです。

A　存在しないものをどうして理解できるのですか？

M　それこそが、人間が想像力を駆使できるところです。たとえば、君が社内で勉強会を開催して講師として登壇しました。そこには50名が参加しており、君は今後の改善のためにアンケートを実施しました。アンケートの評価はすべて5段階評価の5でした。どう思いますか？

A　すばらしい結果に満足したいところです。

M　ところで、このアンケートに回答した人は10名でした。先ほどの評価は変わりますか？

A　なるほど。難しい質問です。アンケートに答えなかった人たちは回答したくなかった……、つまり評価が低い人たちかもしれませんね。

M　人がアンケートに回答しない理由は、アンケートのリンクにたどり着けなかった、研修の後急ぎのミーティングがあった、忘れていた、などさまざまあるでしょう。一概にアンケートを記載しなかった40名の評価が低かったというのは、かなり悲観的な判断であると思います。

しかし、「良い評価を付けたのは全体の5分の1である」というデータとして捉えられることは、非常に重要です。この10名は非常に熱心で、今後の展開に非常に重要な役割を果たすメンバーであることは明白です。また、欠落したデータはアンケートを記載しなかった40名をどうフォローするかの判断材料になります。

データを見るとき、自分が今見ているデータがいったいどの部分のデータなのか、きちんと把握しておきましょう。データは対象としたもののすべてが含まれているのか、母数はどの範囲までなのか押さえておきます。データ分析は、全体の中の何件かという常に割合的な側面を持つので、全件データの意味と、本来あるべき母数がいったいどこまでなのかを理解しておく必要があります。

2020年に私たちが直面した新型コロナウイルスの感染者の情報についても、県ごとの感染者の情報が毎日のように出ていました。単純な県ごとの「感染者数」の比較であれば、最も人口が多い東京都が多いことは驚くべきことではありません。単純な感染者数だけでなく、各都道府県の人口を母数とした時の「割合」で見たほうが、都道府県別の感染状況の比較といった意味では適切でしょう。もちろん、病床数などは絶対数で見る必要があるので、どちらも重要なデータではあります。

常に自分の見ているデータがすべてではないと意識しておくことが大切です。データを参照し始めた瞬間から、私たちはそのデータに没入してしまいます。特に、ビジュアライゼーションを駆使して思考のフローに飲まれていくと、世界は自分の向き合うデータだけ、というような気分になってきます。しかし、私たちは目の前のデータの意味を理解したうえで、母数はどこまでの範囲になるべきなのか、あるはずなのに欠落している値はないかについて、想いを馳せながら分析していかなければ、大切なことを見落としてしまう可能性があるのです。

データの粒度を見極め、詳細レベルを操る

M 君はデータを見てその意味を理解できるような気はするけれども、何かが足りない、あと1歩届かないと言っていましたね。それはそのデータがどうやって生まれたデータなのか知らなかったからです。

データがどうやって生まれたか知っていないと、本当の意味でそのデータがどんな事象を表したデータなのかつかめません。目の前にあるデータの傾向をストーリーと視覚化の力で読み取ることができたとしても、真に脳裏にその姿を浮かべることは難しいでしょう。

データを真に理解するためのあと1歩とは、データがどうやって生まれたのか、データを読み解く中で思いを馳せストーリーに深みを与えていくことなのです。

A 確かに、データが何を言っているかわかるようになってもどこか薄っぺらい感じがしていました。そのデータがどこからどうやってきたのかなんて、今まで考えたこともありませんでした。

しかし、コンピューターにより、まずは入力の精度を高められたデータが生まれ、さらに情報系システムに移動してくるまでの間に参照に都合がいいように変換されてきた、ということはわかりましたが、具体的に私のモヤモヤのあと1歩を踏み出す方法がまだピンときていません。

M データを真に理解する方法は、今君が見ているデータの粒度を見極める力です。

A データの粒度を見極める？

M はい。ここまでに、私たちはデータがどのような姿で格納されるか、歴史を振り返りながらさまざまなパターンを見てきました。私たちがデータと向き合う時、想像しなければならないことは、今向き合っているデータがどの瞬間に生まれたのかということです。つまり、入力された瞬間のアクティビティを見極められたとき、そのデータが何者なのか初めて真にわかったと言えます。データのその向こう側にある世界がどんなものだったのか、具体的にイメージできなければ、データからストーリーなど紡げるはずもありません。

しかし、これまで見てきたように、入力されたデータはさまざまな形に変換され、移動してきているケースが多いです。それらの変換がなぜおこなわれているのか、意味もなくおこなわれていることはほとんどありません。必要だからおこなわれたきたのです。こうした変換がなぜ、どのようにおこなわれてきたのかを理解したうえでデータを見つめると、仕様書を見なくても、今向き合っているデータがなぜその形なのか、そして大元のデータはどんな形で入力されたデータだったのかも想像できるようになるはずです。
例として、Tableauに入っているサンプルスーパーストアのデータをプロファイリングしながら、このデータがどんな瞬間に生成されたデータで、どのようにして今の形になったのか確認してみましょう。

■サンプルデータ

M　まず、項目名を見ると「オーダーId」が入っています。これでオーダー単位のデータが入っていることがわかります。

When（オーダー日）、Where（地域）、What（製品）、Who（顧客）などのディメンションのどれかで集計されたあとのデータではなく、オーダー単位でデータを見られるということです。
スーパーストアでの購入（オーダー）の一つひとつまで見られるデータということは、スーパーストアにおいて会計を通したオーダーそれぞれを識別できる、比較的入力された粒度に近しいデータであることが想定できます。
このように、まず対象のデータの最小粒度がなんであるか確実に見極めていきます。
また、製品にまつわるカテゴリやサブカテゴリのデータや顧客に関する属性データもあらかじめ入っているので、分析に必要な列については、すでに結合されまとめられた後のDWH用にカスタマイズされたデータであることがわかります。
ちなみに、データ内の最小粒度、つまり行（レコード）単位を判定するIDがあるかどうか確認することは、データのプロファイルを知るうえでは非常に大切です。
この例の「オーダー Id」は、データの行を一意に識別できるIdでしょうか？　オーダー Idごとのデータ件数を数えればすぐにわかります。

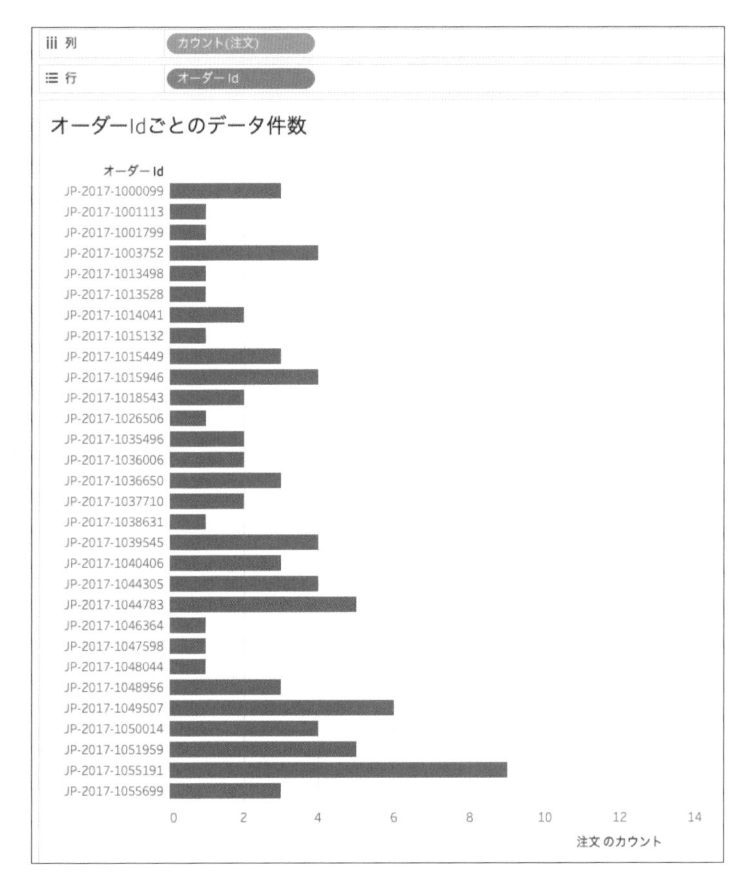

■オーダーIdごとのデータ件数

M　オーダーIdあたりに複数行が登録されているのがわかります。このデータの場合は、複数の製品を同時に買った時には製品の種類数分の行が登録され、これが1回の買い物であるということを示すために、オーダーIdでくくられているのです。

こういうしくみになっている理由は、1回のオーダーで何種類の製品が購入されるかわからないので、あらかじめ購入製品分の列を用意しておくと非効率的だからです。
こうしたデータを登録するときに、半構造化データのしくみを使う方法も紹介してきました。ですが、これはあくまで購入データであり、自由度が高かったり時間が経つごとに恐ろしいスピードで生成されるデータでもなかったため、1オーダーあたりのデータ量は増えるけれども、オーダーIdを使ってひとまとめのオーダーをくくる手法を取ったのでしょう。
このデータの行を一意に識別できる列は「行Id」です。行のカウントがすべて「1」であればそれを確認できます。

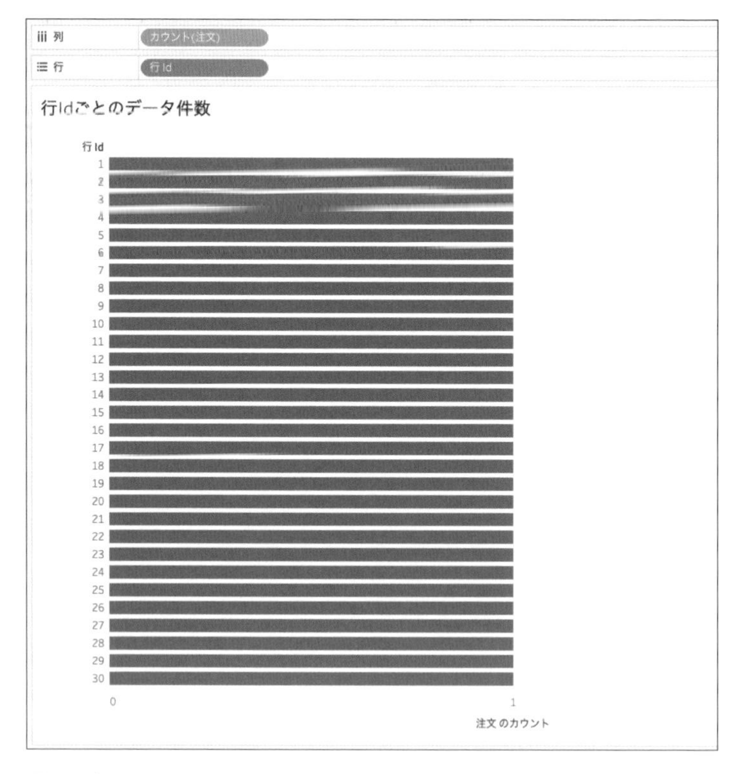

■行Idごとのデータ件数

M　絵面的に並べて見せていますが、もし私が本気でこれを調べるなら、以下のように行数が2以上のものだけフィルターします。結果が空であれば、すべてユニークなデータであることが証明できるからです。

■フィルターで行数が2以上のものを確認

M　ファクトテーブルのデータでこのようなIdがあることは稀かもしれません。しかし、マスターテーブルであればマスターデータがきちんとユニークになっているか検証する有効な方法です。

■日付データ

M　続いて、タイムスタンプや日付のデータもデータの入力時の様子を探るのに、非常に有効な手がかりになります。

「オーダー日」を見ると、これは日単位のデータになっています。時間、分、秒は入っていません。したがって、日単位に集計されたデータであることがわかります。もし、1日に2回買い物している人がいたら、「オーダーId」によって買い物したタイミングが違うことはわかるが、その間が何時間空いていたかなどの情報は取れません。「何時台に買い物が多いのか」などを図る術もないことがわかります。

これらのデータのかんたんなプロファイルを通して、このスーパーストアのデータは、買い物がおこなわれた時に購入した製品の種類数ぶんの行が入力されるデータで、製品や顧客の情報がすでにある程度整理され結合され、パフォーマンスの劣化を防ぐために時間以下の粒度が集計されたDWHのデータであるということがわかりました。
このように、まずはデータが何の瞬間に生まれたのか見極め、どういう経路をたどって今私の目の前にいるのかある程度想像できることが大切です。この情報があるかないかで、向き合っているデータの理解度は大きく変わってくるはずです。
このデータで可能な限りの分析をしたのち、やはり時間帯分析がしたいと思ったとき、リクエストすることも可能でしょう。なぜなら、入力された時にそのデータは必ずあるはずだからです。今向き合っているデータの入力元がなんであるか想像し、かつ現状のデータの末端粒度がどこまでであるかわかれば、その差分データが、「今はないけれども得られる可能性のあるデータ」です。
今向き合っているデータの最小粒度が何であるか理解でき、入力された時の姿まで想像できること、これが第一ステージです。
そして、続いては「自分が今はそのデータをどの粒度で見ているのか」正確に理解することです。今自分が集計しているデータの粒度が何であるのかを意識して使いこなせるようになることで、1段階上のレベルへ到達できます。目の前にあるデータをさまざまなディメンションでの集計を駆使し、自分の到達できる最末端粒度を意識しながら、今何の単位でデータを見ているのか理解し、その背景にあるアクティビティに思いを馳せることです。データは粒度を変えた瞬間に見せる世界が変わります。
私たちは、道具を使うことで、常にデータを粒度を変えながらさまざまな角度で見つめることが可能になりました。情報系システムの歴史を知って、そのように瞬間的に見たい粒度を選択してデータを見たり、瞬時に自分の見たいデータをフィルターして選び取りながらアドホックに見ることのできる環境が過去にはなかった特異な環境であることが理解できたと思います。

私たちの手にした道具は、君たちを自由にします。しかし、自由を得ることは責任を負うことでもあります。データを集計すると同時に視覚化する技術を手にしたことで、私たちは数多くの選択肢を自分の意思で選ばなければならない責務を追うことになりました。

入力されたままの最小粒度の姿であるオーダー単位のデータを見ることもできれば、それらのオーダーがある瞬間に何回おこなわれたのか、オーダーした人が何人いるのか、製品ごとの視点、年ごとの視点、月ごとの視点……、といったように、集計するディメンションを切り替えるたび、それらのアクティビティを瞬時に別の切り口にまとめ上げたデータとして再表示することができるのです。

あまりにも目まぐるしく変化していくので、冷静に、深く見つめなければ、そのデータの表層しか理解できません。今自分が見ているデータはどの「粒度＝詳細レベル」で参照されているのか。データの詳細レベル（Level of Detail）を変化させるたびに、1つであるはずのデータがいろいろな顔を見せ、さまざまな角度のインサイトを見せてくれます。データの集計粒度に応じた意味を見出しながら、自分の操作できる最大範囲を理解して向き合う。この思考が自由自在にできるようになることで瞬時で即座のデータ理解力が向上していくことでしょう。

データがどこからどうやってやってきているか理解したうえで、データの詳細レベルを自由自在に操ることができた者がデータ活用の深淵を見ることができるのです。

A　詳細レベルを制するものがデータを制する……、そういうことだったのですね。やってみなければ実感はできませんし、まだもやは晴れていませんが、なんだか少し日が差し込んで来た気がします。明日からさっそくデータがどんな瞬間に生まれたものなのか考えながらデータと向き合ってみようと思います。

M　あとは風を吹かせてもやを吹き飛ばすだけですね。こうした視点を持つことは必ず君のデータ分析に深みと説得力を与えてくれることでしょう。

HOMEWORK

❶自分が普段使っているデータをプロファイリングする
❷プロファイリングしながら元データがどんな形で入力されているものか自分なりに考える（考えたあと、可能なら、本当の入力データを見せてもらう）
❸最初の日に作成した組織の分析課題を完成させ、どんなアクションが起こせたか振り返る

DAY 5

データドリブン文化をさらに広げるために

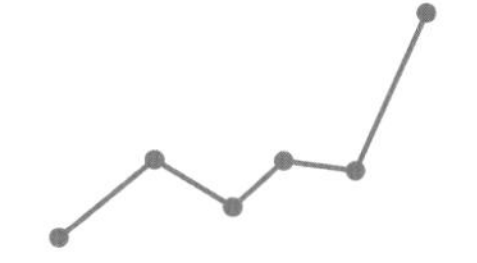

5-1 データとテクノロジーの進化を学び続ける

Apprentice　マスター、おはようございます。

Master　おはようございます。今日はこのプログラムもいよいよ最終日となりました。1か月前の君からは想像もつかないほど、精悍な顔立ちになりましたね。初めて私の元にやってきたときの悲壮感を漂わせていた君の顔からは見違えるようです。

A　もうこのプログラムは今日で終わってしまうのでしょうか。マスターの元で修行を積むうちに、私が何も知らない人間であることに気付きました。たくさんのことを学ばせていただき、私の知識は大きく広がりました。しかし一方で、きっとまだ私が知らないこともたくさんあるのではないかと思っています。今日は最後に何を教えていただけるのでしょうか。

M　君が何も知らない人間であるということに気付けたのは、このプログラム最大の成果だと思います。何も知らない人間こそ、世界が広いことを知っている人なのです。

私自身も、Tableauという類稀なる道具を使い続けることによって、また、それを使い続ける仲間と出会うことによって、たくさんのことを学ぶことができました。そして、これまでその知識を伝える活動をしてきました。

一方でデータにまつわる知識や歴史は深く広く、自分が何も知らない人間であることも知りました。

A　マスターでさえ何も知らないというのですか。私はなんだか恐ろしくなってきました。

M　自分が知らない人間であることを恐れる必要はありません。

むしろ、自分があることについて知らない人間であったとしても、別の側面については理解できているという、自分が安心して立っていられる拠り所を作るのがこのプログラムの目的です。
私は自分が確立していたからこそ、自分が何も知らない人間であることを知り、恐れることなく受け入れることができました。
君もそうではないですか？　何も持っていない人は自分は知らない人間であると理解できません。なぜなら、あることについて知り、極めた者こそがその深淵さについて知っているのであり、自分が知ることのほかにもこのような深淵があることを想像できるからです。
このプログラムは、受け取った人に強い拠り所を作るものです。言い換えれば、だれかの助けがなくとも独り立ちして自分の力で歩いていくことができるようにするためのプログラムです。
君の言うとおり、君はまだ何も知らない人間です。しかし知っていることもあります。その知識は、知らないことに遭遇した時に君にどこへ向かうべきかの指針を与えてくれるものとなるでしょう。君はその道標に従って、今度は自分の力で新しい世界を知り（インプット）、また自分自身の行動でもって世界に影響を与え（アウトプット）ていくのです。
私たちは元々コンピューターのように大量のデータを一気に処理・理解することが不得意な生き物です。ストーリーやビジュアルの力を使って、それを何とか理解できる形にまとめあげようと、さまざまな知識と技術を学んできました。
しかし、私たちが懸命に学び続ける側で、データにまつわるテクノロジーも超高速で進化しています。データを格納できるストレージの価格破壊によって、これまでは捨てられていたようなデータもすべて保管され、使おうと思えばすべて使えるような環境も整いつつあります。
データシェアリングの技術も革新があり、自分の所有しているデータ以外の外部組織のデータでさえも、瞬時に共有して使うことができるような世界が到来しています。
データは、私たちが学ぶスピード以上の速さで膨らみ続けています。この先は、自分が普段は知らない業務のデータや自分が取り扱ったことのない形式のデータ、海のような異常な量のデータに立ち向かわなければなりません。
少しでも隙を見せ、油断したら怒涛のデータの荒波に飲み込まれてしまうことでしょう。

A　すでに、これから今まで以上の大量データを扱うことが決まりました。大量データに溺れてしまわないか心配です。

M　私には、ここまで駆け抜けることができた君がデータの荒波に揉まれて溺れる姿は想像できませんね。君がこれまで学んできたことはすべてではありませんが、自分の力で意思決定を下すには十分な知識です。これから君はたくさんの仲間を作りながら大きな波を自分の力で乗りこなしてどこまでも進んでいくことでしょう。
とはいえ、進化の早い世界なので、学びと実践を怠らず可能な限り最高速で進み続けなければなりません。データの爆発が早いか、私たち自身の創造力がデータによって爆発するのが早いか、一瞬たりとも気を抜けない全力疾走のような挑戦が、世界中で始まっています。

A　私は、先達に比べれば出遅れて走り出したことになりますね。

M　データドリブンの進化は短距離走ではありません。走るタイミングが遅かったからといって、1番にゴールできないわけでもありません。現に、もう70年以上前からたくさんの人が走り始めていますが、まだ、だれもゴールテープを見たことがありません。
君は確かに走り出すタイミングは先達に比べて遅かったかもしれませんが、そもそも走り始めた位置が違います。もしかしたらだれよりもゴールに近いところから走り始めているかもしれません。あるいはだれよりも高速に走り抜ける足を持っているかもしれません。
いずれにせよ、昔から走り続けてくれている先達たちには大いなる感謝をしなければなりません。彼らが走り続ける姿を見せてくれたからこそ、より多くの人が走る決意をし、効率的なルートを見つけることができ、先達たちから受け継いだ者たちは、これまでよりゴールに近づいていることでしょう。
あらゆるData Peopleが目指した悲願は、「すべての人が世界を写したデータを通して世界を理解し、世界をより良い場所に変える意思決定を下す」ということです。
私たちもそれを継承した者であるならば、時に自身が全力で駆け抜け先を目指したり、時に周囲の人々に走り出すよう促す責務があります。君とその仲間たちがその責務を果たそうと切磋琢磨する時、その先には、みんなの力でデータドリブンな世界が実現することでしょう。

5-2 データドリブンの仲間を増やす

Apprentice　私も、もうここまできて受け継いでいないというつもりはありませんし、マスターのいう継承した者の責務を果たそうと思っています。
ただ、じつは私が学んだことを「だれに」「どこまで」伝えるのか悩んでいるのです。私の周囲の人たちに私が学んだことを私なりに伝えるのは確実ですが、組織にいるすべての人に同じ教育をするかどうかについて悩んでいます。
対話している人同士のデータリテラシーがそろえば、データを通した私たちの対話は1歩深いところに進めます。私がマスターに教わり、学んできたことはまちがいなくデータドリブンを進めるために必要な知識だと思っています。しかし、私が学んだすべてを、組織に所属するすべての人に理解してもらおうとなると、それは途方もないと感じています。

必要な知識は組織によって異なる

Master　どこまでを組織のデータリテラシー標準にするか、それはとても重要な視点ですね。
これもまた、決まった答えはありません。組織によって社員に標準的に求めるデータリテラシーはそれぞれ異なるでしょう。エンジニアが多い会社では、SQLが読み解けることが標準だというような組織もあります。
まったく同じ知識を持ったもの同士が会話する、つまり今の君と私が対話したとしたら、このプログラムを通して学んできたことを駆使し、より深い洞察を即座に得られるでしょう。また、大量のデータに立ち向かう時には、レスポンスに時間がかかることも多少許容できるでしょう。

しかし、まだデータについて知らない人々はデータの表現方法のパターンを知らなければ見たことのない視覚表現に戸惑い、データがどうやって生まれたかを知らなければそのデータが何を表しているものか理解するのに時間がかかり、大量データに意図せずアクセスしてしまってレスポンスが悪ければ、なぜ表示に時間がかかるのかわからずにいらだったりすることもあるでしょう。

あたりまえのことですが、知識を持っている人が多ければ多いほどコンテキストはそろい、合意は容易くなります。しかし、君と同じ知識を得ようとするにはそれなりの時間、決意、実行力が必要になります。それを組織の人すべてに強要できるでしょうか。

組織にはさまざまな人が、さまざまな役割を持って活動しています。彼らはそれぞれの決意や実行力を持っているはずです。それは必ずしも私たちと同じ、データドリブンを推進するというミッションではないでしょう。

むしろ、データドリブンは手段であり、データドリブンに活動した結果に成果を出せるよう支援するのが、私たちの役割です。私たちはデータドリブン文化を目指してはいますが、本来は、データドリブンになったその先の世界を目指さなければなりません。

真の「データドリブン」とは

M　最終的には、データを使って意思決定するのがあたりまえすぎて、だれも「データドリブンだ」などと言わない世界が真のデータドリブンな世界であると私は思っています。
データをあたりまえに使って意思決定を下す世界では、これまで私たちが思い悩んで時間をかけてデータを表示するような世界は終わり、データは瞬間的に私たちの前に現れるようになるでしょう。
その時に、目の前にある外界から受ける刺激と同じようにデータからもたらされるヒントを反射的につかみ取ったあと、自分のアイディアを爆発させて行動していく、瞬発力を持って行動できるたくさんのクリエイティブな人々が活躍する世界になっていくでしょう。
データのことばかりに時間を使い、データのことばかり考えている人だけがいてもダメです。組織の中にいる人がそれぞれのミッションをこなすために、それぞれに有意義な時間を使えるようにするべきです。
さまざまな視点を持った、多様性に満ちた組織の中で、できるだけ幅広いコンテキストの中で理解してもらえる可能性を持つデータビジュアライゼーションを提供していくことになるでしょう。

多くの人に基本知識を伝えて「学ぶきっかけ」にする

M とはいえ、データドリブン文化はすべての人がデータビジュアライゼーションを通したストーリーを用いて会話できるようになって初めて成立するものです。
組織においてデータドリブン文化を広めていく場合、以下のような観点を検討する必要があるでしょう。

- **だれでも使えるかんたんなノウハウを広げるのか、データを使いこなせる熟練者を育てるのか**

> - **組織全体が得なければいけないスキル水準と、熟練者の境目をどこに据えるか（技術レベルを何段階かに分けると良い）**
> - **設定した技術レベルを、組織の中のどの役割のメンバーに求めるのか（何割、何名育成などゴールを決めておくと良い）**

これは組織ごとに異なるため、君の組織に合わせて検討してほしいと思います。
いくつかの事例からわかっていることは、熟練した人を数名育てるより、組織の大多数が基礎レベルを理解しているほうが、文化醸成としての効果は高いと言われています。
この理由は、以下の２つが考えられるでしょう。

> - **基礎的なレベルであったとしても共通言語で話せる人同士が増えることで、コラボレーションが生まれやすい**
> - **多くの人に伝えることによって、自分の意思でより上級レベルを目指す人が生まれやすい**

何かについて深く学ぼうとする人は、自発的に動いている人です。学ぶ気がない人に与え続けても、その人が開花することは稀です。こちらから与えるのは、芽を開かせるきっかけになるような基礎知識までにしておき、本当に自分の意思でその先に進みたい人には、学習できるような道を用意しておくのが良いでしょう。

A　なるほど。まずはきっかけ作りですね。

M　はい。特に初めのうちは、上級者向けの講義を用意するより、ひたすら相手を変えて基本編の講義をおこないながら行脚していくほうが効果が高いでしょう。

最低限のデータリテラシーとはどこまでか

A　初めての人には、どこまで伝えたら良いでしょうか。

M　これこそが、「すべての人が標準的に求められるデータリテラシーとは何か」という命題になりますね。
データリテラシーという言葉自体が新しい言葉であり、さまざまな人がその定義を模索している最中です。
リテラシーが「識字」なのだから、読み書きができる状態、つまりデータビジュアライゼーションを通して自分がデータを読み取ったり、あるいはデータを表現できる（書く）状態が基礎的なデータリテラシーであると言う人もいます。

A　マスターはどうお考えなのですか。

M　私は、以下を理解していることだと考えています。

- **データからは必ずストーリーが読み解けること**
- **ストーリーはデータによる4つのWから作り上げられていること**
- **データの粒度に合わせて、ストーリーを構成できること**
- **データをビジュアルの力を通して理解できること**
- **ビジュアルはPreattentive Attributeというシンプルな視覚属性によって構成されていること**
- **データタイプに応じた視覚属性の相性を理解していること**

A　これだけですか。

M　はい。私が考えているすべての人が目指すべきデータリテラシーとは、データはストーリーとビジュアルの力で読み解けるようになると理解していることです。まず、最低限それだけは身体に染み渡らせておいてもらいたいです。データは、ビジュアルで表現されるべきものであることを知り、そこからストーリーを読み解こうとして欲しいのです。
データがどれだけ突然現れたとしても、慌てずに対応できる力をすべての人に備えて欲しいのです。
君や私のようなデータビジュアライゼーションの作り手は、可能な限り世界や相手のコンテキストを写した表現で、データを視覚化しようとします。そのため、相手が「データにはストーリーがある」と思いながら見てもらうだけでも、理解度に大きな違いが出ると考えています。
ビジュアルの力は、人の脳の記憶に直接作用する強い力を持っています。百聞は一見に如かずというように、すべての人にとって視覚的なものはおおむね同じように見えています。
世界中の人が外国語のバリアを超えて、データのビジュアル表現で対話を始めています。たとえば、英語はわからないが英語で作られたデータビジュアライゼーションを難なく読み解く日本人もたくさんいます。ビジュアル表現は、世界共通の言葉なのです。
標準的なデータリテラシーをどこに設定するかは、データ業界で最先端を走り続ける人たちが今後の挑戦として取り組むことになるでしょう。
いずれにせよ、私たち人間はあたりまえに使えるようになって初めて、無意識に身体の一部とする境地に立ちます。その領域に到達して、初めて人はクリエイティブな思考を得られます。そのような境地に至ったクリエイティブな人が集まって、次の新たな文化へシフトしていくのでしょう。

人の心を揺り動かす「強い言葉」から逃げない

M　最後に、君に伝えなければならないことがあります。
それは、君が何かを伝えようとするのならば、人の心を揺り動かすことから逃げないことです。
私は、君に強い言葉で信念を持って伝えました。それは君の心を揺り動かし、私の伝えたいことを君に考えてもらうためです。
今ある文化を変えようとするのならば、今の文化を揺るがし、時には破壊しなければなりません。しかし、人が安らかに生きる場所を破壊することは、とても勇気がいることです。人が大切にしているものに疑問を投げかけること、人の心を変えようとすることは、大きな反発を生むものだからです。
しかし、それを恐れて、変化を拒否すれば、何も変わりません。
何かを変えようとするのならば強い言葉で、明確な理論を用い、真摯に、信念と情熱を持って伝えなければなりません。
そうした熱が感じられないものを人は信じません。
強い言葉で伝えたときには、相手とぶつかり合うこともあるでしょう。しかし、相手が真剣であればあるほど、こちらも真剣にぶつかり合ううちに通じ合い、反対していたような人が仲間になってくれるでしょう。真剣にぶつかり合うことで、周辺に影響力の波紋が連なっていきます。
文化を作るには信念を持つことです。他ならぬだれより君が自分の進む道を信じなければ、他のいったいだれが君を信じてくれるでしょうか。その拠って立つ信念が君の言葉を強くし、周囲に反響することになるでしょう。
かつて「Tableauではいったい何種類のチャートが作れるのですか」という質問にこう答えた人がいました。

「Infinity。無限だよ。私たちが目指しているのはすべての人が『データを使った新しい言語』を話せるようになることだ」と。

私は、Infinity（無限）という言葉を聞いた時に強い衝撃を受け、いてもたってもいられなくなりました。私の胸に深く突き刺さった彼の言葉のように、私も誰かの心を動かしたいと思うようになりました。強い言葉は人を突き動かし、いてもたってもいられなくさせるものだと思います。

そして私自身もまた、信念を伝える強い言葉を使って人の心を揺り動かす決意をしました。

正直、強い言葉を発する瞬間はいつも恐怖を感じます。言葉が強くなればなるほど、反響も大きくなる。反対され否定されることもある。しかし、そのたびに仲間たちが私を支えてくれます。かつて私が伝えた人たちが今、私を支えてくれるのです。

ですから、君も恐れないでください。いえ、恐れても良いですが、伝えることから逃げないでください。恐れず伝えた者だけが、何かを作ることができるのです。

そうして君が伝えただれかがまた、だれかの心を動かしていきます。そして、君の想いを受け取った人たちはいつか君を助けてくれるでしょう。

さあ、私の次は君がだれかの心を動かす番です。

A　わかりました。私も、人に伝えることを怠らず、だれかの行動を促すことのできる人間になります。

おわりに

データについての本を自分が執筆することになろうとは、少なくとも5年前には想像もしなかったことです。私は、大学は文系卒業、数学は好きになれずに勉強することを放棄したような人間でした。ご縁があって文系でも歓迎してくれるIT系の会社に就職し、プログラミングが何となく楽しいなくらいのゆるふわエンジニアだった私が、約8年前に出会ったのが「Tableau」というすばらしい製品です。

Tableauは、一般的にはBusiness Intelligence（BI）ツールの1つとして位置づけられています。データを可視化して人が理解しやすい形に表現し、データの背後にある洞察を提供するというツールです。

しかし、私にとってTableauは単なるITツールではありませんでした。もともと自分が趣味で得意としていた「物語を作る」「絵を描く」といった能力が、Tableauの使い手になるにあたり大いに生かせる領域でした。これは、自分のキャリアに大きな転換をもたらしたと思います。エンジニアとしてはどこにでもいる特技のない人間だった私を、突如稀少な技術を持つ人間に押し上げてくれたのです。

Tableauは、私に技術者として自信をくれたと同時に、自分の人生にとって大切なことを教えてくれ、生きがいも与えてくれました。私はTableauを通して、次のことを知りました。

- 人間は生まれながらにクリエイティブな生き物であること
- 人の脳のしくみを意識した視覚表現を駆使することで、その創造性は大きく飛躍すること
- 同じ情熱を持った人々の集まり（コミュニティ）がいかに私たちに無限のアイディア、前に進む力と勇気を与えてくれること

Tableauは大変優れた製品ですが、私が大切なことに気づけたの

は、もちろん製品だけがあったからではありません。Tableauを通して出会ったさまざまな人々が、私に多くのことを教えてくれたのです。

データの重要性は今やあたり前に唱えられるようになりましたが、それが持つ意味や価値を明確に言葉で伝えられる人は少なく、正直「みんながやらなきゃいけない」と言っているからデータを使わなければならないと思っている人も多いのではないかと思います。私自身がそうでした。Tableauに出会う前の自分は、データとはいったい何か、何ができるものなのか、なぜ活用しなければならないのかなど、知りもしませんでした。いえ、格好をつけるのはやめましょう。Tableauと出会い、それから数年間さまざまな修練を積み、ようやく腹落ちして自分の言葉で説明できるようになったのです。

この本には元ネタがあります。「データドリブン文化を推進するミッションを背負ったエースたち」にその極意を伝授するために作られた3か月のブートキャンププログラム――DATA Saber Boot Campです。これは、データドリブン文化醸成を推進するメンバーのために作った特別プログラムで、おもにそのうちの前半部分をまとめ、推進者に限らずデータに関わるすべてのビジネスパーソンが理解しておくと良い知識にまとめたのが本書です。

この本を書くに至った経緯であるDATA Saber Boot Campが開講したのがまさに4年以上前の2017年1月でした。Tableauを通して多くの偉大な先人たちにたくさんの大切なことを受け取り、ようやく「データドリブンとはいったいどういう状態のことか」をつかみかけてきていた私は、たくさんの人々から受け取った知識を継承しなければならないという使命感に燃えていました。なぜなら、かつてある人はTableauというプロダクトを作り、ある人はだれもその価値に気づかないうちから伝え広めていましたが、これらの偉大な先人たちは、ある日突然私たちに言葉だけを残し、私たちの前から去ってしまったからです。

彼らの情熱と、愛と、信念は、もし聞いた者たちが伝えなければ思い出の中に散り散りになり、永久に失われてしまいます。炎のかけらを受け取った私は、その火を絶やしてはいけないと思っていました。

ただ聞いただけの者である自分自身が「伝える人」になれるのか、不安がなかったといえば嘘になります。しかし、信じて伝えてくれた人たちの想いに報いるためにも、継承者の責務として、まだ見ぬ人たちに伝える義務を負うべきではないかと感じていたのです。

2017年から2019年5月までの間、私がおこなった計8回のブートキャンプで105名のメンバーが卒業しました。現在私自身はブートキャンプをおこなっていませんが、「DATA Saber認定制度」（https://datasaber.world/）という形で、卒業した人々がまた弟子をとって言葉を継承していくようなプログラムに昇華し、2021年6月現在で440名を超える卒業生たちが各所で活躍しています。

自分でブートキャンプをおこなうのを止めた理由は、日本中にデータドリブンを広めるのに、単純計算で2年で100人じゃあ追いつかないなと思ったことと、みんなにも次代へ継承する喜びを知ってもらいたかったからです。多くの人へ伝え広めることによる文化醸成はもちろんのことですが、自分自身が「データドリブン文化とは何か」を深く理解するための最後のピースは、だれかに伝え継承するプロセスの中で生まれます。それを知ってもらいたかった。みんなが継承することを快く引き受けてくれたことに感謝しています。力強くデータドリブン文化を推進するDATA Saberたちに出会うには、Twitterでぜひ「#DATASaber」と検索してみてください。日々活動するたくさんの方々に出会えると思います。

私の継承のミッションはそれで終わったかに見えましたが、さらに多くの人へ伝えるチャンスとして、本書の出版の機会を下さった西原さんには感謝してもしきれません。本書の著者名「Master KT」は西原さんのアイデアで、当初自分でマスターと名乗ることを渋っていた私に、ただの「KT」よりこっちの方がいいと後押ししてくれました。それはまるでデジャヴで、私がかつて愛弟子たちに「Master KT」と呼ばれたとき、私の敬愛するマスターには及びもしない自分がマスターでいいのかと迷ったことを思い出しました。しかし、私が初めて出会ったマスターはいつも堂々としてカッコよく、私もいつかそう在りたいと決意したのでした。ならば、私を信じついてきてくれたみんなのためにも、私も生涯カッコいい「Master KT」であることを心に誓い、この名とともに出版を決めました。

これまでに出会ったたくさんの人の情熱が私を突き動かし、私自身もまた周囲の人を突き動かす体験を何度もしてきました。願わくは、本書を読んで下さった人の心が震えて、「君」自身の言葉で周りの人の心を揺り動かすきっかけとなれたならば、これ以上の喜びはありません。

索引

ま行

ら行

Master KT（田中香織 たなかかおり）

Snowflakeプロダクトマーケティングマネージャー。三菱グループの大手SIer ITフロンティアでBI、ETL等情報系システムのプロジェクトマネージャーやプロダクトトレーナーなどを歴任。2015年からビジュアル分析ツールTableauでプリセールスコンサルタントとして年間300を超える顧客へ提案支援やデモンストレーションを行った。2020年6月よりスノーフレイクでセールスエンジニアとして活動したのち、2021年4月から現職。Snowflake、Tableau共に公式上級技術者認定資格を保持。

プロダクトが掲げるコンセプトやメッセージを人々に伝えるエヴァンジェリストとして活動しながら、プロダクトを愛する人々の集まりであるユーザーコミュニティを作り育んできた経歴を持つ。400人を超える卒業生を輩出するデータドリブン文化醸成を目指す人々のためのDATA Saber認定制度の創設者。自身のYouTube「KTChannel」でデータ活用の在り方や技術について配信中。

ちなみに、KTのTはTanakaのTではなくTableauのT。

Twitter @DATA_Saber
YouTube https://www.youtube.com/c/DATASaber/
DATA Saber認定制度　https://datasaber.world

カバーデザイン　山之口正和（OKIKATA）
本文デザイン　山之口正和 ＋ 沢田幸平（OKIKATA）
DTP　酒徳葉子（技術評論社）
編集　西原康智（技術評論社）

【お問い合わせについて】

本書に関するご質問は、FAXか書面でお願いいたします。電話での直接のお問い合わせにはお答えできませんので、あらかじめご了承ください。また、下記のWebサイトでも質問用フォームを用意しておりますので、ご利用ください。

ご質問の際には、以下を明記してください。

・書籍名　・該当ページ　・返信先（メールアドレス）

ご質問の際に記載いただいた個人情報は質問の返答以外の目的には使用致しません。

お送りいただいたご質問には、できる限り迅速にお答えするよう努力しておりますが、お時間をいただくこともございます。

なお、ご質問は本書に記載されている内容に関するもののみとさせていただきます。

【お問い合わせ先】
宛先：〒167-0846
東京都新宿区市谷左内町21-13
株式会社技術評論社　雑誌編集部
「データドリブンの極意」係
FAX：03-3513-6173
Webページ：https://gihyo.jp/book/2021/978-4-297-12209-6

データドリブンの極意（ごくい）
～Tableau（タブロー）ブートキャンプで学（まな）ぶデータを「読（よ）む」「語（かた）る」力（ちから）

2021年7月14日　初版　第1刷発行

著者　Master KT（マスター ケーティー）
発行者　片岡巌
発行所　株式会社技術評論社
東京都新宿区市谷左内町21-13
電話　03-3513-6150　販売促進部
03-3513-6177　雑誌編集部
印刷・製本　日経印刷株式会社

定価はカバーに表示してあります。

造本には細心の注意を払っておりますが、万一、乱丁（ページの乱れ）や落丁（ページの抜け）がございましたら、小社販売促進部までお送りください。送料小社負担にてお取り替えいたします。

ISBN978-4-297-12209-6　C3055
Printed in Japan